イラストでみる猫学

監修／林 良博

THE ILLUSTRATED
ENCYCLOPEDIA OF
THE CAT

講談社

監修者

林　良博（東京大学名誉教授）

編集委員一覧 (五十音順)

猪熊　壽（東京大学大学院農学生命科学研究科教授）
太田　光明（麻布大学名誉教授）
酒井　仙吉（東京大学名誉教授）
工　亜紀（さつきペット行動カウンセリング代表）
新妻　昭夫（元 恵泉女学園大学人文学部教授）

執筆者一覧 (五十音順, 数字は担当頁)

猪熊　壽（東京大学大学院農学生命科学研究科）p.78〜81
今西　孝一（シモゾノ学園　国際動物専門学校）p.92〜95
太田　光明（元 麻布大学獣医学部）p.16〜50
加納　塁（日本大学生物資源科学部）p.88, 89
北垣　憲仁（都留文科大学地域交流センター）p.2〜9
酒井　仙吉（元 東京大学大学院農学生命科学研究科）p.10〜14
酒井　律（さかい動物病院）p.76, 77
工　亜紀（さつきペット行動カウンセリング）p.52〜67
時田　昇臣（日本獣医生命科学大学応用生命科学部）p.70〜75
新妻　昭夫（元 恵泉女学園大学人文学部）p.2〜9
藤原　俊介（ふじわら動物病院）p.82, 83
亘　敏広（日本大学生物資源科学部）p.84〜87

猫学のすすめ

　むかしから猫は不思議な生き物であると思われてきたし，現在もそのように思っている人が少なくない．それは，いつまでも猫が不思議な生き物であってほしいと願う人たちが多いからであって，科学的にみると，じつはそれほど不思議ではないという考えもある．

　たとえば，喉をゴロゴロ鳴らす習性一つとっても，猫が不愉快でないことは理解できても，なぜそのような行動をとるのか，むかしから多くの人びとは不思議に感じてきたが，この行動は不思議でもなんでもなく，単なるコミュニケーションの一手段で，相手に対して愛着と友好を伝えているのであると行動学は解釈する．しかもそれは，猫の祖先と考えられるリビアヤマネコ時代からの習性であり，ヤマネコの子どもが母親に示す愛着の手段が家畜化された猫にも保持されており，それが飼い主に向けられているのであろうと推測する．

　しかし，猫の行動・心理を深く理解している先駆的な動物学者のマイケル・W・フォックス博士ですら，「ネコは謎につつまれた生き物だ．そんな動物について本を書くなんて，ひどく思いあがったことにちがいない」と述べたように，猫には犬にない不思議さがある．そこで本書は，すでに多くの科学的知見が得られている犬やヒトとの比較において，猫の生物学的特性を明らかにすることを試みた．また，猫がいかに肉食動物としての特性をもつのかを示すために，草食動物のウマやウサギなどとの比較も必要に応じておこなった．比較生物学の視点から猫の特性を明確にすることは，総体としての猫を理解するうえでとてもたいせつなことであると考えたからである．

　本書は，2000年に刊行された「イラストでみる犬学」の姉妹書として刊行されたものである．前書がそうであったように，本書もイラストをふんだんに用い，可視的に猫学を示そうとしたものである．百聞は一見にしかずというとおり，精巧な生物体である猫を理解するにはイラストがおおいに貢献する．生き生きとしたイラストを多用した猫学の書を刊行したいという執筆者，編集委員，および監修者の願いが叶ったのが本書である．なお本書の執筆者と編集委員は，基本的に「イラストでみる犬学」のそれらと同一の布陣であり，猫を理解するためのすぐれたセンスだけでなく，豊かな経験を保持している研究者たちである．「猫学」が「犬学」に優るとも劣らない内容の書となった理由はここにある．

　本書は，猫を教育の対象としている機関において，教科書の一つとして用いていただければ幸いである．また，飼い主の方々が，猫を学問的に理解するために常備していただければ本書の監修に携った者として，これ以上の喜びはない．

　さいごに，本書の刊行にむけて叱咤激励してくださった講談社サイエンティフィク編集部に感謝を申し上げる．

平成15年8月

林　良博

目 次

THE ILLUSTRATED ENCYCLOPEDIA OF THE CAT

- 猫学のすすめ ─── V

起源・進化・分類・遺伝
- 家畜化の起源と歴史 ─── 2
- 野生のネコ科動物の分類と分布 ─── 4
- 食肉目としての特徴 ─── 6
- 人とのかかわり ─── 8
- 遺伝からみた猫 ─── 10

構造と機能
- 外形と外皮 ─── 16
  - 外　形 ─── 16
  - 外　皮 ─── 18
- 運動器系 ─── 20
  - 骨　格 ─── 20
  - 筋　肉 ─── 22
- 消化器系 ─── 24
  - 消化器官 ─── 24
  - 消化と吸収 ─── 26
- 呼吸器系 ─── 28
- 生殖器系 ─── 30
  - 雌雄の生殖器官 ─── 30
  - 妊娠と出産 ─── 32

- 泌尿器系 ———— 34
- 内分泌系 ———— 36
- 循環器系 ———— 38
- 神経系 ———— 40
  - 中枢神経 ———— 40
  - 自律神経 ———— 42
- 感覚器系 ———— 44
  - 嗅　覚 ———— 44
  - 聴　覚 ———— 46
  - 視　覚 ———— 48
  - 味　覚 ———— 50

行動学

- 正常行動 ———— 52
- コミュニケーションと子猫の行動発達 ———— 58
- 問題行動の予防と治療 ———— 61

栄養と健康

- 栄養管理 ———— 70
- 健康管理 ———— 76
  - 感染症とワクチン接種 ———— 76
  - 命にかかわる感染症 ———— 78
  - 寄生虫の予防と駆除 ———— 80
- よくみられる尿石症と膀胱炎 ———— 82
- 嘔吐と下痢 ———— 84
- 老齢期に多い病気 ———— 86
- 猫とヒトの共通感染症 ———— 88

付　録

- 猫体名称 ———— 92
- 関連諸団体 ———— 93
- 猫種名の由来 ———— 94
- 動物に関する法律 ———— 96

索　引 ———— 101

● 本書中のイラストは，新たに作成したもの以外に，「小野憲一郎ほか編，イラストでみる犬の病気，講談社，1996」「小野憲一郎ほか編，イラストでみる猫の病気，講談社，1998」「林良博監修，イラストでみる犬学，講談社，2000」を参考に作成，また，転載したものがあります．当時ご尽力賜りました諸先生方，イラストレーターの方々，関係者に感謝申し上げます．なお，本書のために執筆者以外で，写真提供をしていただいた方々のお名前は，その近くに記すとともに写真提供者に感謝いたします．

〈アートディレクション・レイアウト〉
　遠藤茂樹

〈イラストレーション〉
　山内　傳
　田中豊美

起源・進化・分類・遺伝

- 家畜化の起源と歴史
- 野生のネコ科動物の分類と分布
- 食肉目としての特徴
- 人とのかかわり
- 遺伝からみた猫

家畜化の起源と歴史

猫（イエネコ：*Felis catus*）の祖先種はリビアヤマネコ（*Felis libica*）であり，エジプトで飼われはじめた．しかし猫の家畜化の歴史には曖昧で不確かな部分が多い．その理由は，猫はいまも野生のままに暮らしているといわれるように，生態だけでなく形態も祖先の野生種とあまり変わりなく，遺跡から出土した遺骨から家畜化を判定することが困難だからである．

●エジプトの猫

20世紀初頭に発掘調査されたエジプトの都市ギザの墳墓から，190体もの猫のミイラが発見された．時代は紀元前600年から200年ごろ，すなわちいまから二千数百年前とされている．この190体の頭骨が調査され，そのうち3体はジャングルキャット（*Felis chaus*），残りはすべてリビアヤマネコと同定されている．野生のリビアヤマネコと家畜化された猫の頭骨に明確な違いはないが，人間と同じようにミイラにされているので，大切に飼われていた猫のものと考えられている．

しかも，エジプトで猫が飼われていたことを示す明らかな証拠がある．それは墓の壁などに描かれた絵である．たとえば，テーベの墓から出土した「湿原の野鳥狩り」とよばれる壁画がある．時代は紀元前1400年ごろ，すなわちいまから3500年前ごろとされる．湿原で水鳥を狩る男の傍らに，それを見ている猫が描かれている．猫を猟犬のように使うことはできないので，むしろ獲物が豊富なこと，すなわち豊穣のシンボルとして猫が描き込まれたのだと解釈する意見が強い．

また，デール・エル・メディナの墓地で発見された紀元前1275年の壁画には，椅子の下に猫がいるだけでなく，ひざのうえに乗り，衣服の袖口にじゃれつく子猫も描かれている．この猫は明らかにペットであり，しかも野生個体を捕獲して飼っているのではなく，飼われていた個体が繁殖していたことがわかる．この墓は王家の谷で働く墳墓職人のものとされており，王家だけでなく王家につかえる労働者にまで猫をペットとする習慣が広まっていたことを裏づけている．

この絵にはもう一点，興味深いことがある．それは描かれた人物の一人がヒョウの毛皮を身にまとっていることである．野生のネコ科動物はその気高さと勇猛果敢さから，古くから人々に崇められていた．エジプトの王家でもライオンが飼われていた記録がある．リビアヤマネコなど小型ヤマネコ類も同じ意味で飼われていたのだろう．エジプトの受胎と豊穣の女神バステトは，はじめは雌ライオンの姿をしていたが，やがて猫に変化したという．夜の暗やみで目が光る猫は太陽神ラーの化身ともみなされていた．

エジプトでの猫崇拝は，紀元前1世紀のローマ占領下のエジプトを訪れたシチリア人ディオドロスも記録している．アレキサンドリアで戦車に猫がひかれたとき，怒った民衆が兵士に石を投げつけ殺してしまったという．また別の時代には，飼い猫が死んだとき，飼い主が眉をそって喪に服していたという記録もある．

このように猫が神格化され崇拝されていたエジプトでは，猫の国外持ち出しが禁止されていたらしい．猫が家畜化された後も長らく局地的な家畜にとどまっていただろうことは，キリスト教の聖書に猫が登場しないことからも推測できる．聖書中の猫の記述は，旧約聖書続編に1か所しかない．「（神々の像）の体や頭の上を，コウモリやツバメ，鳥たちが飛び交い，ネコまでやってくる」（新共同訳『エレミヤの手紙』21）．これは堕落した都市バビロンでの偶像崇拝を批判した個所である．

この旧約聖書に1か所だけ登場する猫は，上流階級のペットではなく，明らかに野良猫であろう．

気高い神聖な動物としての猫が飼われていたのは王家や上流階級に限られていたかもしれないが，そこから逃げ出して野良猫化した猫が多数いただろうことは容易に想像される．そのような野良猫が住み着いたのは，餌となるネズミが豊富な穀物倉庫や下町の雑居地帯であろう．そのような場所では害獣であるネズミを退治してくれる猫は，また別の意味で尊重され，自由に繁殖してその数を増やしていったにちがいない．

●どのように家畜化されたのか

さきに述べたように，猫は形態的にも生態的にも野生を残したまま今日に至っていて，本当の意味で家畜化されているとはいえないとする意見もある．

猫の祖先であるリビアヤマネコをはじめ，野生ネコ科動物は家畜化しづらい動物である．その理由は動物行動学から説明できるだろう．野生ネコ科動物の特徴は，単独性となわばり性にある．

北米でビッグホーンやシロイワヤギを研究したカナダの動物行動学者ガイストは，有蹄類の行動や社会の特徴を比較するなかで，ビッグホーンやカモシカなど単独性でなわばり性の強い動物は家畜化が困難だろうと指摘している．他個体に対して排撃する行動はとるが，下位の順位に甘んじて服従したりつき従ったりすることがないからである．それに対して，ヒツジやヤギの祖先種は大きな群れで暮らし，先導役につき従って餌場を移動し，明確ななわばりの境界をもたない．そういう動物に対しては，人間ないし牧羊犬が群れを統率する役割を代理することができ，したがって家畜化が容易だっただろうという．

コンパニオンアニマル（伴侶動物）として人気を猫と二分する犬の祖先種であるオオカミは，家族群で生活し，群れ内の順位関係は厳密である．だから人間がオオカミの家族群のリーダーとなることによって，家畜化することができた．それに対して猫は，いまでも飼い主に服従するよう

テーベの墓から出土した「湿原の野鳥狩り」の壁画で，紀元前1400年ごろのものとされる．
〔写真提供：仁田三夫氏〕

聖なる猫の座像
紀元前700年ごろのものとされる．
〔写真提供：仁田三夫氏〕

なそぶりはまったくみせず，むしろその孤高の気高さこそ猫の魅力なのだという飼い主が少なくない．

以上のように，ヤマネコ類は家畜化しづらい動物であるにもかかわらず，ネコの祖先種であるリビアヤマネコが家畜化された，少なくとも人間に飼われるようになったのには，それなりの理由があるはずだ．それはおそらく，リビアヤマネコの多様性と柔軟な適応力であろう．

リビアヤマネコの分布域は広く，地方によってカフルネコ，ステップキャット，インドサバクネコなど12もの亜種に分けられることがある．またリビアヤマネコとヨーロッパヤマネコ（*Felis silvestris*）は同一種だとする分類学者もいる．つまり砂ばくから草原，温帯森林まで，平原から山岳地までと生息環境が多様であり，それぞれの環境に柔軟に対処できる適応力を備えているのである．また，それに対応して，気質的にも多様だと考えられる．

そのようなリビアヤマネコのうち，気質的に人間を恐れない個体が，エジプトの王家などで飼われはじめたのだろう．つながれても，あるいはおりに入れられても逃げようとしたり暴れたりしない個体，あるいはストレスでショック死しない個体でなければ，人間による飼育下で繁殖することはなかっただろう．そして飼育に適応できる気質の個体だけが繁殖することによって，さらに飼いやすい気質が選択され強化されていったことだろう．

同じように人間を恐れない気質の個体が，なわばりを人間の居住地域に重ねるようになった．穀倉など餌となるネズミの豊富な場所にひきつけられた結果である．また王家などで飼われていた猫の一部が逃げ出し，穀倉に住みつくこともしばしばあっただろう．

下町の雑居地帯もまた，人家に住みつくネズミが豊富な場所である．そのような場所に住みついた猫にとっては，夜行性だったことが幸いしただろう．人間との接触が最小限にとどめられ，農村や都市部への進出が可能となった．そのような場所での敵対者である犬に対しては，へいの上や屋根の上を歩くなど，行動圏を立体的に構築することによって対処することができた．

いまの猫をみても，適応力の柔軟性には目をみはるものがある．都会の室内飼いされている猫，住宅街で何軒もの家で餌をもらっている猫（どの家でもわが家の猫と信じている），街中のいわゆる野良猫，山中でほぼ野生の生活をしている猫（ノネコとよばれる），農村や漁村のとくに餌の豊富な場所でなわばりを重複させ，まるで集団のような暮らしをしている猫もいる．また，オーストラリアでは猫が野生化し，同じく野生化したアナウサギを捕食し，野生のヤマネコの暮らしを復活させている．

家畜化の起源と歴史 3

野生のネコ科動物の分類と分布

ライオン (Panthera leo)
サバンナ地帯に生息し,「プライド」とよばれる群れで暮らす.群れの構成は母系の血縁関係にある雌とその子どもたちで,1頭ないし血縁関係にある数頭の雄がつく.狩りは雌が行い,シマウマなど大型の草食獣を集団で襲う.インド西部「ギルの森」のインドライオンは,持ち込まれて野生化したという意見もある.

ボブキャット (Lynx rufus)
家猫より2まわりほど大きく,体格はがっちり,尾はひじょうに短い.山沿いの岩石地帯,低木林,半砂漠などさまざまな環境に生息,主としてウサギ類を捕食.調査例が多く,「雄は複数の雌を囲い込むようになわばりをもつ」という野生ネコ類に共通する特徴が確認されている.

ヒョウ (Panthera pardus)
体長1m～2m.尾の長さはその半分.淡黄色の地色に黒い斑点が集まった「バラ斑」が散在.ネコ科のなかで分布域がもっとも広く,森林からサバンナ,半砂漠までさまざまな環境に生息.大型の獲物は樹上に引き上げ,何日もかけて食べる.クロヒョウは別種ではなく遺伝的な変異(劣性遺伝).

イリオモテヤマネコ (Felis iriomotensis)
沖縄県の西表島に分布.大きさは家猫とほぼ同じ.発見は1965年で,生息数は100頭前後,国の特別天然記念物として保護されている.山麓の森林に生息し,ネズミ,シロハラクイナ(地上性の鳥類),キシノウエトカゲ(沖縄特産の爬虫類),コウロギなどを捕食.

リビアヤマネコ (Felis libyca)
ヨーロッパに分布するヨーロッパヤマネコと同種とする意見もある.家猫の祖先で,交配させると子どもが生れる.森林から半砂漠までと環境への適応範囲は広く,ネズミ類,地上性の鳥類,トカゲなど爬虫類,昆虫類を捕食.生後10ヶ月で性成熟に達し,春に発情,63～69日の妊娠期間をへて,初夏に1～8頭の子を生む.

写真提供:ネイチャー・プロダクション(リビアヤマネコ,イリオモテヤマネコ,オセロット,オオヤマネコ,ボブキャット,ライオン,ヒョウ,ウンピョウ)

オオヤマネコ (Lynx lynx)
体長が80cm～1mを越える比較的大型のヤマネコ.尾は短い.耳先の長い房毛と顔の左右から垂れ下がる「頬ひげ」が特徴.かつては広く分布していたが,開発に追われて生息域は狭まっている.ネズミやウサギ,カモ,小型のシカを捕食.カナダオオヤマネコと同種とする意見もある.

◆ おもな種の分布域

ライオン / ヒョウ / リビアヤマネコ

食肉目ネコ科の現生種は5属36種に分類され,オーストラリアとマダガスカルを除く世界中に分布している.食肉目のなかでもっとも肉食性が強く,他の科(イヌ科,クマ科,パンダ科,アライグマ科,イタチ科,ジャコウネコ科,ハイエナ科)は程度の差はあれ雑食性であり,クマやパンダなどはほぼ植物食であるのと対照的である.

基本的に単独性でなわばりをもつ.捕食の際の狩りの方法は「忍び寄り・待ち伏せ」で,射程距離に入った獲物に飛びかかり,前足で組み伏せた獲物の首筋に鋭い犬歯を突き刺して即死させる.この狩りの方法に伴い,ネコ科の動物にはいくつかの共通点がある.

まず獲物に見つからないよう,斑点や縞など全身に模様があって隠蔽色となっている.また身を隠す場所のある森林を主要な生息場所とし,見通しのよい開けた環境に住む種類は少ない.体つきがしなやかで敏捷であり,跳躍や木登りなどが得意で,森林など立体的な構造の生息環境を十分に利用できる.

また熱心に身づくろいする清潔な動物であることは,猫を飼っている人ならだれもが気づいているだろうが,これも獲物に臭いで気づかれないための習性である.ネコ科の狩りの方法では,獲物を追いまわす必要はなく,したがってとくに長距離を走るのは得意ではない.

単独性であり,複数個体で協同して獲物を倒すことはしないので,獲物の大きさは自分の身体の大きさによって限定される.小型のたとえばヨーロッパヤマネコ(体重4～5kg)はノネズミのほか体重2kgに近いアナウサギも捕食する.大型で体重300kgにも達するトラは,同体重のサンバーシカを捕食することができる.一万年前の最終氷河期までは,さらに大型の犬歯虎(スミロドン)がサイやバクなど大型で皮膚の肥厚した草食獣を捕食していた.

ウンピョウ (*Neofelis nebulosa*)

体長80〜100cm,尾もほぼ同長.中型のヤマネコで,体側の大きな「雲形」の斑紋が特徴.南アジアから東南アジア,スマトラ,ボルネオ,台湾の,標高2500mまでの森林に生息,1日の大半を樹上ですごす.樹上で待ち伏せして地上のシカなどに襲いかかることがある.

オセロット (*Felis pardalis*)

中南米の森林に生息.中型のヤマネコで,家猫より2まわりほど大きい.おもに地上でアグーチなど齧歯類を捕食.同じ場所に生息し,おもに樹上で暮らすジャガーネコやマーゲイとは住み分けている.毛皮が美しく,一時は年間数万頭も乱獲されたが,現在では保護されている.

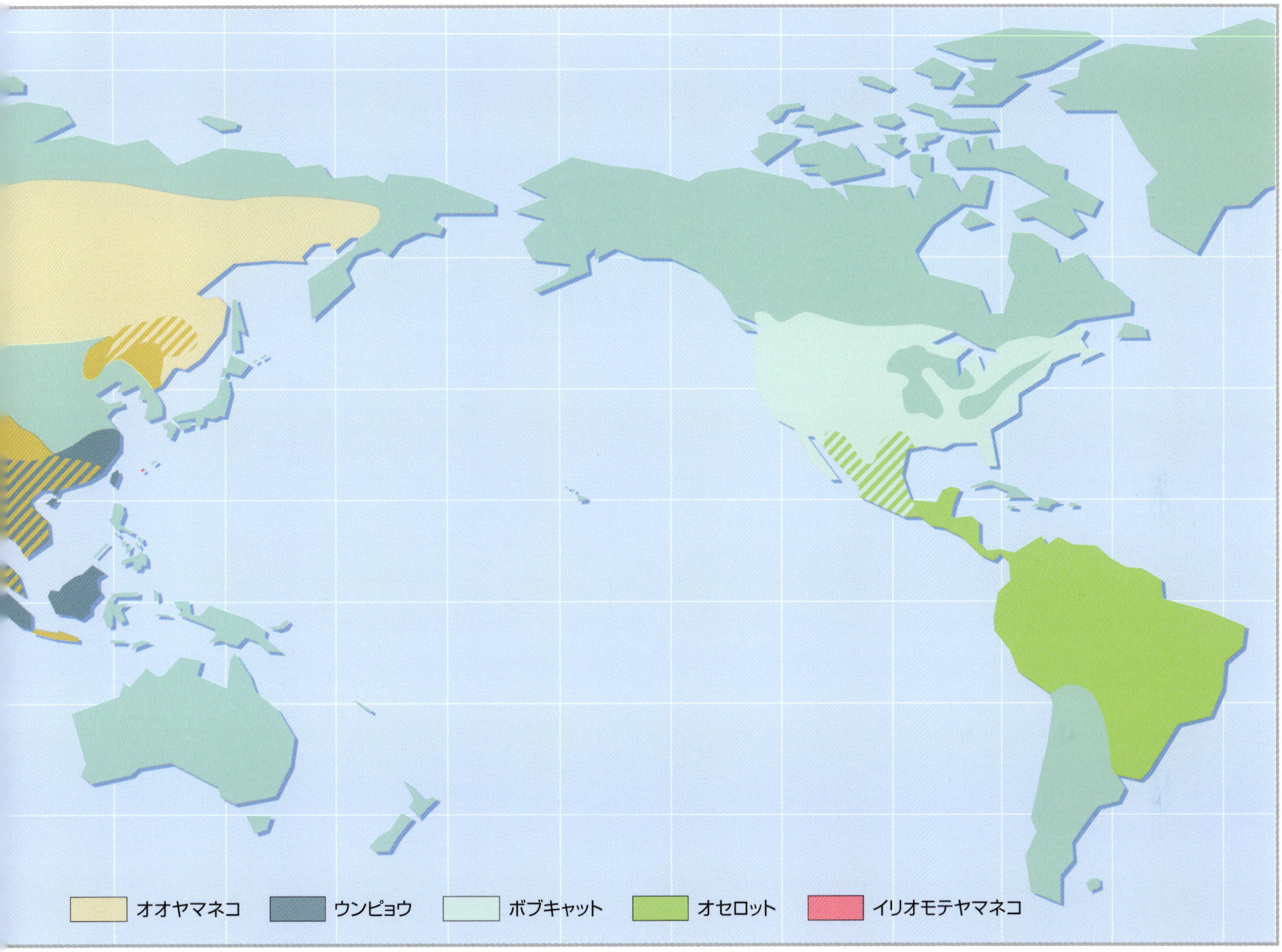

凡例: オオヤマネコ / ウンピョウ / ボブキャット / オセロット / イリオモテヤマネコ

図中以外のおもな種と分布域

和名	学名	分布
チーター	*Acinonyx jubatus*	イラン,シリア,サハラ砂ばく以南のアフリカ
マーゲイ	*Felis wiedi*	中央アメリカ,パラグアイ以北の南アメリカ
ジャガランディ	*Felis yagouaroundi*	北アメリカ南部,中央アメリカ,南アメリカ
ベンガルヤマネコ	*Felis bengalensis*	インド北部,東アジアから東南アジアの島々
スナドリネコ	*Felis viverrina*	スリランカ,インド,ビルマ,タイ,インドシナ半島,スマトラ,ジャワ
マーブルキャット	*Felis marmorata*	ネパール,ヒマラヤ,ビルマ,マレー半島,スマトラ,ボルネオ
アフリカゴールデンキャット	*Felis aurata*	西アフリカ,中央アフリカ
ピューマ	*Puma concolor*	カナダ西部から南アメリカ南部

和名	学名	分布
サーバル	*Leptailurus serval*	サハラ以南のアフリカ
ジャングルキャット	*Felis chaus*	インドシナ半島,タイ,ビルマ,インド,中近東,エジプト東北部
マヌルヤマネコ	*Felis manul*	シベリア南部からモンゴル,中国北西部,カシミールからアフガニスタン,トルクメン
カラカル	*Felis caracal*	インド,パキスタン,アフガニスタン,中近東,アフリカ
ユキヒョウ	*Panthera unica*	中国北部,ヒマラヤ
ジャガー	*Pantheran onca*	北アメリカ南部,中央アメリカ,南アメリカ
トラ	*Panthera tigris*	中国,インド,インドシナ半島,マレー半島,スマトラ,ジャワ,イラン

食肉目としての特徴

ネコ科の動物は基本的に単独性でなわばりをもつ。なわばりを他個体から防衛するのは、餌となるネズミなどを確保するためである。なわばりの広さは小型のヤマネコ類で1～数km²、大型のトラでは数百km²に及ぶ。以下では、猫を念頭において、小型ヤマネコ類の社会生態を概観してみよう。

●猫の社会生活

雌のなわばりは、上述のように数km²ほどだが、環境条件によって広さは変わる。獲物という餌資源を確保するためのなわばりだからであり、獲物となるネズミなどの生息密度が高ければ狭く、低ければ広くなる。

雄のなわばりは、複数の雌のなわばりを囲い込むように形成される。雄にとっては餌となる獲物だけでなく、配偶相手も確保しなければならない資源だからである。なぜなら雌の発情期は短く、しかも交尾排卵だから、油断するとほかの雄にとられ、翌年まで待ちぼうけとなる。雄はなわばりをつねにパトロールし、ほかの雄猫の侵入を警戒するとともに、雌が発情していないかを臭いでチェックする。

交尾排卵で受精率は高いので、雌猫にとって交尾を何度もする必要はない。身を隠せる安全な巣穴を確保し、育児は母親だけで行う。イヌ科のオオカミなどのように父親が育児を手伝うことはない。小型ヤマネコ類では、生まれる子どもの数は数頭である。

わが子であっても、育ってからだが大きくなるに従い、親にとっては競合相手となる。なぜならなわばりは餌の確保のためであり、基本的に1頭分の広さしかないからである。もし子どもの分を見込んでなわばりを確保しようとすれば、広すぎて防衛しきれないことになる。

子どもが十分に大きくなると、子別れがはじまる。子どものうち雄つまり息子は、母親のなわばりを出て分散していく。どこかでなわばりをもてたなら幸運だが、多くの個体は放浪のまま野垂れ死にすると考えられる。

一方、子どものうち雌すなわち娘は、母親のなわばりの一部に住みつき、しだいにその外側になわばりを広げていく。しだいに独立していくが、結果として確保されたなわばりは、母親のなわばりと一部重複していることが多い。母親が事故などで死ぬと、そのなわばりを引き継ぐ。

以上のようなことが何世代もくりかえされると、結果はどういうことになるか。容易に想像できるように、雌猫にとって周囲の猫はすべて、母か娘か姉ないし妹、あるいは叔母・伯母と姪という母系の血縁者ばかりとなる。その雌猫たちのなわばりを囲むようになわばりをかまえる雄猫は、どこか遠方からやってきたよそ者であり、それによって近親婚は避けられている。

餌場に集まる猫たち　〔写真提供（下）：工　亜紀先生〕

●猫は飼い主や人間を母親とみなす

先に述べたように、猫の世界に父親というものは存在しない。また雌猫にとって雄猫との接触は一年に一度だけでよい。したがって猫の世界で社会関係とよべる関係は、母娘関係か、それを拡大した母系の社会関係のみである。雄猫も、ほかの個体と関係をもちたいときには、それをまねた行動をとることになる。

また猫が異種である人間と社会関係を結びたい、つまり餌や寝場所あるいは保護を人間からしてもらいたいときには、やはり人間を母親とみなし娘のようにふるまうことになる。というより、猫は他個体とのつきあいかたとして、ほかの方法を知らないのである。

夜遅くに帰宅すると、近所の野良猫がニャーオと鳴きながら近づいてくる。尻尾をぴんと立てながら、足元に擦り寄ってくる。この尻尾を垂直に立てるのは、まだ巣穴のなかで母親の保護を受けていたとき、排泄をうながしてもらうための姿勢と同じである。母親が肛門をなめて刺激し、排泄物を食べて巣内を清潔に保つのである。つまり尻尾を立てて足元に近寄ってくる猫は、「わたしは子猫です」、だから「餌をください」「保護してください」とアピールしているのである。

そこで餌を与え、満腹した猫をなでてやる。すると雄猫でも雌猫でもしだいに身体を預けてくる。さらに愛撫をつづけていると、ゴロニャンと仰向けになってしまう。腹部という肉体的にもっとも弱い急所をさらけだすのは、犬の場合には「服従姿勢」と解釈されるが、猫は「服従」とい

▶ネコ科動物の模式的ななわばり配置

▶群れ（プライド）で暮らすライオン

〔写真提供：ネイチャープロダクション〕

ヤマネコの仲間は、複数の雌のなわばりを1頭の雄猫が囲い込むようになわばりをかまえる。成長した子猫のうち、雄は分散していくが、雌は母親の近くになわばりをかまえる。その結果、母と娘のなわばりはやや重複する。隣接したなわばりをもつ雄猫は、どちらも遠くからやってきた他人どうしで、特別な餌場がないかぎり、なわばりを重複させることはない。

うことを知らないので，この完全に無防備な状態は，「あなたを母親と思って全面的に信頼しているのですよ」という気持ちの表現と理解すべきだろう．

ネズミや小鳥などを捕まえ，それを飼い主のもとに持ち帰る猫がいる．狩りの腕前を母親に報告しているつもりなのかもしれない．あるいは飼い主を娘にみたて，狩りの獲物とはこういうものだと教える母親の役割を楽しんでいるのかもしれない．いずれにせよ猫が人間との関係を，母子関係に擬していることはまちがいない．

● ライオンの群れと猫の協同育児

ネコ科の動物はすべて単独性でなわばりをもつと先に書いた．しかしライオンは「プライド」とよばれる群れで暮らしている．この矛盾はどう説明されるのか．

ライオンの群れは，長年にわたる個体識別しての継続観察から，母系社会であることがわかっている．つまり群れを構成する個体は母親と娘，姉妹，叔母・伯母と姪の関係にあるのである．この母系集団はひじょうに仲がよく，群れ内の子どもをわけへだてなく世話し，自分の子どもでなくても授乳さえすることがある．

その群れに加わっている雄は一頭だけ．どこかからやってきて，先住の雄を闘争で追い出すと，前の雄と遺伝的につながっている子どもたちを「子殺し」する．そして雌たちと交尾をくりかえす．雄の目的は繁殖にのみあり，狩りは雌に任せきりで，雌の群れに居候しているようなものといえるかもしれない．

このようなライオンの群れ社会と，先に述べてきた小型ヤマネコ類の単独性のなわばり社会とは，表面上はまったく異なる．しかし，ヤマネコ類のなわばりの境界をとり払い，個体間の距離をぐんと縮めたと想像してみてもらいたい．そうすればライオンの母系群と同じになるだろう．

ヤマネコ類のなわばりは餌資源を確保するためのものである．おそらくライオンが生息するサバンナは餌条件がよく，したがって単独でなわばりをもつ必要がないのだろう．またシマウマなど大型の草食獣を狩るためには，数頭での協同作業が必要である．そのため母系の血縁者どうしがなわばりを解消し，群れで暮らすよう進化したのだろう．

人間社会で暮らす猫も，餌条件がよければなわばりをもつ必要はない．餌を提供してくれる飼い主との関係においては，なわばりを主張していない．また農村や漁村の餌が豊富なところでは，互いのなわばりを大幅に重複させ，一見したところでは集団で暮らしているようにみえる．

そのような暮らしをしている猫では，ライオンと同じような協同育児がみられることがある．去年生まれの雌猫が母親の巣穴に入り込み，母親の子ども，つまり自分の妹や弟に授乳するのが発見されているのである．まだ若く育児に失敗した雌が，自分と遺伝子を共有している血縁者の繁殖を手助けするのである．このような協同行動が進化的にありうることは，血縁選択理論で説明されている．

同じような協同育児は，人間に飼われている猫の母娘のあいだ，あるいは姉妹猫のあいだでも，条件がよければありうる．

人とのかかわり

●ヨーロッパでの猫の不運な歴史

アフリカ大陸からヨーロッパ大陸に持ち込まれた猫は，またたくまにヨーロッパ全体に広まったと考えられる．ローマ人がイギリスに到達したのは紀元後まもなくだが，そのころの遺跡からニワトリとともに猫の遺骨がみつかっている．また紀元1世紀か2世紀の墓石に彫られた子どもの彫像は，胸に猫を抱きかかえ，足元にニワトリがいる．

当時，上流階級のご婦人のひざの上は，ケナガイタチが家畜化されたフェレットの指定席であった．またフェレットはネズミを捕食することでも重宝されていた．しかし猫の登場によって，フェレットはネズミ退治だけでなくご婦人のひざの上も猫に譲ることとなった．

しかしキリスト教がヨーロッパ全体に広まっていくと，各地で土着の宗教との軋轢が高まり，夜行性で隠密の行動をとる従順性のない猫は，しだいに悪魔的な存在とみなされ迫害されるようになった．中世の魔女狩りの高まりは，猫の火あぶりと平行して進んだ．しかし猫のネズミ退治の役割はそれでも高い評価を維持していたようで，たとえば西暦936年のサウスウェールズの法律では，目の開いていない子猫の値段は1ペニー，目が開いてネズミを捕るようになるまでは2ペンス，そしてネズミを捕る猫は4ペンスと決められていたという．また，王室のトウモロコシ畑を守る猫を殺したときの罰則も定められていた．

猫の評価がふたたび高まったのは18世紀になってからであった．東方からヨーロッパにドブネズミが進出し，以前からいたクマネズミを駆逐して繁殖をしはじめた．これにより伝染病も蔓延し，猫のネズミ退治の能力が再評価されたのである．また19世紀にパスツールが伝染病の原因が細菌であることを発見すると，ネズミや家畜など不潔な動物に対する嫌悪感が生まれた．猫は動物のなかでは例外的に清潔であり，しかもネズミを退治する．ここにきて猫は完全にその地位を確立することになった．

1871年，イギリスのハリソン・ウィリアーが，世界初の「キャットショー」を開催した．このときから，いまに至る人と猫との関係が本格的に始まったといっていいだろう．

いずれにせよ，猫は2つの顔をもちつづけた．ひとつは気高く孤高でありながら子供のように甘える愛玩動物としての顔，もうひとつは人知れず徘徊してネズミを退治する野良猫としての顔である．

このことは9世紀ごろに中国から伝来した日本の猫についてもいえる．

●寝殿で飼われた高貴な「唐猫」

日本に猫が伝えられたのは中国からであり，仏教の経典をネズミの害から守るためだとされている．もっとも古い記録は『宇多天皇御記』で，889年（寛平元年）に唐から渡来した黒猫を先帝から譲り受けたという記録がある[1]．これより一世紀前の奈良時代に成立した『古事記』と『日本書紀』には，犬は出てくるが，猫の話はひとつもない．

平安朝の古典文学を調べてみると，猫が貴重な愛玩動物として大切に飼われていたことがわかる．清少納言『枕草子』は平安中期の996年から1008年にかけて書かれたとされるが，その7「うへにさぶらう御猫」は，一条天皇の定子皇后が飼っていた猫で，五位に叙せられ大切にされていたという．「命婦のおとど」という名前でよばれていた[2]．

ペットに名前をつける習慣は，西欧でも19世紀に入って一般化したとされるので，このころの日本の上流階級の優雅な生活がしのばれる．ちなみに，この「命婦のおとど」を追いまわして追放された飼い犬も，「翁丸」という名前がつけられ，3月3日の節句に柳で編んだ髪飾りに桃の枝のかんざしを挿して遊んでいたという．

また，その93「なまめかしきもの」にも猫が登場する——「いとおかしげなる猫の，赤き首綱に白き札つきて，いかりの緒くひつきて，引きありくも，なまめいたる」．

猫をひもでつなぐ習慣は，『枕草子』にやや遅れて書かれた紫式部『源氏物語』の「若菜」の帖にも描かれている．寝殿内で飼われていた猫の話で，「唐猫」を長いひもでつないでいたという．

ひもでつながれて飼われていたということは，それだけ大切にされていたということだろう．舶来の唐猫であり，それほど希少で貴重な動物だったのだと考えられる．しかし同時に，いまの猫の習性から考えても，つないでおかなければ知らぬまに抜け出してしまい，それきりどこかへ行ってしまうおそれがあったのだろう．

平安朝の日記文学『更級日記』は，1020年から1059年の記録だが[3]，その12「土忌みの宿，くしき猫のおとずれ」は，迷いこんできた猫の話である．とても人馴れしているが上品な猫で，下働きの「下衆」には近寄らず，食べ物もいいものしか食べない．不思議に思っていると，ある夜，夢に現れ，実は「侍従の大納言の姫君」で，仮に猫の姿になっていると告げたという．

この話からも，猫が上流階級でしか飼うことのできない希少な愛玩動物だったことがわかる．と同時に，猫がいつ逃げ出すかわからない習性の動物であることも物語っている．かわいがられた恩を意に介せず，別の家にいってもそしらぬ顔で甘えている．猫が魅力的といわれる，少なくともひとつの由縁であろう．

●野良猫はいつからいたか

室町時代に編纂された『御伽草子』に，興味深い記録がある[4]．1612年（慶長7年）に洛中の猫の綱を解き放てという高札が立てられたという．

「一，洛中猫の綱を解き，放ち飼いにすべき事．／一，同じく猫売り買い停止の事．／この旨相背くにおいては，かたく罪科にしょせられるべきものなり」

寝殿で飼われた高貴な「唐猫」

寝殿内で飼われていた猫は，長いひもでつながれていた．　　〔土佐光吉筆，源氏物語画帖　若菜　上，京都国立博物館所蔵〕

　いわば将軍綱吉の「生類憐みの令」1687年（貞享4年）の先駆けである．この札をみた人々が，それぞれ「秘蔵」していた猫に札をつけて放したところ，ほどなくしてネズミたちが恐れおののきとあり，以下，因果応報の説話が続く．この文面をそのとおりに受け取るなら，少なくとも洛中すなわち京都には，それまで野良猫というものは存在しなかったことになる．しかし猫の習性から考えて，それまで野良猫がいなかったとは考えられない．

　平安末期の12世紀初頭に成立した『今昔物語集』巻28に，「猫恐〔ねこおぢ〕」と異名された藤原清廉の話がある[6]．そのようにあだ名された理由は，「前世に鼠にてやありけむ，いみじく猫になむ恐ける」からだという．

　この猫は，ひもでつながれ寝殿で女性たちにかわいがられていた猫とイメージがそぐわない．屋敷内の調理場でネズミをねらっていたというより，抜け出して野良猫化した猫がすでにいたことをうかがわせる．穀物倉庫のようなものはあっただろうし，下町であれどこであれ猫が暮らせる場所はいくらでもあっただろう．

　鎌倉時代の末期，1330年ごろに書かれた吉田兼好『徒然草』の第89段に「猫また」の話がある[6]．「奥山」だけでなく町の近くにも出ると書かれているので，そのころには野良猫がまちがいなく存在していたことがわかる．しかし，猫の習性から考えて，野良猫はそれよりずっと以前からいたと想像してもかまわないだろう．

　たとえば，平安初期に成立した『日本霊異記』には，罪を犯して死んだ男が「赤い子犬」や「猫」の姿でわが家を訪ねたという説話がおさめられている[7]．慶雲2年つまり西暦705年のことだという．また「猫」でなく「狸」の文字が使われているが，後の時代の注釈で猫のことだとされている．

　この人は猫の姿で留守中の息子たちの家に忍び込み，供え物をたらふく食べたという．この記述は，野良猫としか考えられないが，西暦705年という年代は疑問視されて当然だろう．通説では猫はまだ日本に渡来していない．しかし，少なくとも『日本霊異記』が編纂された平安初期，すなわち猫が日本に渡来してまもなくに，上流階級の女性たちが飼っていた希少な唐猫のほかに，かなり多数の野良猫が市中や郊外を徘徊していたことはまちがいないだろう．

参考文献
1）野沢　謙，日本人と日本ネコ，週刊朝日百科　動物たちの地球13，p.164，朝日新聞社（1993）
2）松尾　聰，永井和子　校注・訳，日本古典文学全集11　枕草子，p.75，小学館（1974）
3）藤岡忠美，中野幸一，犬養　廉，石井文夫　校注・訳，日本古典文学全集18　更級日記ほか，p.304，小学館（1965）
4）市古貞次　校注・訳，岩波古典文学大系，p.297，岩波書店（1958）
5）馬淵和夫，国東文麿，今野　達　校注・訳，日本古典文学全集24　今昔物語4，p.262，小学館（1976）
6）神田秀夫，小積保明，奈良岡康作　校注・訳，新編日本古典文学全集44　徒然草ほか，p.151，小学館（1995）
7）中田祝夫　校注・訳，新編日本古典文学全集10　日本霊異記，p.98，小学館（1995）

遺伝からみた猫

【猫の特性】

　猫が木の上などから落下しても4本の足で安全に着地できることはあまりにも有名な話である．これができる動物は少ない．このような猫のからだの柔軟性は犬にない特徴である．また，音を出さずにひそかに忍び寄り，じっと獲物の出現を待ち受ける猫の忍耐力には感服させられる．猫の瞳孔は明暗に素早く反応するように眼にも特徴がある．猫は暗やみでも行動できる夜行性の動物であり，人が寝ると天井裏を走り回るネズミが餌となることも理由なしとはいえないのである．

　また，ヘビの急所である首を素早く捕まえる姿は，本質的なハンターそのものである．ただ，猫は単独で狩りを行うため，必然的に猫が捕まえる獲物は，鳥，ウサギ，ヘビ，ネズミ，カエル，昆虫などの小動物に限られ，歴史的にみるとネズミを捕まえる習性をもっていたことが人に飼われるための大きな理由となっている．

【猫の祖先】

　先に述べられているように，猫が人に飼われるようになった場所はエジプトであり，当時エジプトにいた野生の猫といえばリビアヤマネコである．これが家畜化された猫の祖先である．リビアヤマネコはエジプトを含むアフリカ北部一帯からアジア南西部にかけて生息していた．

　図1には猫が世界に広がっていく様子を模式的に示した．長い間，門外不出であった猫も紀元前後のローマ時代になると地中海沿岸に連れていかれ，しだいに中東アジアやヨーロッパでも飼われることになった．猫が通過した地域にはアジア地区一帯に生息したジャングルキャットがおり，また，ヨーロッパ大陸にはヨーロッパヤマネコが生息していた．途中でジャングルキャットと交配し，また，ヨーロッパヤマネコとも交配することとなった．互いに多少外見は異なるが，ジャングルキャットともヨーロッパヤマネコとも交配により完全な生殖能力をもった子猫が生まれる．遺伝学が定義する「種」は，交配により正常な繁殖力をもつ子孫が生まれることが必須の条件になっている．この観点からすれば3種類の猫は遺伝学的に同一の種に属する（ただし，完全に同一とはいえず亜種に分類されることもある）．正常な生殖能力をもつ子猫が生まれるためには，染色体の数と形が同じであることが必要であるが，前記した3種類の猫とも染色体数は$2n=38$と同じ数だけ存在し，形も同じである．

　このように人の往来とともに猫もいっしょに移動し，各地の猫と交配して次々と新しい特徴をもった猫が誕生していったと考えられる．これは多様な品種の猫ができる必須の条件である．

◆落下するときの猫の姿勢

猫は落下するとき，空中でからだを反転させ，四肢を下にした状態をとる．着地した瞬間に伸ばしていた足を縮めて衝撃を和らげる．

●さまざまな猫と遺伝

　猫が人に飼われるようになった歴史は比較的浅い．出発点はネズミを捕まえる狩人として飼われ，のちにペットとして広く人間社会に受け入れられるようになった．

　ペットになると顕著にみられる現象として，人は「珍しいものを求める」あるいは「珍しいものを作出する」とい

図1. 世界に広がったリビアヤマネコの子孫

うことがあげられる．それは，自然には存在しないもの，自然には存在できないものを出現させる．猫において一例をあげるとすれば，爪を出したまま歩く西洋猫がよくみかけられる．それらの猫は床を歩けば音が出るため猫の接近を教えるようなもので，狩りをするときは不利な条件になるが，人が餌を与えるのであればなんら不利な条件にならない．また，長い毛を特徴とするペルシャ，あるいは，夜間でもみつかりやすい白色の猫が狩りに有利とは思われない．いずれも人が介入することによって生存が保障される．野生動物ではみられない変わった特徴をもった品種がつくられることは，ペット化された動物で普遍的にみられる現象であり，人が管理する（一般に家畜化といわれる）ことによって自然淘汰が働かない結果でもある．

このようなことを考えながら，次に猫のいくつかの特徴について遺伝学から見地してみた．注意すべき特徴として，毛色，毛斑，毛の長短あるいは尾の長短などがあげられるが，いずれの特徴も比較的少数の遺伝子の関与によって決まることである．少数の遺伝子が関与して決まる特徴は遺伝学では質的形質とよばれ，交配によりある程度自由になるものである．

猫の飼育が世界各地に広まったが，この過程で重要なことは，世界各地に異なった特徴をもった猫がいたことである．珍しい特徴をもった多種多様な猫がいなければ，自然には存在しない新しい品種の猫を作出することはできない．品種は人がつくったものであるが，雑多のなかからある特徴を際立たせようとして似たものどうしを交配させれば特徴を遺伝的に固定することが可能であり，それが品種の特徴となる．また，もたない特徴をほかから導入すれば新しい品種の出現となる．

新しい猫の品種がつくられる過程で異なった遺伝子構成をもつ猫集団の存在はとても重要で，遺伝子工学が発展した今日でも新しい遺伝子をつくることは不可能であり，われわれにできることは自然界に存在する遺伝子を利用することのみが許されているからである．

● 毛色の遺伝様式

さまざまな特徴をもつ猫の毛色と紋様は特筆すべきものがある．毛色ではキジ色，白色，オレンジ色，黒色，三毛色，銀色などがあり，斑紋ではトラ，縞模様，周辺部のみの斑紋，全体が1色などがある．これらは遺伝子により支配されている．これらに関係する遺伝子だけでも10種類を超え，その遺伝様式を述べることは容易ではない．ただし，1つの遺伝子のみに限定して，存在すれば「白」，存在しなければ「黒」という比較的単純なものもある．しかし10種類の遺伝子が関係しているため表面上複雑にみえるのである．したがって両親の遺伝子型が判明すれば（大部分は眼でみておおよその遺伝子型が判別できる），子猫で出現する可能性のある毛色・斑紋などはほぼ正確に予測できる．

【2種類の白色】

同じ白色の毛であっても，眼が赤いものとそれ以外の色の2種類がある．前者は色素をもたないもので，遺伝学的

に劣性の白色であり，後者は優性の白色である．

i）優性の白色

毛色を決定する遺伝子として対立関係にある優性（W）と劣性（w）遺伝子があげられる．いずれの細胞においても1組の遺伝子が存在することから，個体レベルでみれば遺伝子型としてWW，Ww，wwの3種類のいずれかになる．1個でもW遺伝子が存在すると，ほかの遺伝子の有無のいかんを問わず白色となる．このことから眼が赤色以外で白色の猫の遺伝子型はWWもしくはWwであると断定することができる．逆に色調を問わず有色の猫であれば遺伝子型はwwと断定できる．

この遺伝子のもうひとつの特徴は，毛色に関係する遺伝として10種類の遺伝子が知られているが，優性遺伝子Wはそれ以外のいずれの遺伝子よりも強力に働くことから遺伝学では「上位」に位置しているといわれ，もっとも強力な遺伝子である．白色の猫が有色の猫（遺伝子型はww）と交配することによりその白色の猫の遺伝子型がWWであるかWwであるかを判別することができる．図2には，その理由を示した．もし生まれた子猫が1匹でも有色であれば白色の親猫の遺伝子型はWwであると断定できる．

ただし多くの場合，遺伝子型がWWであれば眼色が本来の黄色から青色に変わり，ときには左右で眼色が異なる，いわゆる「金眼銀眼」となる．しばしば聴覚異常を伴い，飼い主の呼びかけに応じなかったり変わった鳴き方をしたりする．聴覚異常は野生の猫にとって狩りを行ううえで大きなハンディとなり生存に適したものではないが，人が餌を与えて飼うのであれば生存にとって不利になることはない．

このようなハンディをもった白色の猫が生き残っている理由は，少なからぬ人々が白色の毛色，それも眼色に特徴のある猫を好むことからであろう．

ii）劣性の白色

同じようで実はまったく異なる白色に色素をもたない白子（アルビノ）とよばれる白色がある．眼の赤い（赤血球の色）ウサギやネズミは全身が白色である．猫でも同様であり，アルビノであれば全身が白色で眼が赤いことから判別は容易である．これに関係する遺伝子はCとc遺伝子である．さらに，c遺伝子は変異型としてc^b（ビルマネコをチョコレート色の毛にしている遺伝子）とc^s（シャムネコのカラーポイントに関係する遺伝子）などの変異体がある．シャムの遺伝子型は$c^s c^s$であり，この遺伝子からつくられる酵素（タンパク質）は温度に感受性があり，低い温度で活性をもつ．体表温の低い部位で色素をつくる酵素が強く働く結果として顔面，四肢，尾などが濃い黒色になり，ほかの部分では体表温が高いため活性が低い酵素となり十分な色素がつくられないため白色に近いクリーム色になる．

アルビノの遺伝子型はcc（もっとも劣性）であり，真正メラニン（黒色あるいは褐色の色素）やフェオメラニン（黄

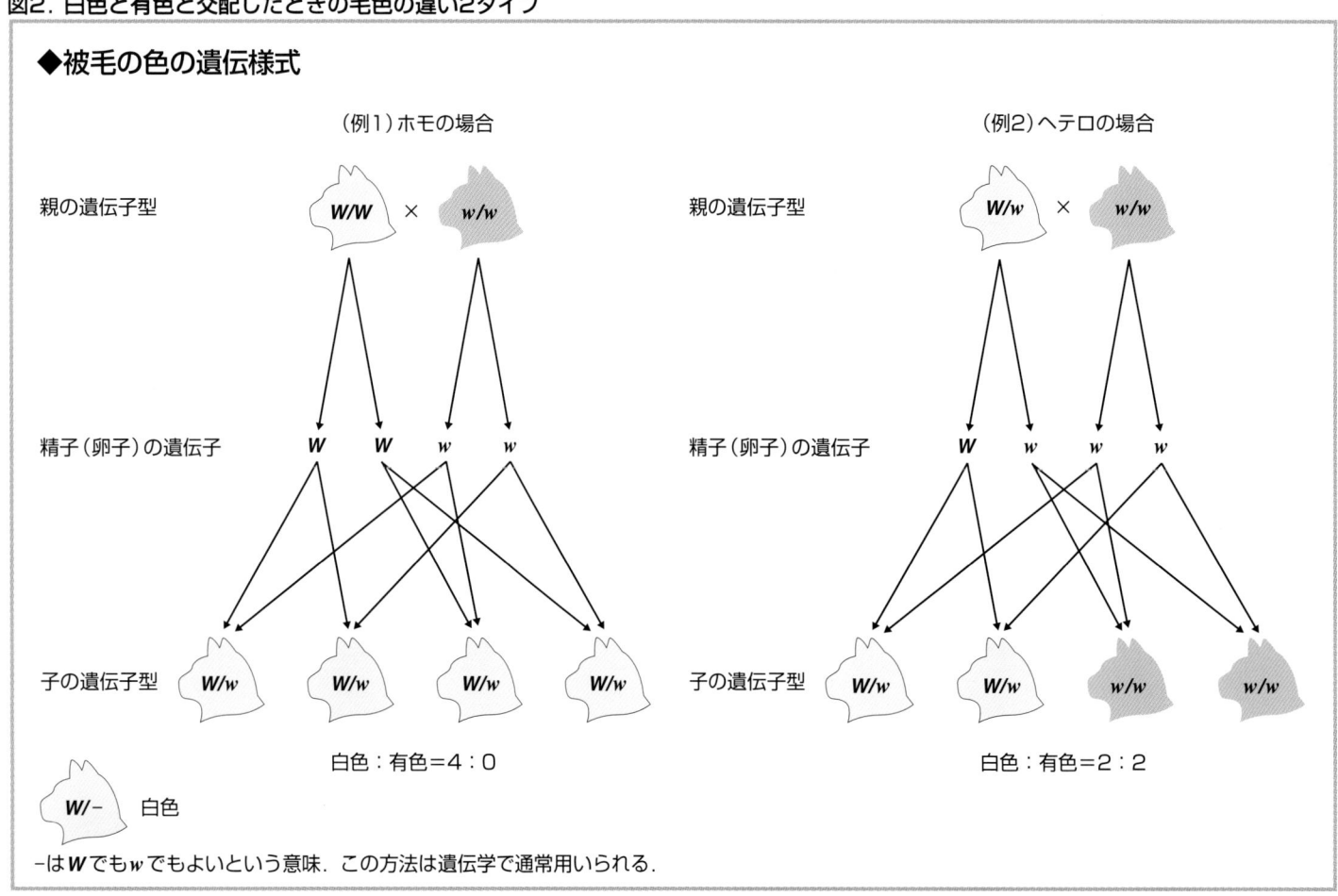

図2．白色と有色と交配したときの毛色の違い2タイプ

遺伝学では優性遺伝子は大文字（W），劣性遺伝子は小文字（w）で表し，それが対立遺伝子であるときは同じ文字や記号（Wとw）を用いる．

色の色素) などの色素をつくるのに必要な酵素 (チロシナーゼ) を欠くため有色色素をつくることができない. もっともアルビノはマウス, ラット, ウサギなどではふつうにみられるが, アルビノの猫はめったにみることができないため自然の状態では最弱者に属するのであろう.

【雄の三毛】

むかし, 雄の三毛が船乗りに珍重されていたといわれているが, 三毛猫の毛色は「茶 (オレンジ)」, 「黒」と「白」の3色であり, これらが斑紋状に分布する. 雄の三毛をみることはほとんどなく, 日常みかける三毛猫といえばすべて雌といってよい. ただし, ひじょうにまれであるが雄の三毛が存在するのは事実である. では, なぜ雄の三毛が少ないのであろうか.

三毛猫の遺伝子型は ww, Oo, SS (または Ss) であり, これ以外の遺伝子型は関係がない. つまり, この遺伝子型がそろえば, ほかの遺伝子型がいかなるものであっても三毛猫になる. 三毛が雌に限られることに関係する大切な遺伝子は O と o の遺伝子であり, 性の決定に関与するX染色体上に存在する (図3). 雌は2本のX染色体をもつため OO, Oo と oo という3種類の遺伝子型が存在する. 一方, 雄は1本のX染色体と1本のY染色体を有するため, O または o の2種類の遺伝子型しか存在しない. つまり雄に特有のY染色体上には遺伝子の O も o も存在せず, 雄では雌でみられるような遺伝子型 Oo (ヘテロ型) は存在しない. Oo という遺伝子型は三毛を決定するものであり雌に特有な遺伝子型となっている. ちなみに遺伝子 w と S は性染色体以外の常染色体に存在するため遺伝様式は雌雄間で差がない. では, なぜ雄に三毛が少ないかを次に説明する.

雄の性染色体はX染色体, Y染色体の2種類からなり, 雌では細胞内に1組2本でただ1種類のX染色体をもつことになる. 雌においてはX染色体に存在する遺伝子が雄の2倍存在することになりさまざまな不都合が生じる. これを防ぐ機構として, 細胞内に存在する2本のX染色体のうちでいずれか一方が不活性化され, 事実上1本のX染色体しか存在しないかのようにしようとする機構がある (図4). この現象はライオニゼーションとよばれ, 不活化されたX染色体は小さく凝集し, 色素に強く染まることから雄雌の判別に用いられるほどである. ちなみにオリンピックで行われるセックスチェックはこの原理が用いられている. ただし, 一方のX染色体は雄親に由来し, 他方の1本は雌親に由来するが, いずれが不活性化されるかは機械的に決まる. ある細胞では雄親由来のX染色体が不活性となり, 別の細胞では雌親由来のX染色体が不活性となりモザイク状に分布することになる. 図3に示したようにY染色体はX染色体に比較すると小型であり, 遺伝子の数も少ない. ちなみに約3万種類存在する全遺伝子のうちでY染色体に存在する遺伝子はわずかに20種類程度にすぎず, そのうちの大

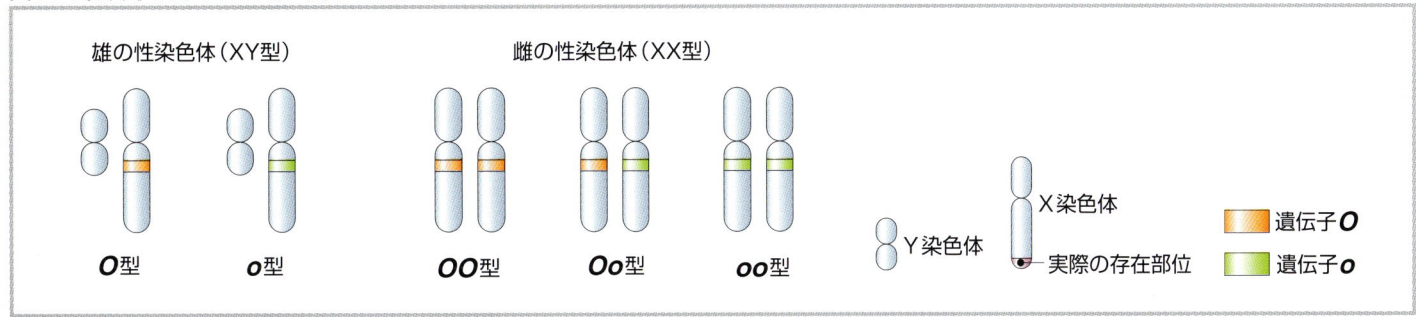

図3. 雌雄間で異なる三毛に関する遺伝子

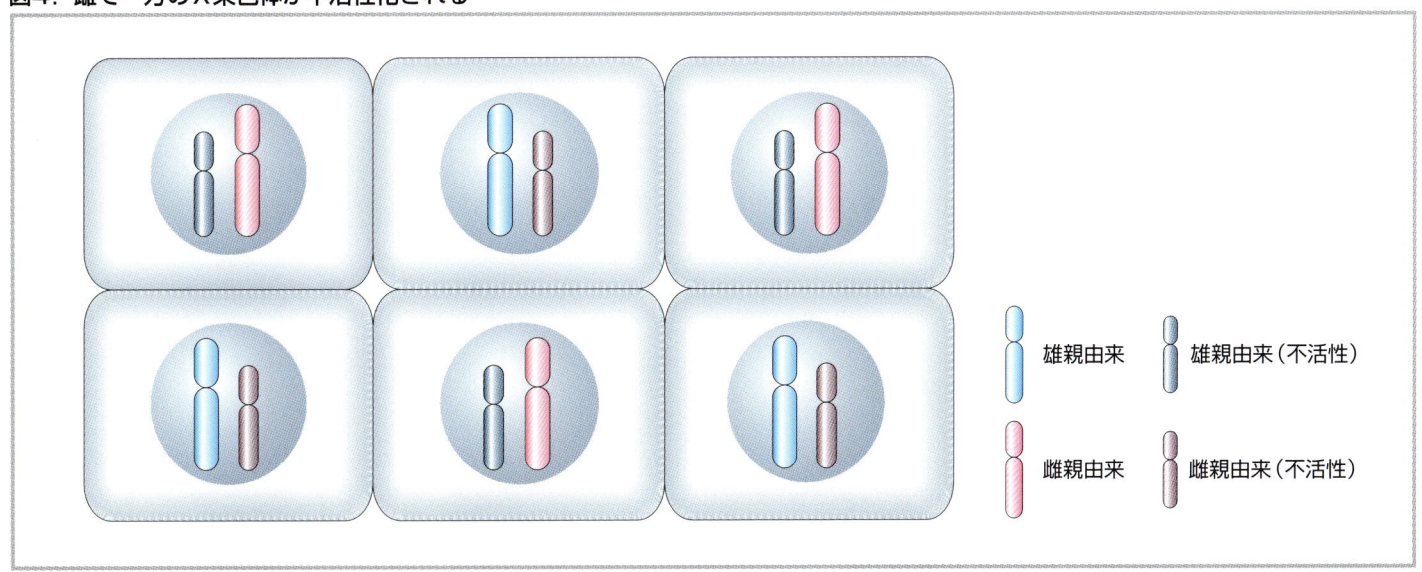

図4. 雌で一方のX染色体が不活性化される

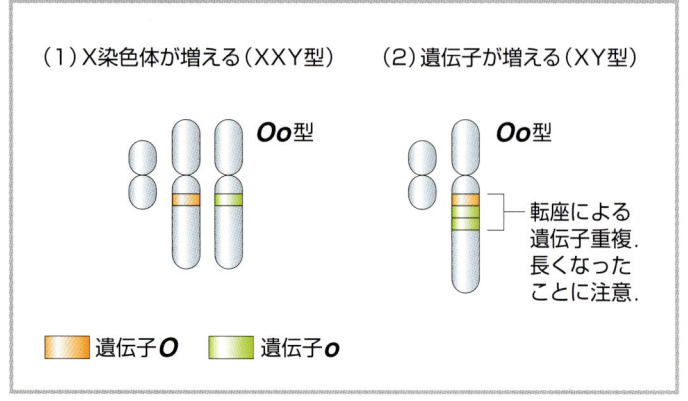

図5. 雄が三毛になった性染色体

部分が雄化するために必要な遺伝子として働くため，雌雄間で大きな差はないと考えられている．

ここで三毛猫に話を戻すが，雌の遺伝子型がOoというヘテロ型であることは，同一の個体において，ある細胞では遺伝子Oが働き，ある細胞では遺伝子oが働くことになり，茶色を呈する部分と黒色を呈する部分のモザイク状となる．この理由により雄でも三毛になるためにはこのような条件が整う必要があり，図5に示した2つの機構が考えられる．1つは性染色体がXXYの3本からなり，遺伝子型がOoになる場合であり，他方は転座・重複といわれる機構により染色体の一部が重複して1本のX染色体が遺伝子Oとoとをあわせもつ場合である．いずれにおいても実在することが知られていて，たとえばヒトでも性染色体の異常としてXXYからなる男性，ときにはXXXYの男性が存在し，クラインフェルター症候群として知られている．哺乳類ではY染色体が1本でも存在すればX染色体の本数に関係なくすべて雄になるからである．また，後者では特殊な染色を行えば顕微鏡でみることができる．X染色体が1本しか存在しないため対立遺伝子が存在せず，理論的には遺伝子Oと遺伝子oの両者とも発現し対応する2種類のタンパク質（たぶん酵素であろう）がつくられることになる．ただしいまのところ，タンパク質の本体は不明である．

これらがおこることはまれであるが実際におこる．つまり雄が三毛になるためには性染色体になんらかの異常（ほとんどがXXY型）が伴わなければならない．一般に，性染色体であっても常染色体であっても，このような染色体異常をおこした場合には不妊となり，生殖能力をもたない．このように低い確率でおこり，また，生殖能力も欠くため実際に雄の三毛猫をみる機会はまれとなっている．

●尾曲がりの猫と長毛の猫

日本猫でみられ，西洋猫でめったにみられない特徴のひとつとして曲尾と短尾があげられ，一括して「尾曲がり」とよばれる．尾曲がりは尾椎骨に癒着がみられる奇形のひとつである．尾曲がりに関係する遺伝子は複数であるが，比較的少数の遺伝子が関与するため，一般に尾曲がりがみられない西洋猫に尾曲がり猫の遺伝子を交配によって導入すれば尾曲がりした西洋猫を作出することができる．アメリカで作出された「日本尾切れ猫」はこの方法で作出された品種である．

ペルシャネコは長毛をもつことが品種の特徴となっているが，遺伝学からみると，毛の長短を決める機構は単純であり，ただ1種類の遺伝子Lとlと関係するのみである．短毛の猫の遺伝子型はLL（ホモ）かLl（ヘテロ）であり，長毛の猫の遺伝子型は例外なくllという劣性ホモである．では，ペルシャネコ以外で長毛の猫を作出することができるであろうか．結論からいえば可能である．ペルシャネコと交配させ，毛の長短を決める遺伝子型をllにすればよいからである．まさに図2のWをLにwをlに置き換えると毛の長短の遺伝様式になる．ためしに短毛の猫（遺伝子型Llと仮定する）とペルシャネコを交配すれば，長毛（遺伝子型ll）と短毛（遺伝子型Ll）の子猫が1：1の割合で生まれる．この原理を利用すれば長毛の遺伝子型llを別の品種の猫に遺伝的に固定することができる．

●突然変異と遺伝

毛色，斑紋，毛の長短などの特徴をみると，遺伝学的に優性あるいは劣性遺伝子が関係していることがわかる．突然変異により遺伝子に変化がおこり新しい遺伝子が誕生するが，新しい遺伝子が生存にとって無関係（中立），もしくは，有利に働く場合では淘汰されず，新しい遺伝子として残されることになる．しかし一般に突然変異で誕生した新しい遺伝子の多くは生存に不利に働く場合が多く，自然淘汰の対象になり消失する運命にある．

ところが新しい遺伝子が劣性であれば生き残る機構がある．古い遺伝子をA，突然変異によって誕生した新しい遺伝子をaと仮定すると，遺伝子型がAAからAaに変わることを意味する．遺伝子型aaに変異することは突然変異の頻度から考えるとほとんどない．遺伝子型がAAからAaに変化しても表現型は同じである．つまり，新しい遺伝子aは自然淘汰の対象とならず保存されるのである．Aa型の交配相手がAA型であるため，表現型として現れることなく集団のなかに埋没する．

その集団において，まれにAaどうしが交配することがある．この場合ではAA：Aa：aaの遺伝子型をもった子が1：2：1の割合で生まれる．表現型では3：1に分離し，遺伝子型aaは明らかに異なった表現型を示す．ペルシャネコ（遺伝子型ll）でみられたように，遺伝子型aaを有する個体が新しい表現型を示すのであるが，多くの場合，自然淘汰の対象になる個体である．ただし，人の助けを借りる必要があるが，この機構が新しい品種の誕生に関係している．先人がたまたま長毛を有する猫をみつけたことが，ペルシャネコの作出につながったのであろう．

具体的に計算してみると1万個体からなる集団あたり1個体が遺伝子型aaとなる例では，9801個体がAA，198個体がAa，1個体のみaaとして存在することになる．もし自然淘汰でaaの個体が失われても198個体が遺伝子aを残す計算になる．

構造と機能

- 外形と外皮
  - 外　形
  - 外　皮
- 運動器系
  - 骨　格
  - 筋　肉
- 消化器系
  - 消化器官
  - 消化と吸収
- 呼吸器系
- 生殖器系
  - 雌雄の生殖器官
  - 妊娠と出産
- 泌尿器系
- 内分泌系
- 循環器系
- 神経系
  - 中枢神経
  - 自律神経
- 感覚器系
  - 嗅　覚
  - 聴　覚
  - 視　覚
  - 味　覚

外形と外皮

外　形

　成熟した猫の大きさは2〜10kgであり，犬の大小の差が100倍にもなるのに対して，体重差は5倍ほどである．雌雄の差（雌2〜7.5kg，雄3〜10kg）も雄がやや大きい程度で，ライオンやトラなどほかのネコ科の動物に比べて外形からではほとんど見分けがつかない．また，犬は350種以上の純血種が現存し，絶滅種も含めると，その総数が800種にも及ぶのに比べ，猫ははるかに少なく，The Cat Fancier's Association Inc.や The International Cat Associationに登録されている純血種はわずかに40種である．欧米先進国では，犬と猫の飼育頭数はほぼ同数か，やや猫のほうが多いといわれている．わが国では，猫はまだ犬の飼育頭数に比べて2割ないし3割少ないが，それでも毎年増加し，2002年度の調査（日本ペットフード工業会）で710万頭を数える．犬の家畜化の歴史がおよそ1万5000年ともっとも古く，古代エジプトで家畜化された猫の歴史が5000年に満たないとしても，猫のさまざまな数字は，それだけ人による改良が加えられていないことを意味している．

　したがって，頭部，軀幹（胴体），そして四肢はもちろん，体構（体高と体長）にも品種間，あるいは雌雄間で大きな差はみられない．体長は50〜60cmであり，わずかに10cmの違いしかない．ちなみに，犬では，各品種間を特徴づける項目として体高を規定している（アメリカンケンネルクラブ；AKC）．体高は自然体に起立した状態で，肩（肩甲骨の上部）から前肢の指までの高さを表し，たとえばビーグルは体高33cmまでと，33〜38cmまでの2つのグループが規定されており，後者は38cmを超えるとビーグルとみなされない．犬では体重による規定はない．

【頭部・耳・眼色】
　猫の頭部の形は短頭型と長頭型に分けられる．両者を比べると，口吻を形づくる上顎と下顎の長さに著しい差がみられ，頭蓋部にはほとんど差はないが，耳の形には目立った変化がみられる．

　眼の色は虹彩の色である．虹彩の色はメラニン色素の量で決まり，メラニン色素が多いと茶色や黒，少ないと青や灰色にみえる．メラニン色素の量と虹彩に当たる光線の加減によって，人の眼には，金色，緑色，オレンジ色，黄色などさまざまな色に見える．眼の色は親からの遺伝子によるものであり，遺伝子の働きによって左右の眼の色が違うオッド・アイ（odd eyed）とよばれる猫が生まれる．ムック白猫で眼の色が違うのをオッド・アイ・ホワイトとよび，一方の眼が金色で，もう一方が青色である．両眼が青色の白猫を両親にもつか，青色の眼の白猫と他の品種との間に生まれるという．たとえば，ペルシャ，ブリティッシュ・ショートヘア，アメリカン・ショートヘアなどである．

◆外部形態

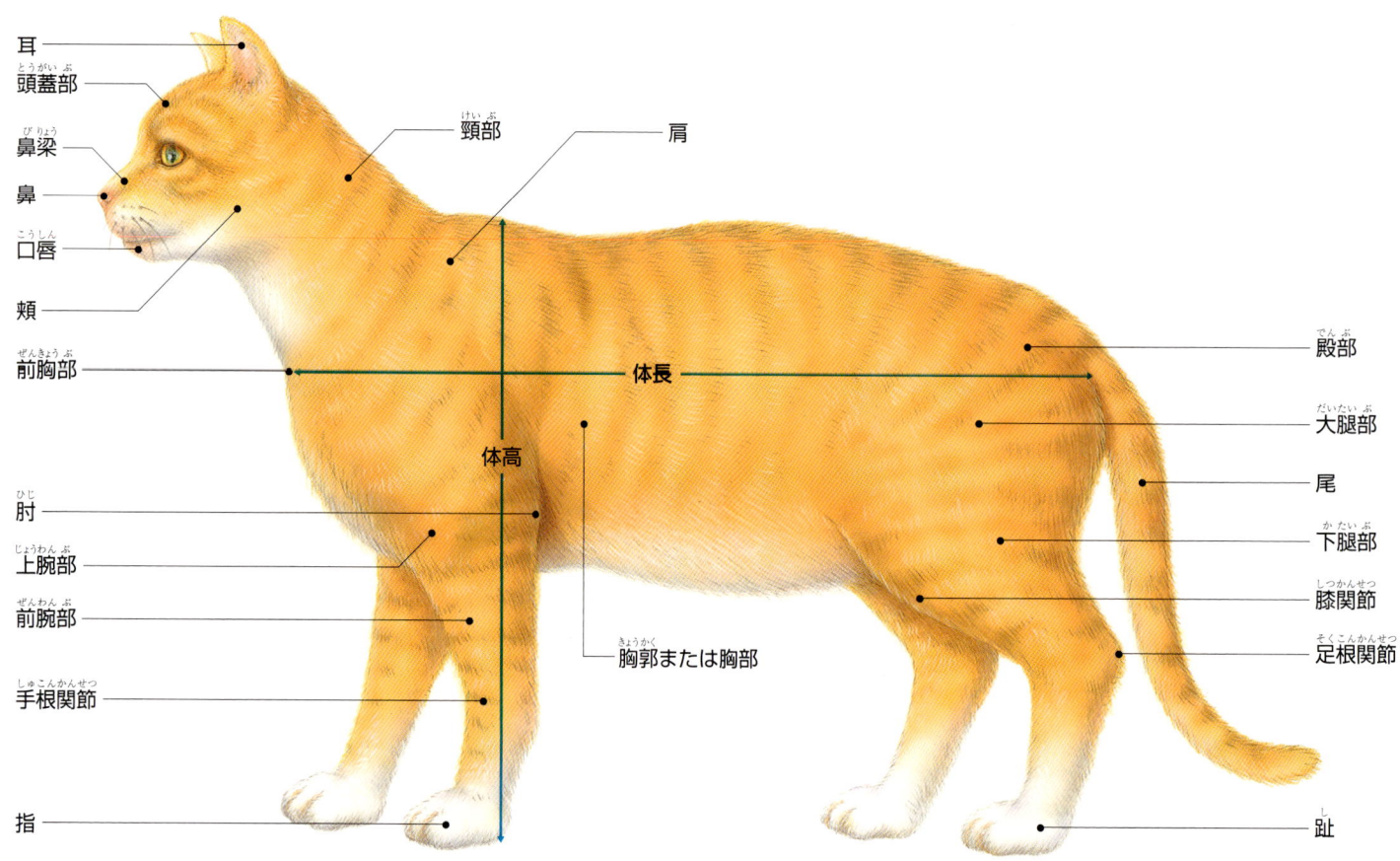

◆猫の種類

長毛種

ペルシャ:ペルシャに古くから飼われていた.原産地は,今のアフガニスタンと考えられている.長毛の人気種である.そのなかでも一番人気はチンチラ・シルバーであり,ティップド・カラー(毛先が濃色)の一種で,白毛の毛先がわずかに黒いためシルバーに見える.

バリニーズ:バリニーズはシャムから突然変異として発生した長毛猫を固定化したものである.尾には他の部分よりも長い毛が生えており,しなやかで優雅な動きがバリ島の伝統的なダンスを連想させることから「バリニーズ」と名づけられた.

アンゴラ:アンゴラネコはトルコの首都アンカラの旧名アンゴラに由来する.トルコに古くからいた家猫で,純粋なアンゴラネコはペルシャネコより胴体が長く,スマートな体形をしている.フサフサのシッポをもち,体毛は中長毛である.

ヒマラヤン:1920年代,スウェーデンの遺伝学者がペルシャの体型にシャムのポイントが入るかという学術的興味による異種交配から生まれた.1930年代に入り,交配がくりかえされ,カラーポイントの長毛猫の基礎となる猫を誕生させた.

短毛種

アメリカン・ショートヘアー:イギリスの清教徒たちがメイ・フラワー号でアメリカ大陸に渡ったときに連れていった猫が祖先だといわれる.後に自然繁殖したショートヘアーのものが固定され,アメリカン・ショートヘアーとよばれるようになった.

シャム:タイの猫である.エジプトとシャム(今のタイ)との交易により,エジプトより運ばれた猫が野生のマレーネコと交わり,シャムネコが誕生したといわれている.シャムネコは,長い間,門外不出の宝として,宮廷や寺院で大切に飼われていた.

シャルトリュー:16世紀にフランスの僧院でつくられた古い猫である.現在,フランスでは家猫の代表として知られている.被毛はロシアン・ブルーを彷彿とさせるグレーで,毛質は子猫のときには絹糸のようなのだが,成長するとがさつく.

コーニッシュ・レックス:突然変異の巻き毛の猫をルーツにもつ,比較的新しい品種.イギリスのデヴォン近辺で生まれたデヴォン・レックスのほか,細身で妖精のようなコーンウォール生まれのコーニッシュ・レックスがいる.

雑種

三毛猫:黒,白,茶(オレンジ)の毛色を持つ猫を三毛猫といい,通常は雌のみに見られる毛色である.日本では三毛猫は幸運を招くと考えられ,とりわけ雄猫は強い運を運ぶと考えられている.雄の三毛猫は,きわめてまれに生まれる.

トラ:毛色と性格には相関があるといわれているが,トラネコは例外になる.トラネコはものおぼえがよく,賢い猫が多い.犬と猫を比べて,猫のほうが賢いと思っている飼い主はトラネコを飼っているのかもしれない.また,茶トラの猫は大きくなる傾向にある.

キジトラ(オレンジ):マッカレルタビーで,全体的に鳥の「キジ」のような色調.地色は赤茶色.模様は黒または黒褐色.鼻鏡が黒の縁どりのあるレンガ色,パウパッドが黒または茶色な猫を正統的キジトラとする見方もある.

黒猫:8世紀初頭に,中国からはじめて日本にきたのが黒猫である.次に,白猫,そしてオレンジ色の猫が渡来して,三毛猫が生まれた.黒猫は,古今東西を問わず,あるときは神さまのように,あるときは悪魔の化身として存在感があった.

外 皮

猫の皮膚はとてもゆるい．この皮膚のおかげで，ほかの猫や大きな獲物とのとっくみあいで致命的な傷を負うことは少ない．野生型の被毛は犬と同様に，1つの毛包から成長した長く粗い毛（主毛）と短い副毛からなる．被毛の色は主毛によって決まるが，猫の品種改良は主毛と副毛の多様性にみられる．長い主毛をもつアンゴラ（Angora），長い主毛と副毛をもつペルシャ（Persian），主毛をもたないコーニッシュ・レックス（Cornish Rex）などはまさに品種改良の結果である．主毛を支える筋肉は，戦いに際して，からだをひとまわり大きくみせるのに働き，また寒いときには毛を密集させて暖をもたせる．しかしながら，これらの被毛も，暑いときには体温調節を妨げることになる．

猫の体毛は，60～90日間続く成長期に一定の長さまで伸びる．その後の短い中間期と40～60日間の休止期に新しい毛が毛包から芽生え，再び成長期に入る．体毛はいつも異なった段階の毛が混在するため，一気に抜け落ちることはない．体毛の成長にもっとも大きな影響を与える外部要因は光である．日照時間が長くなる春には，毛の生え代わりがおおいに活発になり，暑い夏に備えることになる．しかし，屋外に出ることのない猫はこのような周期がみられず，一年中毛が抜ける現象がよくみられる．同時に夏に対する備えが不十分になり，室内の高温に苦しむことになる．

猫の汗腺，すなわちエクリン腺は足の裏の肉球にしかなく，高温時の熱の放散はあえぎ呼吸による唾液の蒸発や唾液で毛皮を湿らせて行っている．このあえぎ呼吸は，エネルギー消費を抑えるために，呼吸器に負担のかからない共振周波数 約250サイクル（1分間あたり約250回ハーハーとあえぐ）で行っている．ヒトの発汗はエクリン腺と真皮に分布したもうひとつの汗腺（アポクリン腺）でみられるが，猫にはアポクリン腺はない．肉球のエクリン腺から分泌された汗は血清と同様なイオン成分を含んでいるが，管を通って肉球表面に出てくる過程でその成分は再吸収される．

分泌量が少ないときには，ナトリウムイオンや塩化物のほとんどは再吸収され，水分も吸収される．そのため肉球表面に出てくる汗は尿素，乳酸，カリウムイオンの濃縮された液になる．分泌量が多いときにはナトリウムイオンや塩化物の再吸収は少なく，より多くの水分が失われる．しかし，暑い環境下では，副腎皮質からのアルドステロン分泌が高まって，ナトリウムイオンや塩化物のほとんどが肉球表面に達するまえに再吸収される．この発汗は交感神経性コリン作動性神経によって調節される．

猫の発汗量は，ヒトに比べて圧倒的に少なく，またあえぎ呼吸など補助的な放熱も犬ほど強力ではない．したがって，猫にとって高温多湿な日本の夏はとりわけ暮らしづらいかもしれない．

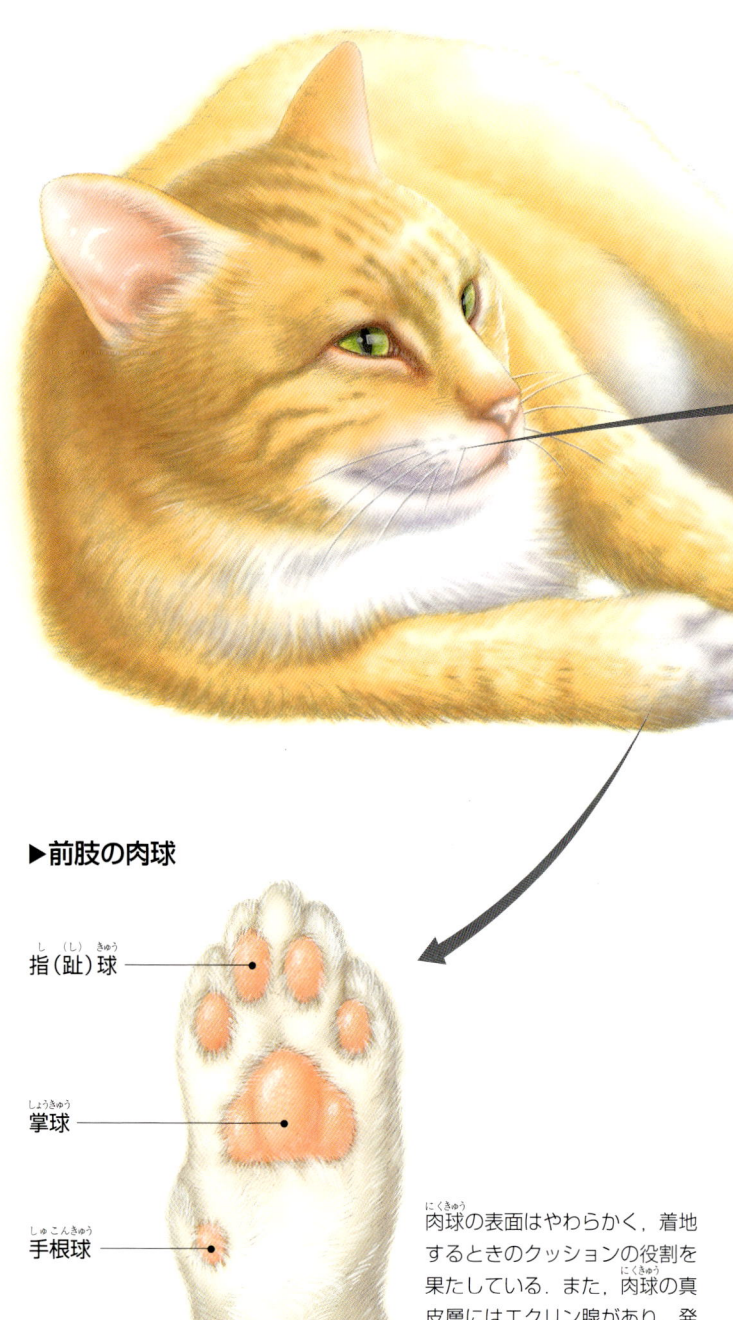

▶前肢の肉球

指（趾）球
掌球
手根球

肉球の表面はやわらかく，着地するときのクッションの役割を果たしている．また，肉球の真皮層にはエクリン腺があり，発汗作用をもつ．湿気の多い夏，床に猫の足跡がくっきり残ることがある．

【皮脂腺】

猫の額，頬，口の周り，顎の下，耳，肛門周囲などの皮膚の真皮層には，皮脂腺が発達している．どの皮脂腺も特有の分泌物を含み，さまざまな目的に使われていると思われる．大きな顎下腺，頬，および口の周りの皮脂腺からはいわゆるマーキングに必要な物質を分泌し，人であれ，物であれ，対象物に自分の〝旗印〟をつけることになる．猫は犬と異なり，単独生活を好むことから，このようなマーキングは個人的ななわばりや行動圏を意味しているものと思われる．

雄猫の場合，さらにスプレー（spray）とよばれる排尿が続くことがある．肛門周囲（肛門嚢）にも分泌腺があり，

◆皮膚の構造

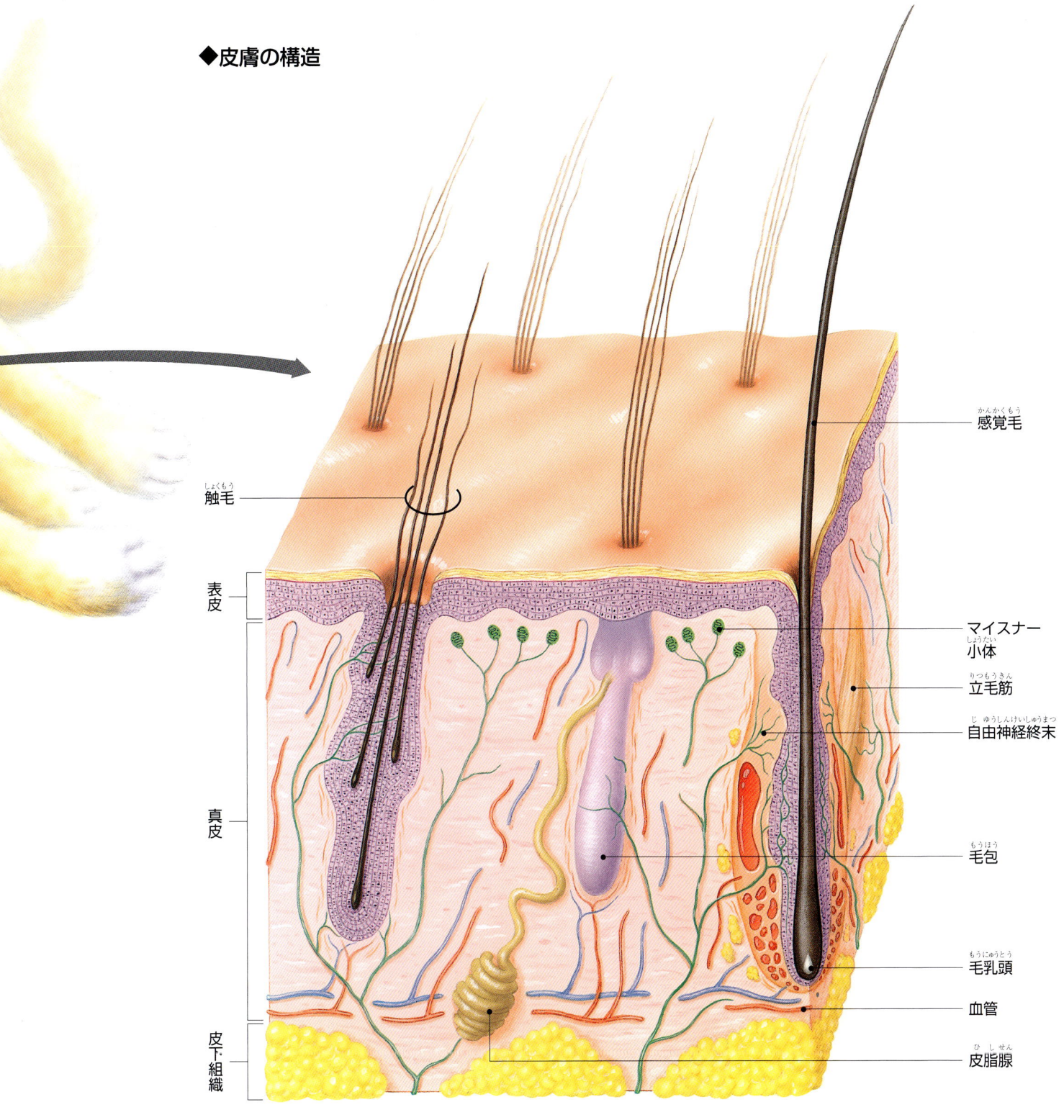

また頬や耳からも芳香のある液を分泌する．それぞれ異なった成分をもつことから，それらのコンビネーションによってなんらかのメッセージを発しているものと推測されているが，確証はない．

【身づくろい】

多くの動物に身づくろい（グルーミング）行動がみられるが，猫ほどタイミングよく，また頻繁に行う動物は少ない．身づくろいの目的は，いうまでもなく，被毛を清潔に保つことであるが，ストレスにより身づくろいの頻度が高まり，脱毛することがある．前肢で直接身づくろいするかどうかはともかく，舌の中央にある研磨材ともいうべき強力な乳頭突起でブラッシングをする．

【触　毛】

猫には少なくとも15もの異なるタイプの皮膚の受容器がある．それらは，タッチと圧力に感じる機械的受容器，温度に感じる温度受容器および痛みに感じる侵害受容器の3つのカテゴリーに分類することができる．真皮層にある機械的受容器は皮膚と触毛の動きに応答している．同様の機能を果たす毛（仮に震毛とする）は四肢にもあり，猫の近くの物体に対して自らの頭や四肢がどのような位置にあるのかを感じとっていると考えられている．このような触毛や震毛は気流にも敏感である．

運動器系

骨格

構造と機能

　猫が犬など一般的な哺乳類の骨格と大きく異なるのは，肉食の習性による．ほかの家畜化された動物の骨格が時を経てさまざまに変化したのに比べ，猫の骨格と筋肉はヤマネコ（*Felis silvestris*）からほとんど修正されていない．基本骨格は一般的な哺乳類と変わりないが，効率的な狩猟をするために特化された部分がある．そのもっとも顕著なものは前肢である．ヒトの鎖骨は肩と胸骨につながっているが，猫は鎖骨がわずかに残っているだけで，退化した鎖骨の代わりに強力な筋肉があり，この筋肉によって前肢と胴体がつながっている．なお，犬には鎖骨はない．この構造からもたらされる高度な可動性と前肢の鋭い爪によって，猫は難なく獲物を捕らえることができるのである．脊椎骨間のジョイントはさらに可動性が高く，後肢へとつながっていく．この後肢からもたらされるパワーは強力で，走るよりむしろ飛び跳ねるためのものと思われる．四肢の筋肉は疲れやすく，持続力は短い．その走力でもって獲物を捕らえることができる唯一の動物であるネコ科のチーターもせいぜい数百mしかトップスピード（時速90km）が続かないが，猫の筋肉とは異なる．

　頭蓋骨は品種によってやや異なる．ロングヘアやその仲間ではやや短い頭蓋骨をもち，シャムなどでは長い口蓋が

◆骨格（雄）

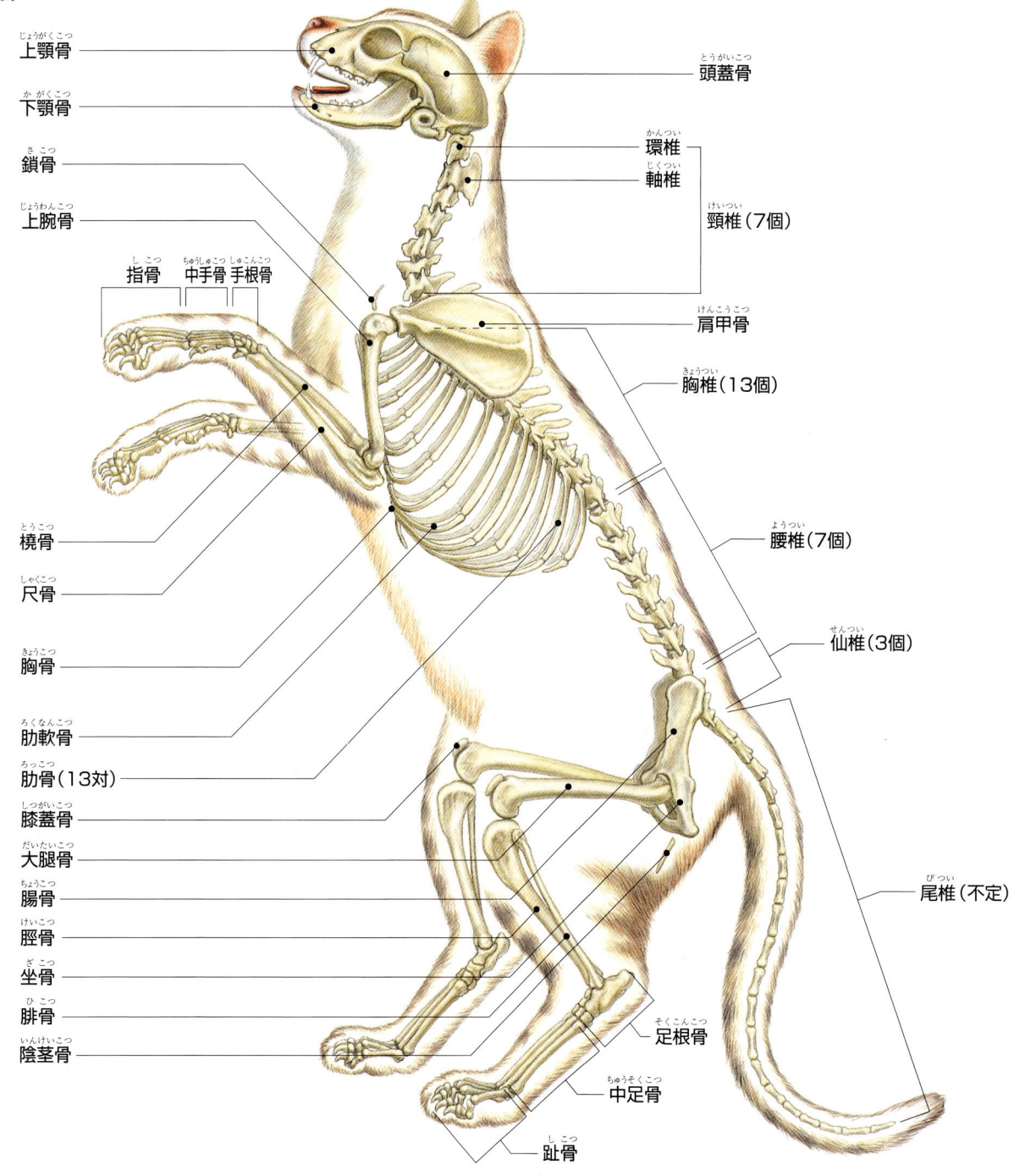

ついた頭蓋をもつ．しかし，猫の頭蓋でもっとも特徴的な部分は大きな眼窩であろう．視力で獲物を捕らえる動物特有の眼窩といえる．

【歩　様】

猫には3つの歩様がある．ゆっくり歩くとき（常歩）の第一歩は右後肢から始まり，次いで右前肢，左後肢，左前肢の順になる．前肢の足跡は後肢の足跡と重なり，その歩様はほぼ一直線になる．速歩で歩いているときも，ゆっくり歩くときと同様な歩様を示すが，対角線の足（右後肢と左前肢，左後肢と右前肢）がほぼ同時に動く．駆歩になるとまったく異なった歩様になるが，日常的にはほとんどみられない．駆歩には3つの歩様があり，それぞれに少しずつ足の運びが異なる．たとえば，回転駆歩（rotatory gallop）とよばれる歩様では，右前肢，左前肢，左後肢，右後肢の順になる．馬などにみられる襲歩（full bound gallop）は，両前肢が同時に着地し，次いで左右の後肢が着地する．この歩様は猫ではけっしてみられない．

【引き込み式の爪】

爪は爪先の先端の骨から伸びて，腱でつなぎとめられている．爪はケラチンとよばれるタンパク質からなり，骨格ではなく皮膚に由来する．通常は靭帯によって中に納められているが，爪を出す必要があるときには，足の指の屈筋を収縮させて腱を伸ばす．

雄猫の爪は武器にもなるが，雄としてのプライドを表すものでもあるらしい．爪を切られた雄猫は交尾意欲が減退し，結果的に雌に好かれない．

▶前肢の構造

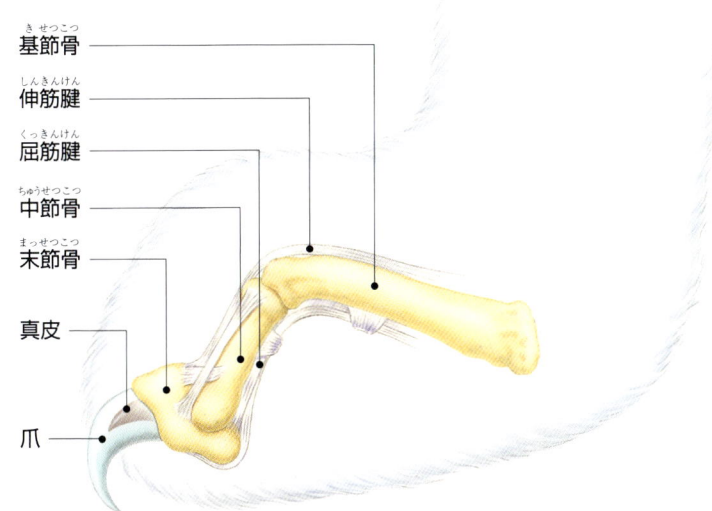

前肢には，上腕骨，尺骨，橈骨の3本の主要な骨がある．上腕骨は骨頭で肩甲骨の関節窩にはまりこみ，反対側のはしで尺骨と橈骨につながる．尺骨と橈骨は手根骨（8個の小さな骨の集合）と関節をつくり，関節を介して中手骨，

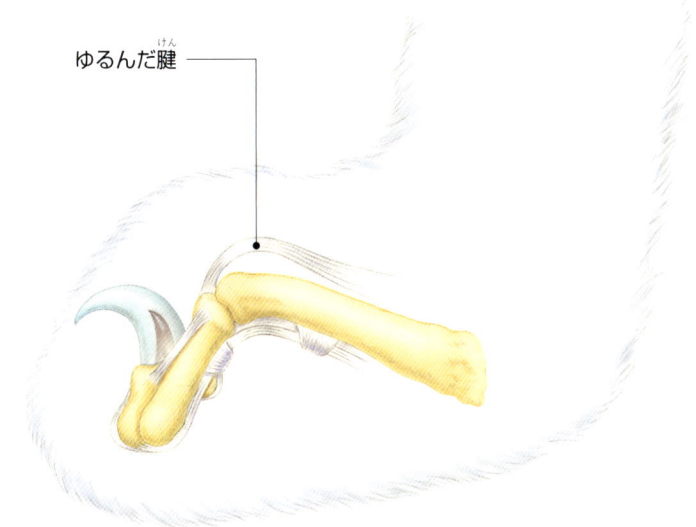

指骨と連絡する．指骨は，左側の図のように基節骨，中節骨，および末節骨からなる．猫の爪は，末節骨からのびて，腱でつなぎとめられている．屈筋を収縮させて，屈筋腱をひっぱることによって爪を出す．

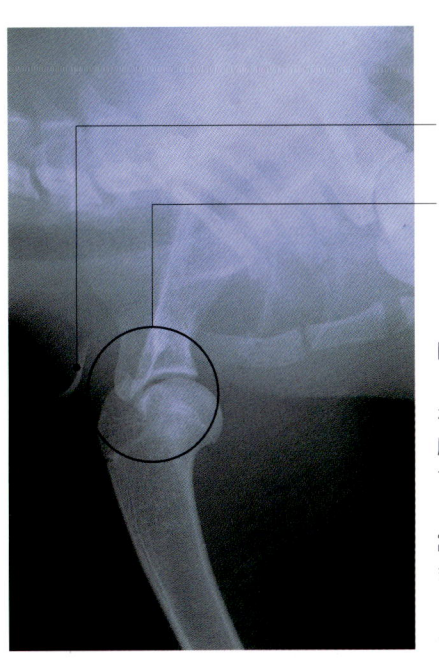

図1．肩甲骨（X線写真）
ヒトと異なり，猫の鎖骨はわずかにみられる．前肢と胴体は筋肉によってつながっている．肩関節は，円形のくぼみである肩甲骨の関節窩に，球状の上腕骨頭がはまりこんだ球関節である．したがって，すべての方向に運動ができる．

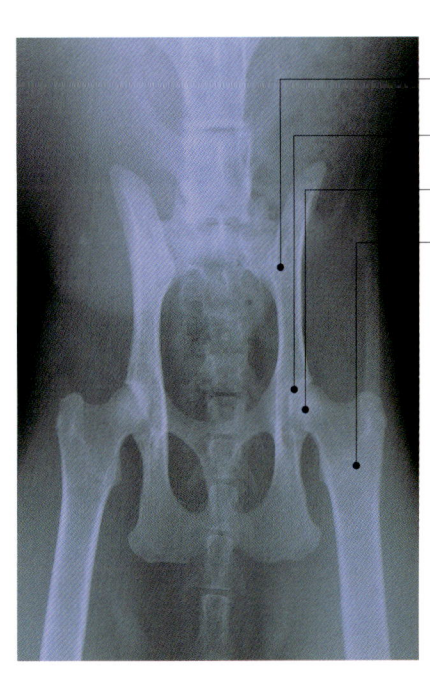

図2．骨盤・大腿骨（X線写真）
股関節を伸展したときの猫の骨盤を腹背方向からみたX線像．股関節は下肢と体躯を結ぶ関節で，骨盤を構成する寛骨臼と大腿骨の骨頭からできている．肩関節と同様に，球関節であるが，寛骨臼が深く，靭帯が強力であり，運動性は肩関節ほど高くない．

筋　肉

　ヒトにはとてもできそうもない猫のジャンプ力は，柔軟な背骨（脊椎骨），からだのわりに長い後肢，それと強力な筋肉による．一見すると，後肢が長いという感じがしないかもしれない．しかし，猫がふつうに立っている姿勢は，ヒトが中腰の姿勢でいるときのように膝を折り曲げている．いざというとき，すぐさま対応できるし，その瞬発力は大きなものになる．4kgのからだを2mも跳び上げさせる力は，猫の特異な筋肉による．

　猫は草食動物のような方法で食べ物を咀嚼することはできない．肉を飲み込める大きさに切り裂くために，鋭い臼歯があり，発達した咬筋がある．咬筋の切り裂く力はほとんど口を閉じた状態で働くことから，口を開いて獲物を捕らえるときは顎筋などのほかの筋肉を使うことになる．これらの発達した筋肉に比べ，顔面筋は薄く，ほとんど張力を発生しない．猫の乏しい表情は，その未発達な顔面筋のせいかもしれない．

　筋肉のなかで骨格の可動部分に付着するものが骨格筋である．脊椎動物ではすべて横紋筋で，主として運動神経の支配のもとに意志による身体の運動をつかさどっている．皮膚筋・眼筋なども骨格筋に含まれる．横紋筋には横縞（横紋）があり，多核の筋線維からなる．横紋模様は筋原線維を構成しているタンパク質（アクチンフィラメントとミオシンフィラメント）の規則正しい配列のあらわれである．心臓の筋肉（心筋）も横紋筋であるが，ミトコンドリアが筋原線維内に多数散在しているため骨格筋ほどきれいな縞模様はみられない．血管，消化管，膀胱，あるいは子宮などは平滑筋とよばれる筋肉からなり，横紋構造をもたない．

【筋肉の収縮】

　骨格筋と心筋の収縮は，ミオシンフィラメントがアクチンフィラメントと結合し，アクチンフィラメントを引っ張ることによってもたらされる．骨格筋は大脳皮質運動野を起源とする体性神経系の支配を受け，脊髄からのα-運動神経によって筋活動電位が発生する．このとき，神経と筋の接合部では，アセチルコリンの放出と受容がみられる．重症筋無力症は筋膜のアセチルコリン受容体がなんらかの原因で欠落したためにおきる．活動電位は筋小胞体からのカルシウムイオンを放出させ，アクチンフィラメントとミオシンフィラメントの結合を可能にする．アクチンフィラメントを引っ張るためのエネルギーであるATP（アデノシン5'-三リン酸）は，ADP（アデノシン5'-二リン酸）とクレアチンリン酸の化学反応によって素早く供給される．持続的なエネルギーは，ブドウ糖（グルコース）の解糖とミトコンドリアにおける燃焼によって供給される．このような筋肉の収縮に関するメカニズムはほぼ解明されており，滑走説（sliding theory）とよばれている．

　平滑筋の収縮機構は横紋筋とはやや異なる．平滑筋にはトロポニンとトロポミオシンがないため，横紋筋でおきるカルシウムイオンとトロポニンの結合がみられない．つまり，カルシウムイオンの作用が骨格筋とは明らかに違うのである．

【白筋と赤筋】

　猫のたぐいまれな跳躍力は，速度に換算すると時速50kmにもなる．しかし，この力も数秒間しかもたない．これは，赤筋の割合がウマや犬に比べて少ないからであろう．赤筋とよばれる筋線維はミトコンドリアを豊富に含み，赤みを帯びている．ミトコンドリアでは酸素を使って，ブドウ糖1分子から36個のATPをつくることができる．赤筋はこのエネルギーを使って持続的に収縮することができる．一方，白っぽくみえる白筋はミトコンドリアが少なく，有酸素運動には向かない．白筋はADPとクレアチンリン酸との化学反応やブドウ糖の解糖（無酸素で2個のATPをつくる）に

◆おもな筋肉系

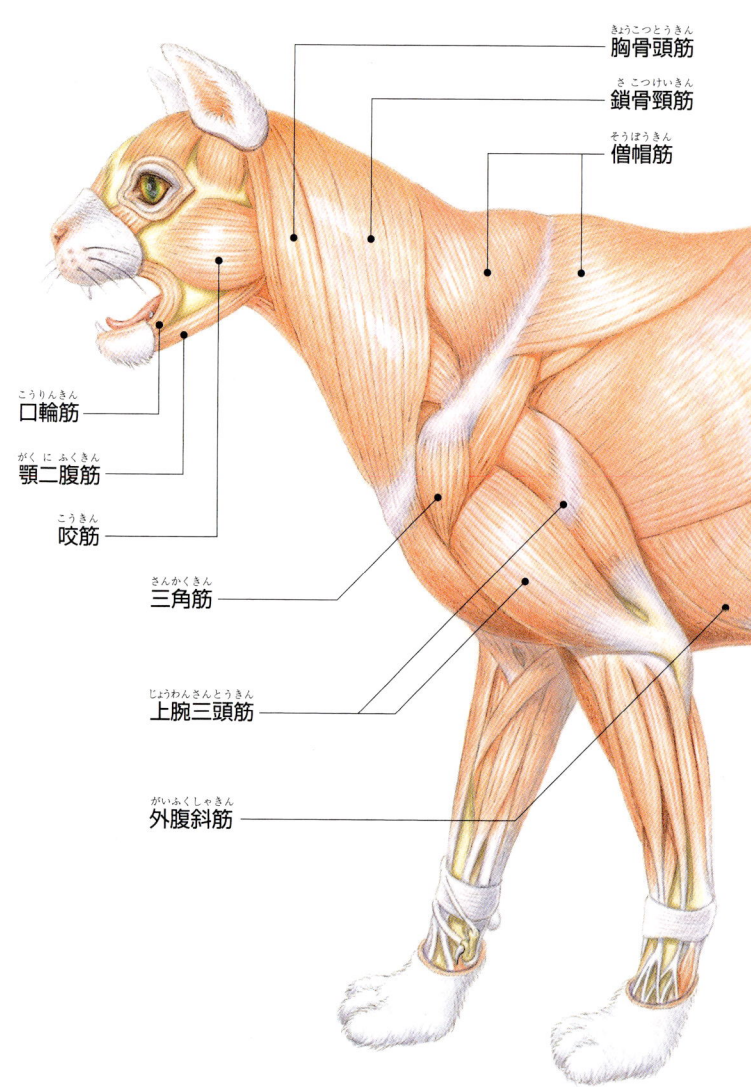

よって供給される瞬時のエネルギーを使って収縮する．白筋線維の多い猫の筋肉が数秒間で疲労してしまうのは仕方のないことである．

筋線維全体のなかで，白筋の割合が多ければ瞬発力が増し，持続力は減る．一般的に，動物を問わず，高い運動能力は白筋と赤筋のほどよい割合とすぐれた酸素供給によってもたらされる．

心筋は心臓固有の筋肉で，休みなく律動的な収縮を行う．筋細胞は円柱形で骨格筋と同様に横紋をもつが，2つに分枝している点で骨格筋と異なる．分枝した筋細胞の端は隣接する他の筋細胞の端と結合し，連続した立体的な網目構造をつくる．収縮の刺激や収縮力が心筋全体に伝わるのはこの網目構造による．心筋には，赤筋よりはるかにたくさんのミトコンドリアがあり，酸素を使って絶えることなくエネルギー（ATP：アデノシン5′-三リン酸）をつくっている．

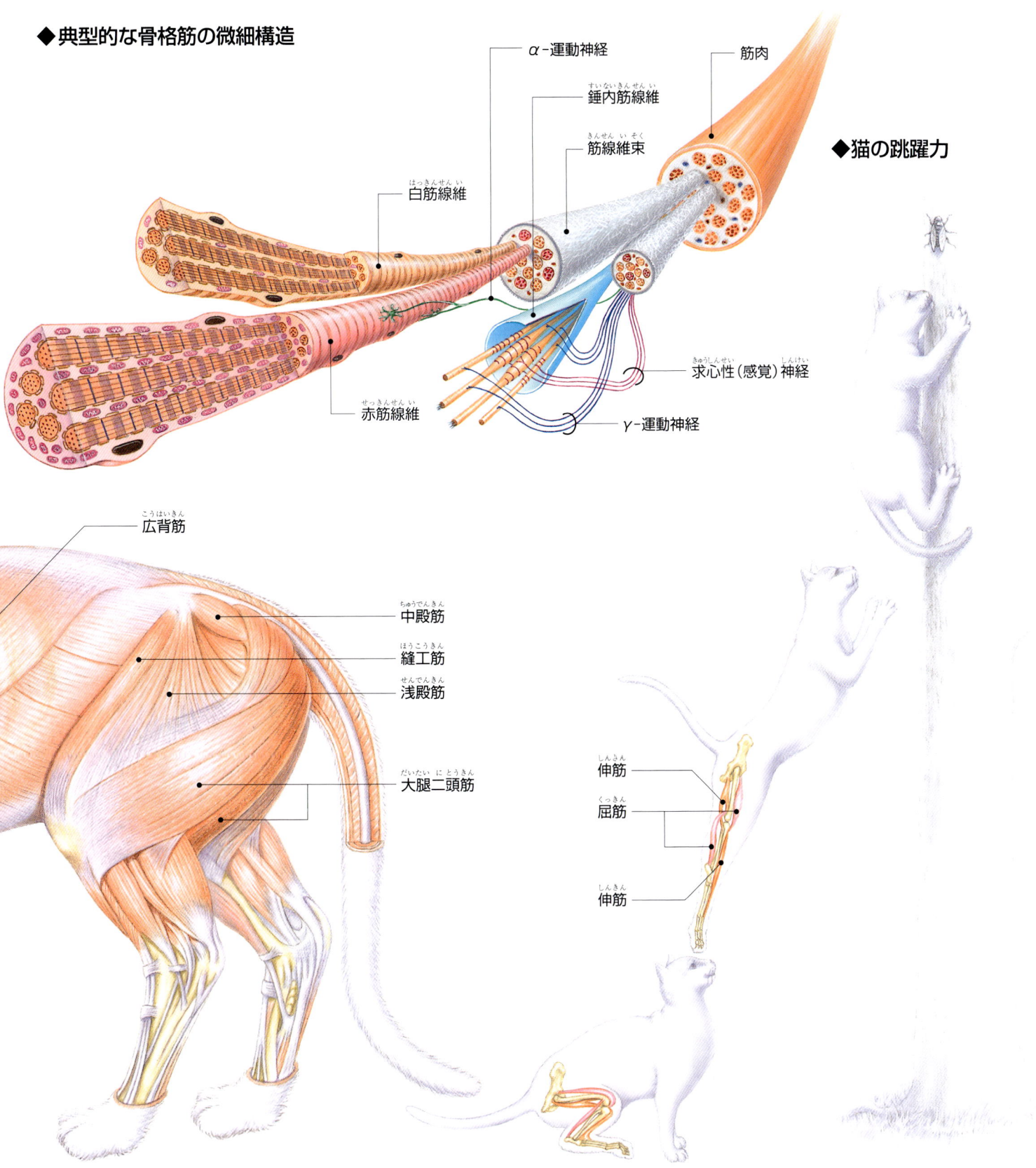

◆典型的な骨格筋の微細構造

◆猫の跳躍力

消化器系
消化器官

　消化器系は，食物に含まれる栄養素を吸収可能な形に分解し（消化），それをむだなく取り込む（吸収）働きをもつ．消化は，機械的な消化（消化管の運動）と化学的な消化（加水分解）の組み合わせにより行われる．前者は歯や筋肉系の働きで食物を粉砕・輸送・混和するものであり，後者は消化酵素によって栄養素を吸収可能な形に分解するものである．平滑筋による消化管の運動や消化液の分泌は壁内神経層による局所性調節に加えて，自律神経系や各種の消化管ホルモンによっても調節され，協調的に営まれる．

　ヒトでは，食物は口腔において咀嚼され，アミラーゼを含んだ唾液と混和されるが，肉食動物である猫は，歯で肉を飲み込める大きさに切り裂き，嚥下運動によって胃に送られる．胃では胃液が，十二指腸では膵液と胆汁が，小腸では腸液が分泌され，これらに含まれる酵素の働きによって吸収できる大きさまで分解される．

【歯】

　ほとんどすべての歯が肉を食べるために用いられ，総数も30本と少ない．ネコ科でもっとも少ない動物はオオヤマネコ（*Lynx lynx*）で28本である．子猫では26本の乳歯（脱落歯）があるが，生後6か月間で永久歯と抜け替わる．口の前方にある門歯（切歯）はとても小さく，獲物の皮をはいだり，毛をむしるために使われるが，飼い猫の場合，おもに身づくろいのために用いられる．長い犬歯は食べ物をくわえ，獲物の脊椎を脱臼させるためのものであり，ここには豊富な機械受容器が備えられている．獲物の大きさや硬さなどの必要な情報を脳に伝えているものと思われる．臼歯で飲み込める大きさに裂かれた肉は食道に送られる．

【消化管の構造】

　猫の消化管は典型的な肉食動物の形態を示し，よく発達した小腸と縮小した大腸が顕著である．結腸と直腸はほとんど区別できず，盲腸はわずかに残っている．消化管の長さは体長のわずか4倍しかなく，猫の高い消化能力を物語っている．まさに肉に含まれるタンパク質と脂肪を効率よく消化し吸収するために最適な仕組みになっている．

　消化管壁は，内側に輪走筋，外側に縦走筋からなる2層の平滑筋層があり，その内側を粘膜層，外側を漿膜層が取り囲んだ構造になっている．内外の平滑筋層の間には，筋層間神経叢（アウエルバッハ神経叢）および粘膜と平滑筋層の間には粘膜下神経叢（マイスナー神経叢）が存在する．これらを合わせて壁内神経叢とよび，交感神経と副交感神経の二重支配を受けている．しかし，神経叢内で局所的な

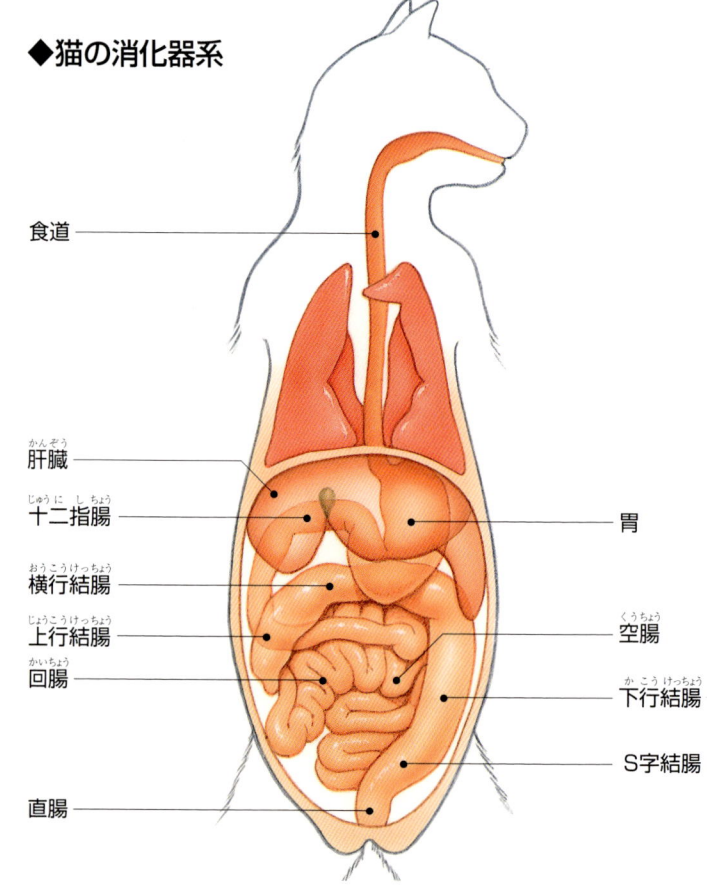

◆猫の消化器系

食道／肝臓／十二指腸／横行結腸／上行結腸／回腸／直腸／胃／空腸／下行結腸／S字結腸

反射弓をつくるため，中枢からの神経を切断しても消化管運動は保たれる．

【小腸の微細構造】

　胃からの食物を吸収可能な大きさに分解したあと，すぐさま吸収できるように小腸粘膜は3段階にわたる表面構造をもつ．第一に，輪状襞とよばれる粘膜の大きな襞がある．この襞はすべての動物種にみられるものではないが，発達した小腸をもつ猫には顕著にみられる．第二に，粘膜の表面は絨毛として知られる手指様の突起でおおわれている．同じ大きさの平らな表面と比較したとき，およそ30倍まで腸管の表面積を増やす．最後に，微細な微絨毛が絨毛をおおい，表面積を600倍に増やしている．絨毛基底部にはリーベルクーンの陰窩（crypt of Lieberkühn）として知られている腺様構造がある．絨毛と陰窩をおおっている上皮細胞を腸細胞とよぶ．腸細胞の内側には基底膜を介して毛細血管と毛細リンパ管があり，消化を終えた食物は腸細胞を通って血管かリンパ管のいずれかに輸送されていく．

【腸細胞の増殖】

　腸細胞の複製は陰窩で起きる．陰窩腸細胞は活発に有糸分裂を行い，急速に再生する．実際，腸管の陰窩細胞は，からだのなかでもっとも再生が早い細胞であり，成長のとまった動物においてもタンパク質合成を必要とするところである．陰窩細胞が増えるにつれて，それらの細胞は前にあるほかの絨毛細胞を押して，絶え間のない細胞の移動が続く．細胞は移動するにつれて成熟し，未分化の細胞から高度に分化した吸収細胞へと変わっていく．細胞が絨毛の

◆猫の歯並び

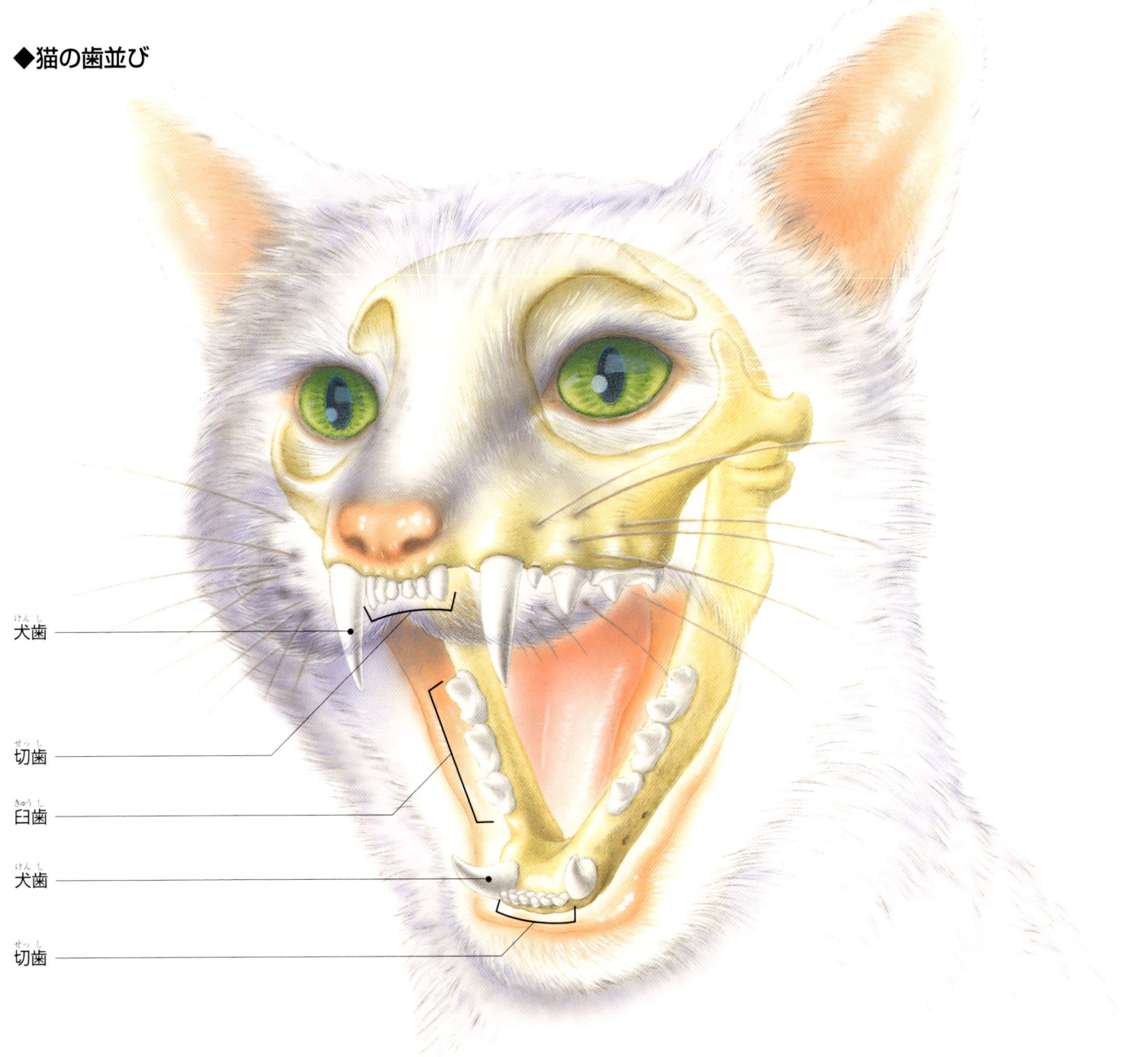

先端に達すると，細胞はその寿命により，また消化管の内容物にさらされることにより消失してしまう．絨毛の先端で消失する細胞と，陰窩で再生する細胞の割合によって絨毛の長さが決まる．

　陰窩における細胞複製は，いくつかの胃腸系ホルモンによって刺激されているようである．食欲あるいは摂食量が増大すると胃腸系ホルモンの分泌が刺激され，陰窩細胞の増殖を促して絨毛を長くする．動物の食欲と摂食量に応じて絨毛が増殖し，摂取した食物を余すことなく消化し吸収するのである．つまり，腸管の機能的な容量は，動物が必要とする栄養素の量と一致するように調整される．絨毛（微絨毛）の増殖はつねにみられ，とりわけ「食欲」の盛んなときによく起こる．

【消化管の運動】
　胃に食物が入ってしばらくすると，蠕動運動が始まる．蠕動は毎分約3回の頻度で胃体上部に起こり，ゆっくりと幽門に向かって伝えられる．胃の内容物が多くなればなる

猫の歯式

		全数
乳歯	I $\frac{3}{3}$ C $\frac{1}{1}$ P $\frac{3}{2}$	26
永久歯	I $\frac{3}{3}$ C $\frac{1}{1}$ P $\frac{3}{2}$ M $\frac{1}{1}$	30

歯は左右対称に生えるから歯式は片側で示される
I：切歯，C：犬歯，P：前臼歯，M：後臼歯

ほど蠕動は強くなり，食物は混和される．幽門洞として知られる遠位部では緩徐波の活動が活発で，筋肉は収縮しているが，蠕動運動が幽門洞に及ぶと，幽門洞の内圧が著しく高まり，直径2mm以下の小さな食物粒子だけが十二指腸に送り出される．幽門を通過できない大きな食物粒子は，逆方向の蠕動によって幽門洞に戻される．

　食物粒子が胃から小腸に送り込まれると，小腸の運動がおこる．小腸の運動には，分節運動，振子運動，蠕動運動の3種類があり，これらの運動によって内容物がさらに混和され，肛門側に移送される．消化管の運動は，平滑筋の自動能とともに壁内神経叢によって調節される．

消化と吸収

　肉は豊富なタンパク質と脂肪を含む一方，野菜に比べ炭水化物の含有量は低い．肉食動物として，とりわけ代謝機能に限界をもつ猫は，植物だけからでは必要な栄養素を摂取することができない．

【タンパク質の消化と吸収】

　猫はどの哺乳類よりも多くのタンパク質を必要とする．成猫では，乾燥重量で12％のタンパク質を必要とし，成長過程の子猫では18％ものタンパク質を含んだ食物をとる必要がある．大多数の哺乳類では，摂取したタンパク質はからだの成長やその維持に用いられるが，猫ではさらにエネルギーの一部にあてられている．これは肝臓に窒素化合物を分解する酵素があり，猫ではこの酵素活性が著しく高いために可能となる．ちなみに，犬では，成犬で成猫の1/3，子犬で2/3のタンパク質含量があれば十分である．

　タンパク質と脂肪あるいは炭水化物の消化における大きな違いは，かかわる酵素の数である．デンプン分子がわずか1種類の単量体（ブドウ糖）で構成されているのに対して，タンパク質は20種類にわたるアミノ酸の無限の組み合わせで構成されており，アミノ酸の間のペプチド結合を切断するのにどれほどの消化酵素がかかわっているか詳細は定かではない．一般的に，内側からペプチド結合を加水分解する酵素をエンドペプチダーゼとよび，胃腺と膵臓から分泌される．ほとんどのタンパク質分解酵素はこれに属する．一方，ペプチド結合の端から個々のアミノ酸を切り離す酵素をエクソペプチダーゼとよび，膵臓から分泌される．

　タンパク質分解酵素は，不活性な酵素源といわれる状態で胃腺あるいは膵臓から消化管の内腔に分泌される．さもないと活性化した酵素がそれらを合成した細胞を消化してしまうことになる．たとえば，ペプシノーゲンやキモシノーゲンは，胃で塩酸（HCl）によって活性化され，ペプシンとキモシンになる．pH 1〜3の酸性環境で，ペプシンは最大限の活性を発揮する．猫では，胃におけるタンパク質の加水分解が化学的にも物理的にもとりわけ重要になる．動物起源の結合組織はタンパク質であり，この結合組織を消化しなければ，胃の幽門を通過できないからである．

　タンパク質の加水分解により得られたアミノ酸は，小腸粘膜からただちに吸収される．腸細胞膜にあるナトリウムイオン共輸送タンパクに結合したアミノ酸は，ナトリウムイオンの細胞内への拡散に連動して運ばれ毛細血管に入る．

【脂質の消化と吸収】

　主要な食餌性脂質は，植物や動物を源とするトリグリセリドである．脂質の消化と吸収は，乳化，加水分解，ミセルの形成と吸収の4相に分かれる．乳化とは，脂肪滴を小さくし，水あるいは水溶液で均一な懸濁液をつくることである．乳化は胃内で温められることから始まり，胃の遠位部での強い混和運動により1μmの大きさまで細かくされる．小腸では，胆汁酸とリン脂質の界面活性作用によってさらに細かくされ，脂肪小滴になる．この段階で，脂質は膵臓から分泌されるコリパーゼとリパーゼの複合作用によって加水分解される．

　脂質の加水分解消化の生成物（脂肪酸，モノグリセリドなど）は，胆汁酸およびリン脂質と結合し，小さな水溶性のミセルをつくる．ミセルが腸細胞の膜表面に近づくと，胆汁酸を除く脂質成分は細胞膜を通って細胞内に拡散する．腸細胞内で脂肪酸とモノグリセリドは再びトリグリセリドに合成され，乳状脂粒（カイロミクロン）となって腸リンパ管に移動する．乳状脂粒は毛細血管の基底膜を通過するのはあまりに大きすぎることから，腸管の血管系を通って吸収されることはない．

【炭水化物の消化と吸収】

　猫は，タンパク質と脂質を含む食べ物があれば，どんな炭水化物もいらない．しかし，市販されているキャット・フードのほとんどは，かなりの量の炭水化物を含んでいる．猫は，ブドウ糖やショ糖を含むデンプンや砂糖を十分に消化できる．しかし，セルロース（繊維素）はまったく消化できないし，犬などの雑食性の動物のように，大量の炭水化物を消化するのに十分な酵素はもちあわせておらず，また，ラクターゼも少なく，多量の乳糖（ラクトース）を消化することができない．牛乳はタンパク質，脂肪，炭水化物および水分を豊富に含んでいることから，飼い猫の食餌によく添加される．しかし，猫にとって必ずしもよい食べ物とはいえない．

◆消化のメカニズム模式図

A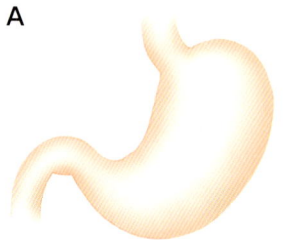
胃に内容物がないとき．

B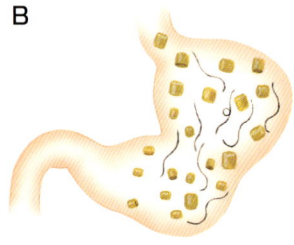
蠕動波が胃の近位部と遠位部の接続部で始まり，幽門方向に移動する．

C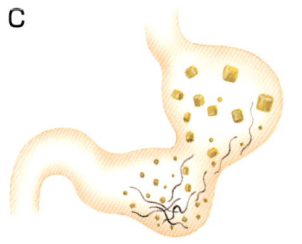
蠕動波が幽門に近づくと，幽門が収縮し，摂食物のある物は近位部に戻される．

D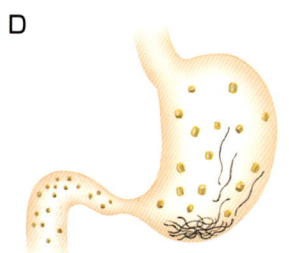
蠕動波が幽門に達すると，細かく砕かれた液状物は十二指腸内へと移送されるが，大部分は胃内に逆移送される．

◆消化器系

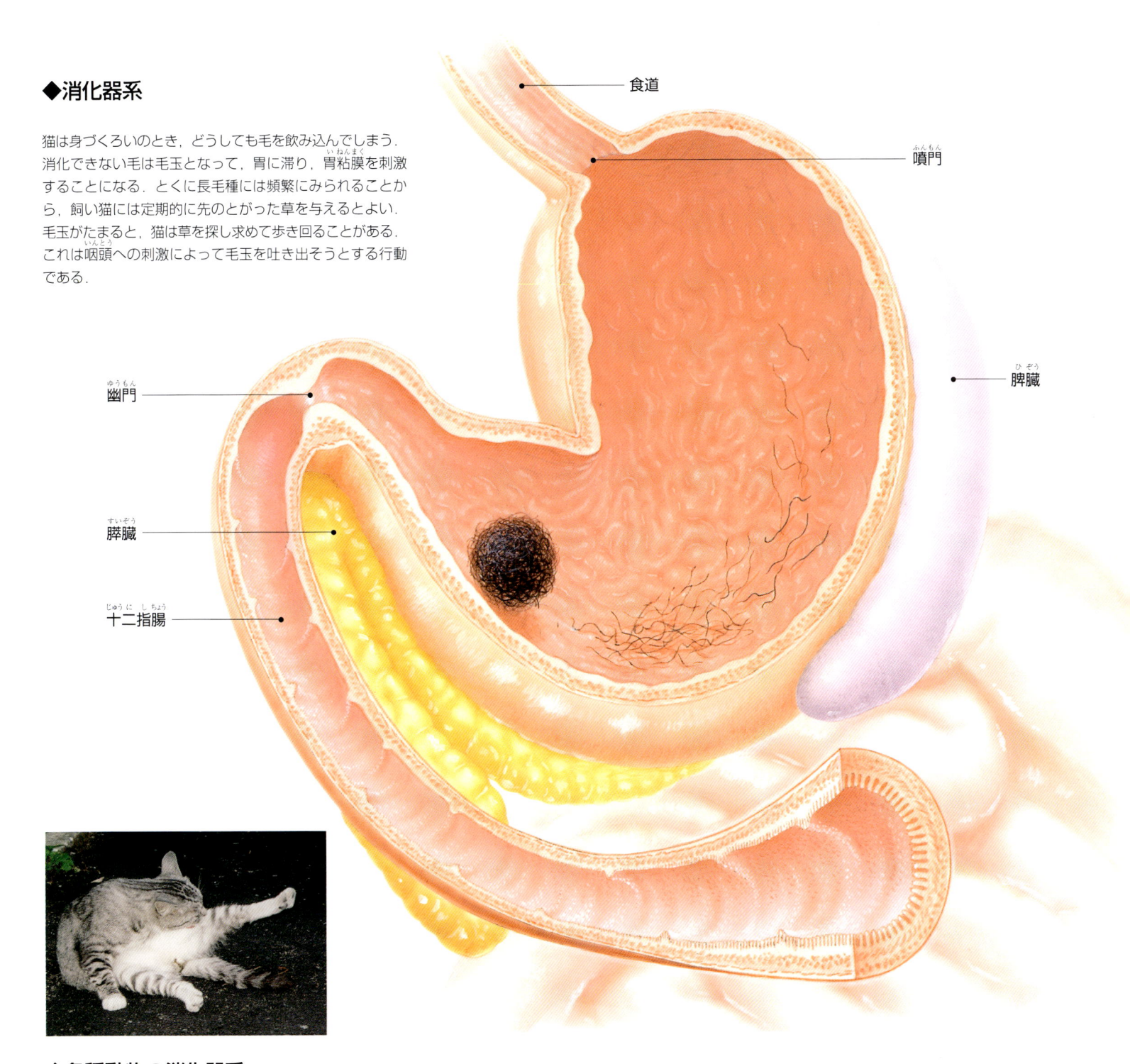

猫は身づくろいのとき，どうしても毛を飲み込んでしまう．消化できない毛は毛玉となって，胃に滞り，胃粘膜を刺激することになる．とくに長毛種には頻繁にみられることから，飼い猫には定期的に先のとがった草を与えるとよい．毛玉がたまると，猫は草を探し求めて歩き回ることがある．これは咽頭への刺激によって毛玉を吐き出そうとする行動である．

食道
噴門
脾臓
幽門
膵臓
十二指腸

◆各種動物の消化器系

▶猫

胃
小腸
結腸

肉食獣の消化管．全体に短く，盲腸はほとんどみられず，大腸の膨起が少ない．

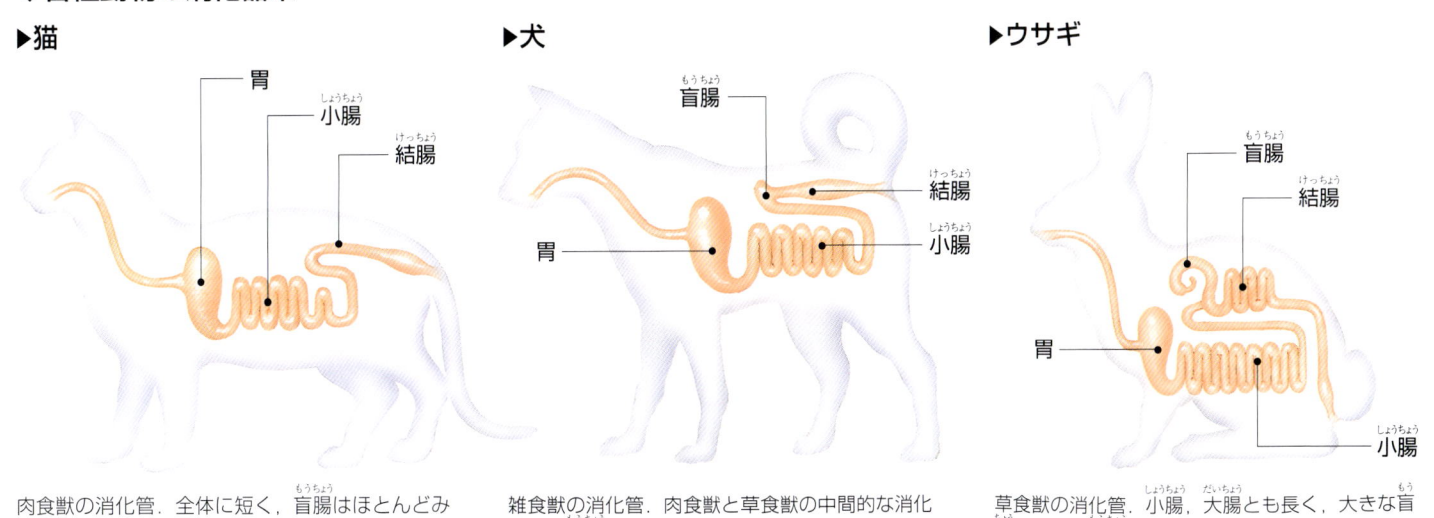

▶犬

盲腸
結腸
胃
小腸

雑食獣の消化管．肉食獣と草食獣の中間的な消化管で，盲腸をもつ．

▶ウサギ

盲腸
結腸
胃
小腸

草食獣の消化管．小腸，大腸とも長く，大きな盲腸をもつ．盲腸は繊維質の多い食物を微生物で発酵させ，消化する．

消化器系 27

呼吸器系

　生体が生命を維持するために必要な酸素（O_2）を体内にあるいは組織内に取り入れ，それを利用して代謝を行い，代謝の結果生じた二酸化炭素（CO_2）を体外あるいは組織外に排出することを呼吸という．

【呼吸器系の構造】

　呼吸器系は外呼吸に関与し，肺系と胸郭系からなる．肺系は気道と肺胞より，胸郭系は胸郭よりなる．空気は鼻腔，咽頭，喉頭，気管およびその分枝である気管支，細気管支，終末細気管支，呼吸細気管支，肺胞管を通って肺胞嚢に達する．鼻腔は静脈叢および粘液腺に富み，吸気を暖め，湿気を与える．気管には繊毛上皮や分泌腺があり，空気とともに侵入した異物を分泌物にからめて咽頭に向かって排出する．気管および気管支は軟骨に取り囲まれているが，細気管支からは軟骨がなく平滑筋と弾力線維に富む．平滑筋は交感神経系によって弛緩し，副交感神経によって収縮する．興奮した猫は，交感神経系の働きによって気道が拡張し，より多くの空気が肺に送られる．

　肺胞は，ガス（肺胞気）を含む球状の小胞であり，直径は約0.1mmである．ヒトの場合，肺胞の総数は約3億個といわれ，総面積は60㎡にも及ぶが，猫のデータはない．肺胞上皮細胞は基底膜をはさんで毛細血管内皮細胞と密着しており，その全体の厚みは$0.7\mu m$以下である．この薄い膜を通して，肺胞気と血液の間でガス交換が行われる．

　胸郭は，胸壁（胸骨，脊柱，肋骨，肋間筋など）と横隔膜からなる．胸郭の内腔を胸腔とよび，胸腔を拡大，あるいは縮小させることにより呼吸運動を起こしている．

【喉鳴らし】

　ごろごろという猫の喉鳴らしは，吸息と呼息のいずれにおいてもみられ，横隔膜と内喉頭筋が25回/秒の頻度できわめて規則正しく変化するために起こる．ネコ科の動物に特有の行動であるが，その理由はわかっていない．寝ているときに多くみられることから，浅い呼吸を補助し換気を盛んにして，無気肺になるのを防ぐためとの推測があるが，定かではない．猫がごろごろと喉を鳴らしているとき，飼い主の気持ちは心温まるものがある．また，この喉鳴らしは猫が満足しているときにもよくみられることから，人へのなんらかのシグナルかもしれない．

【呼吸運動】

　呼吸運動は吸息と呼息よりなる．横隔膜と外肋間筋が収縮して吸息し，弛緩して呼息する．激しく動き回ると，より多くのO_2が取り込まれ，CO_2が排出されるが，この呼吸の調節は，延髄の呼吸中枢を介して自動的に行われている．また，呼吸は動物の意志によっても変えることができる．しかし，動物がヒトのように随意的な呼吸をしばしば行うことはない．猫の喉鳴らしもおそらく反射的なものであり，自発的なものとは考えがたい．

　呼吸中枢は延髄網様体にあり，吸息中枢と呼息中枢に分かれる．基本的な呼吸リズムはこの呼吸中枢によってつくられ，脊髄から肋間神経や横隔神経を介して呼吸筋に伝えられる．血液，脳脊髄液，あるいは間質液などのCO_2，O_2分圧およびpHが変化すると，脳幹あるいは末梢にある化学受容器が感知し，延髄に伝えられる．頸動脈洞の近くにある頸動脈小体および大動脈弓にある大動脈体には，血中のO_2分圧の減少あるいはCO_2分圧の増大，pHの低下に反応して興奮する（末梢）化学受容器があり，この受容器

◆呼吸器系

　空気中のO_2は，吸気として肺内に達し，そこで肺内を流れる毛細血管に拡散し，動脈血によって全身の組織に運ばれる．組織においてエネルギー代謝の結果生じたCO_2は，O_2の取り込みとは逆向きに静脈血を流れて心臓から肺に至り，空気中に排出される．このO_2とCO_2の肺および組織でのやりとりをガス交換とよび，外気と血液との間のガス交換を外呼吸（または肺呼吸），血液と細胞との間のガス交換を内呼吸（または組織呼吸）という．呼吸器系の基本構造と機能はほとんどの哺乳動物で共通であるが，呼吸数は動物種間の違いに加え，からだの大きさ，年齢，運動，健康状態，環境などのさまざまな要因によって変動する．また，猫にはあえぎ呼吸や喉鳴らしなどの特有の行動がある．

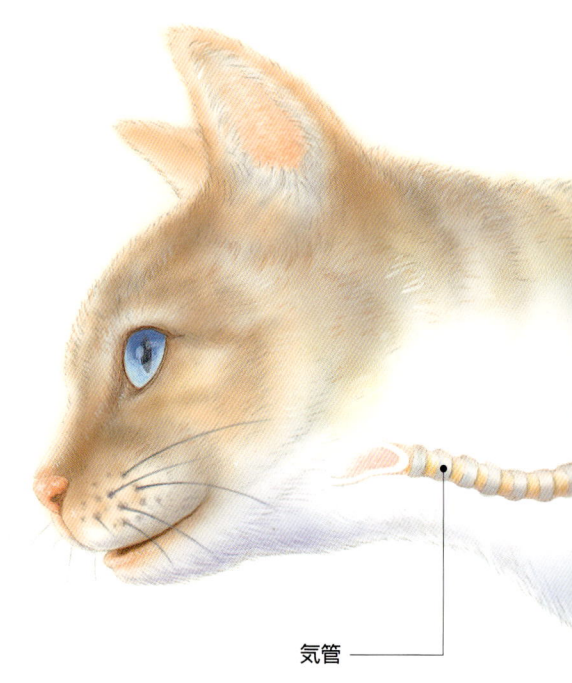

気管

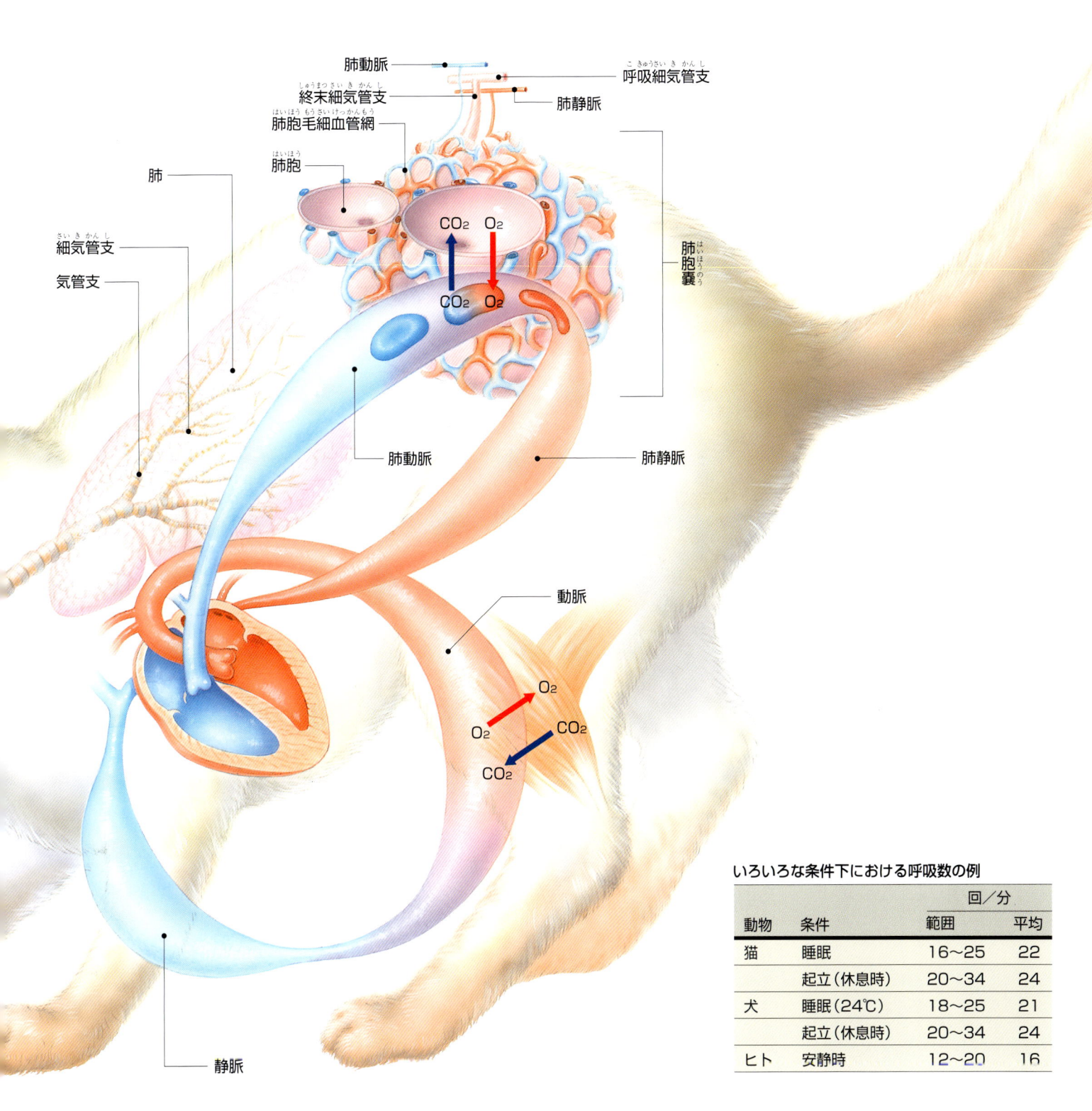

図中ラベル:
- 肺動脈
- 終末細気管支（しゅうまつさいきかんし）
- 呼吸細気管支（こきゅうさいきかんし）
- 肺静脈
- 肺胞毛細血管網（はいほうもうさいけっかんもう）
- 肺
- 肺胞（はいほう）
- 細気管支（さいきかんし）
- 肺胞嚢（はいほうのう）
- 気管支
- 肺動脈
- 肺静脈
- 動脈
- 静脈

いろいろな条件下における呼吸数の例

動物	条件	回/分 範囲	回/分 平均
猫	睡眠	16〜25	22
	起立（休息時）	20〜34	24
犬	睡眠（24℃）	18〜25	21
	起立（休息時）	20〜34	24
ヒト	安静時	12〜20	16

が興奮すると呼吸運動が促進される．

鼻粘膜が刺激されるとくしゃみが起こり，咽頭（いんとう）あるいは気道粘膜が刺激されると咳（せき）をする．呼吸を含め，これらの反応はすべて反射的に行われることから，動物が意識して行うことはない．

【ガス交換とガス運搬】

肺におけるガス交換は，肺胞気と肺の毛細血管の静脈血との間のガス分圧の差によって行われる．肺胞のガス分圧は，O_2が100mmHg，CO_2が40mmHgである．一方，肺に流入してくる静脈血のガス分圧は，O_2が40mmHg，CO_2が46mmHgである．したがって，O_2は100−40＝60mmHgの分圧差により肺胞気から静脈血中へ，一方，CO_2は46−40＝6mmHgの分圧差により，血液から肺胞気中に拡散する．その結果，血液はO_2分圧95mmHg，CO_2分圧40mmHgの動脈血となって心臓に戻り，全身に送られる．

動脈血100mlには約20mlのO_2が溶解している．その大部分は，赤血球内のヘモグロビンと可逆的に結合して溶解している．静脈血中のO_2量は約15ml/dlであることから，組織には約5ml/dlのO_2が供給されたことになる．一方，CO_2は100mlの動脈血には約40〜50ml，静脈血には45〜55mlのCO_2が溶解している．

このうち，遊離CO_2として物理的に溶解している量は約10％にすぎず，大部分はO_2の場合と同様に化学的に溶解している．全CO_2の約80％は血漿（けっしょう）中に重炭酸イオンとして存在し，約10％は赤血球内のヘモグロビンと結合している．

生殖器系

雌雄の生殖器官

排卵の引き金が雄との交尾であり，自然排卵でないことを除けば，猫の繁殖生理は通常の哺乳動物と変わらない．交尾排卵は，ネコ科の動物やウサギなどのほかの哺乳類でもみられ，交尾による膣への刺激が下垂体前葉からのLHサージを引き起こし，成熟卵胞を放出させる仕組みである．（LH は luteinizing hormone；黄体形成ホルモンの略称である）．ネコ科の動物たちは単独生活を好み，雌雄が出会う機会は少ない．よって，子孫を確実に残すための戦略として，交尾排卵を選んだとの説がある．しかし，この仮説では群れをつくり社会生活を営むウサギの交尾排卵を説明することができない．この仕組みの生理的な意義を明らかにするにはもう少し時間がかかりそうである．

猫は約10か月で性成熟に達する．最初の発情は早ければ4～5か月齢で，遅くとも12か月齢で認められる．

【雄性生殖器の構造と機能】

雄の生殖器には，内生殖器として精巣，精巣上体，精管，前立腺および尿道球腺があり，外生殖器には陰茎と陰嚢がある．精嚢は，犬と同様にない．

精子は多数の精細管からなる精巣で形成される．精細管には，分裂増殖して精子を形成する精細胞と，精細胞に栄養を与える支持（セルトリ）細胞がある．精細管の間を埋める間質にある間質（ライディッヒ）細胞から分泌されるテストステロンによって精子形成が促進される．精細管に存在する精祖細胞（始原生殖細胞）は性成熟に達すると一次精母細胞となり，減数分裂をして二次精母細胞になる．二次精母細胞はさらに分裂して精子細胞になり，成熟して精子になる．精子は精巣上体から精管を通り，前立腺などの副生殖腺から分泌される精液と混ざり合って，尿道へと射出される．

猫の陰茎には陰茎骨があり，また表面には後ろ向きに突き出た多数のとげがある．このとげの膣粘膜に与える刺激が雌の排卵を促すものと思われる．雄猫を去勢すると，2か月ほどでとげの突起が約半分になる．陰茎の勃起は，反射的におこる場合と情動刺激などによっておこる場合がある．陰茎の細動脈を支配する副交感神経血管拡張神経の活

◆雄の生殖器

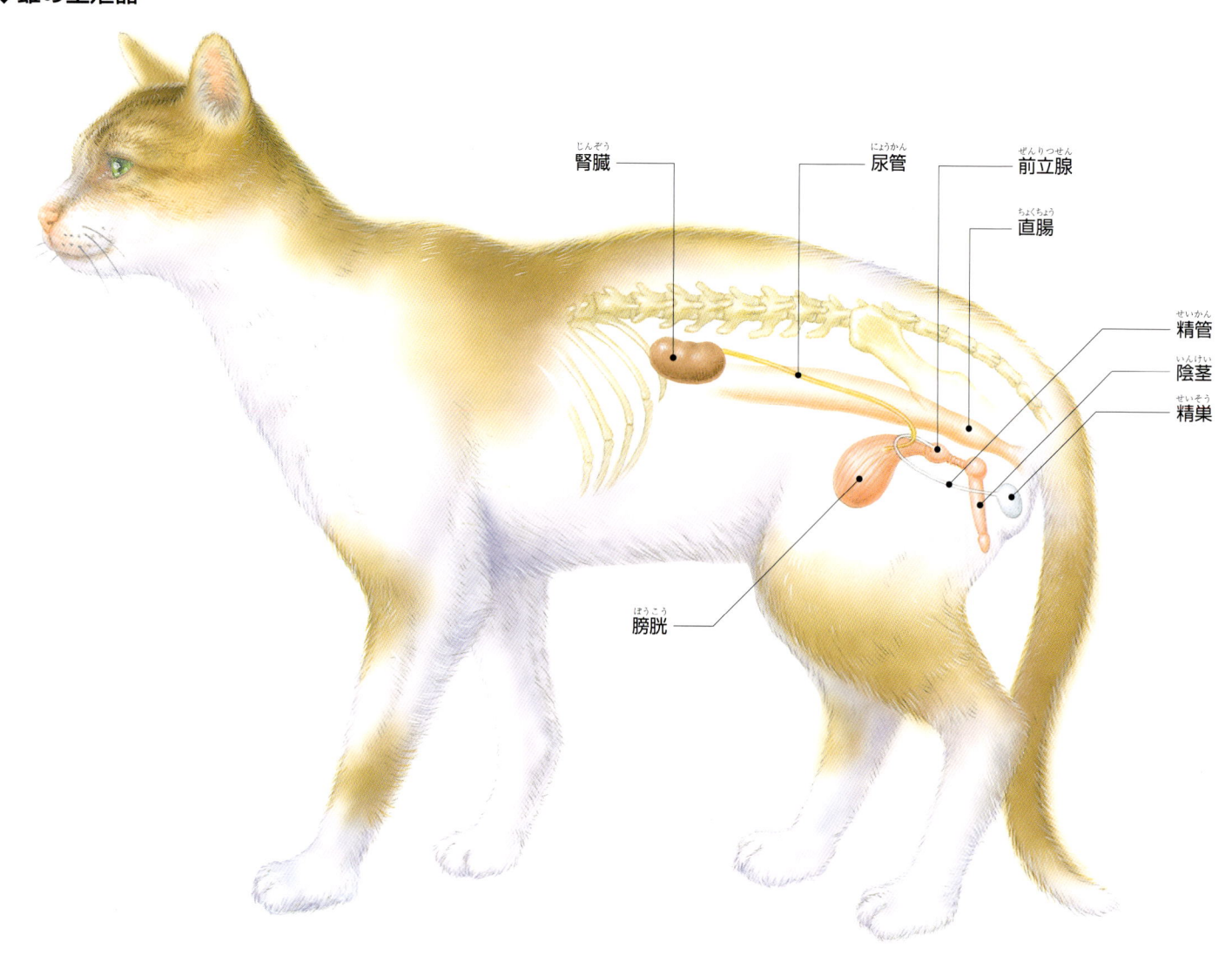

動が亢進し，細動脈が拡張する．しかし，充血だけでは膣へのそう入が困難なため，陰茎骨があるものと思われる．交感神経血管収縮神経の活動が亢進すると陰茎の細動脈は収縮し，勃起は消失する．

射精は精液を尿道まで射出する過程と，尿道から体外へ圧出する過程よりなる．陰茎からの感覚情報は体性神経求心路を通って腰仙髄に伝えられ，反射的に交感神経遠心路を興奮させて精管と前立腺の平滑筋が収縮して，精液を尿道へ送る．さらに，体性神経遠心路の興奮より，陰茎の横紋筋が律動的に収縮を起こし，精液を尿道から体外に射出させる．猫の精液量は犬の2〜16mlに比べると，とても少なくわずかに0.01〜0.2mlにすぎない．射精時間も短く，約1秒である（犬は30〜40分）．

【雌性生殖器の構造と機能】

雌の生殖器は，卵巣，卵管，子宮および膣より構成されている．卵巣は皮質と髄質よりなる．皮質には卵胞（原始卵胞，グラーフ卵胞など），黄体などがある．卵胞からは卵胞ホルモン（エストロゲン）が，黄体からは黄体ホルモン（プロゲステロン）が分泌される．髄質は血管組織で占められている．

卵母細胞とそれを取り囲む細胞からなる原始卵胞は発育してグラーフ卵胞になり，さらに成熟後，破裂して卵子を放出する（排卵）．排卵後，卵胞は赤体を経て黄体となる．卵胞は下垂体前葉からのFSH（卵胞刺激ホルモン）によって成熟する．交尾のない場合，8日間の卵胞発育期と8日間の退行期（休止期）をくりかえす．発情は卵胞発育の開始よりもやや遅れて始まり，卵胞発育が終わっても少し続く．猫の交尾刺激は，体性神経求心路により膣から脳に伝えられる．脳内視床下部からのホルモン（性腺刺激ホルモン放出ホルモン）刺激を受けて，下垂体前葉から黄体形成ホルモンがサージ状に分泌され，交尾から24〜48時間後に次々と排卵が起こる．1回の交尾ではLHサージが起きないことがあり，結果的に複数の交尾刺激後に排卵することがある．したがって，ときには複数の雄が交尾することもある．受精すると妊娠黄体が形成され，出産まで維持される．

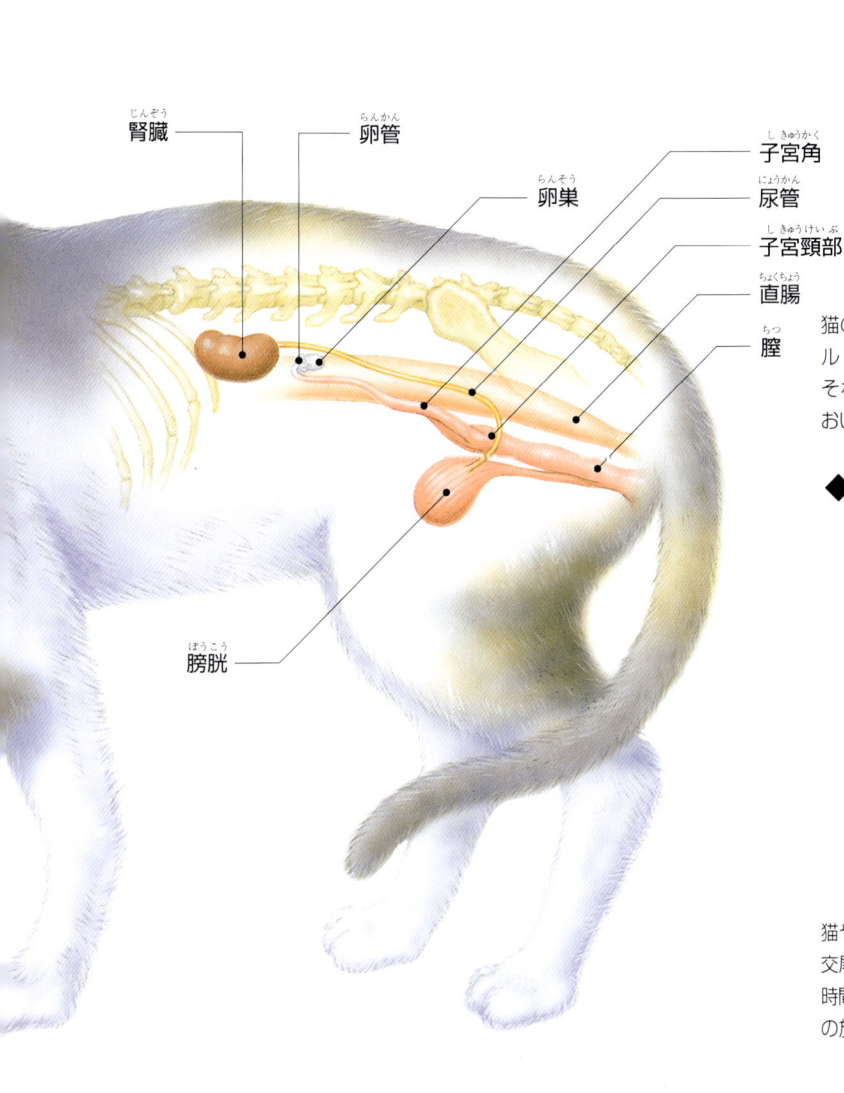

◆ 肛門嚢【においつけ（マーキング）のための排尿（スプレー）】

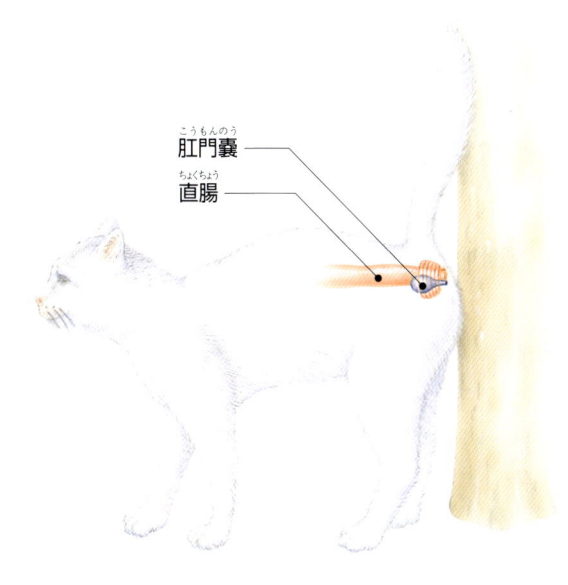

猫の尿は，2つの珍しいアミノ酸，フェリニン（felinine）とシステインS-イソペンタノール（cysteine S-isopentanol）を含んでいる．いずれも腎臓で生産されるアミノ酸で，それら自身にはスプレー特有のにおいはない．しかし，微生物などによって変性し，においを発することはありうる．肛門嚢からの分泌物などとともに，不明な部分が多い．

◆ 雌の生殖器

◆ 交尾排卵

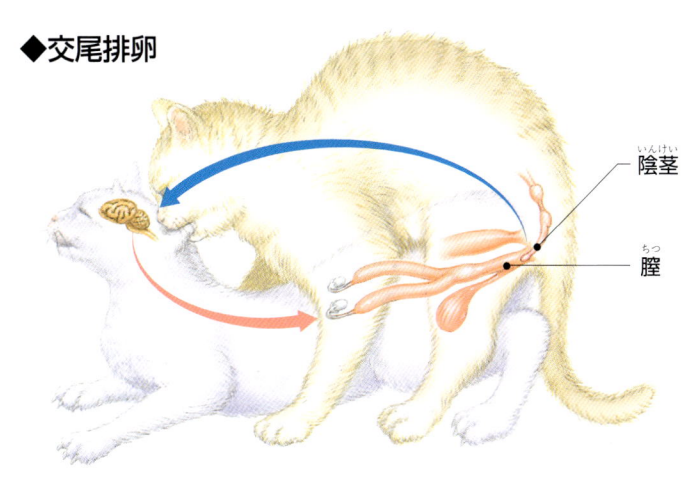

猫やウサギなどの交尾排卵動物は，交尾刺激がないかぎり排卵はおこらない．排卵は交尾刺激が加えられた直後にLHサージが出現し，猫で24〜48時間，ウサギで約10時間後におきる．交尾排卵は交尾刺激に伴う感覚刺激が視床下部からのホルモン（LHRH）の放出を促し，さらに排卵誘起に必要なLHサージをひきおこす反射である．

妊娠と出産

　猫と犬の妊娠と出産は類似した特徴をもっている。双角の子宮をもち，多胎である。胎盤は内皮絨毛性で，妊娠期間はともに約2か月である。まれではあるが，20頭以上を出産することもある。分娩間近になると胎児は親の尻尾方向を向いて娩出されるのを待っているといわれている。

【発情期】

　猫は季節繁殖動物であり，日照時間が長くなると発情がおこる。秋になり日が短くなると発情はなくなるが，都市にすむ猫は，人工的な明るい環境にさらされているので冬でも発情がみられる。発情前期には雄をけっして受け入れない雌も，発情期には仰向けになりからだをくねくねと転がし（ローリング）ながら，いつもと違う声で雄を誘う。雄猫も発情している雌がいると独特の甲高い鳴き方をする。雌は雄の声を聞くと歩いている途中でも交尾姿勢をとる。この発情は，卵胞から分泌されるエストロゲンによるもので，発情期間は5～6日間続く。

　同種動物間で情報交換に利用される化学物質をフェロモンとよぶ。性行動に関係するときは性フェロモンといい，雄雌間の性行動に大きな影響を与えると考えられる。

【妊娠と分娩】

　受精後の卵子はただちに卵割を始めながら子宮腔内を移動して，子宮内膜に着床する。着床の時期は，受精後約2週間である。妊娠黄体から高濃度のプロゲステロンが分泌され，妊娠が維持されるとともに乳腺の発育がみられる。

　出産前には子宮のオキシトシン受容体が増加し，同時に下垂体後葉からのオキシトシン分泌が亢進する。オキシトシンの子宮収縮作用により胎児と胎盤が排出される。

【胎児の発育と母猫】

　胎児は最初の交尾から数えて65日後に産出される。犬はこれより1～2日早い。胎児は20日めでほぼからだの全形ができあがる。

　母猫は，出産の数週間前から子猫を産むのにふさわしい場所を探し求める。野外で生活する猫の場合は，ワシ，カラスなどの捕食者や犬はもちろん，雄猫でさえ邪魔者になる。また，悪天候でも耐えられる場所が必要になる。飼い猫の場合は，こうした心配はなく，暖かく，静かで，直射日光の当たらない場所があればよい。たとえば，日ごろ使っていない押し入れ，あるいはタンスの引き出しにタオルを敷き，暖かくしておけば，母猫はそこを巣にするであろう。

　出産が近づくと，母猫はしきりに身づくろいを始め，膣の開口部や乳首をなめるようになる。子猫は，1頭ずつ破裂した胎膜とともに出てくる。母猫はこれをなめて取り除くが，まれに完全に包まれたままのときがある。これは，人の助けがないと死産になる。最後の子猫が産まれると，胎盤が排出されてくる。みためは，眼をおおいたくなるような排出物であるが，母猫，とりわけ野良猫にとっては，胎盤や子猫のからだに付着した羊水は不可欠な栄養源である。これらを食べることによって，少なくとも出産後2～3日は餌を探さずにすむ。ときには，生まれたばかりの子猫を食べてしまうことがある。これは，なんらかのストレスによる場合が多いが，何よりも大事なことは，人があまり干渉しないことかもしれない。

　子猫はウサギなどと異なり，毛皮に包まれて生まれてくる。しかし，生後3週間経っても子猫は自分で体温を調節することができない。母猫は子猫の面倒をみるため，1日16時間以上巣にとどまるといわれ，こうした状態が少なくとも4週間続く。母猫が巣を離れるときは，子猫どうしが寄り添って体温を維持している。

◆分娩まじかの親猫

排卵直後の卵子は卵管内で発育し，約72時間後に受精能力をもち，約108時間にわたって受精できる．雄の精子と結合して受精卵になると，新しい子猫の生命が誕生する．受精卵は子宮に下降して，子宮内を浮遊しながら，次々と分裂して増殖をくりかえす．この間は子宮粘膜から分泌される子宮乳で養われている．受精卵が着床する14～20日は，妊娠を継続するうえで重要な時期であり，適度な運動とバランスのよい食餌が必要となる．しかし，着床して胎盤が形成されたあとは，めったなことで流産しない．ウマやブタなどの盤状胎盤と異なり，猫の胎盤（帯状胎盤）はちょうど広い帯で腰を一巻きするかたちでしっかりと子宮壁に付着している．

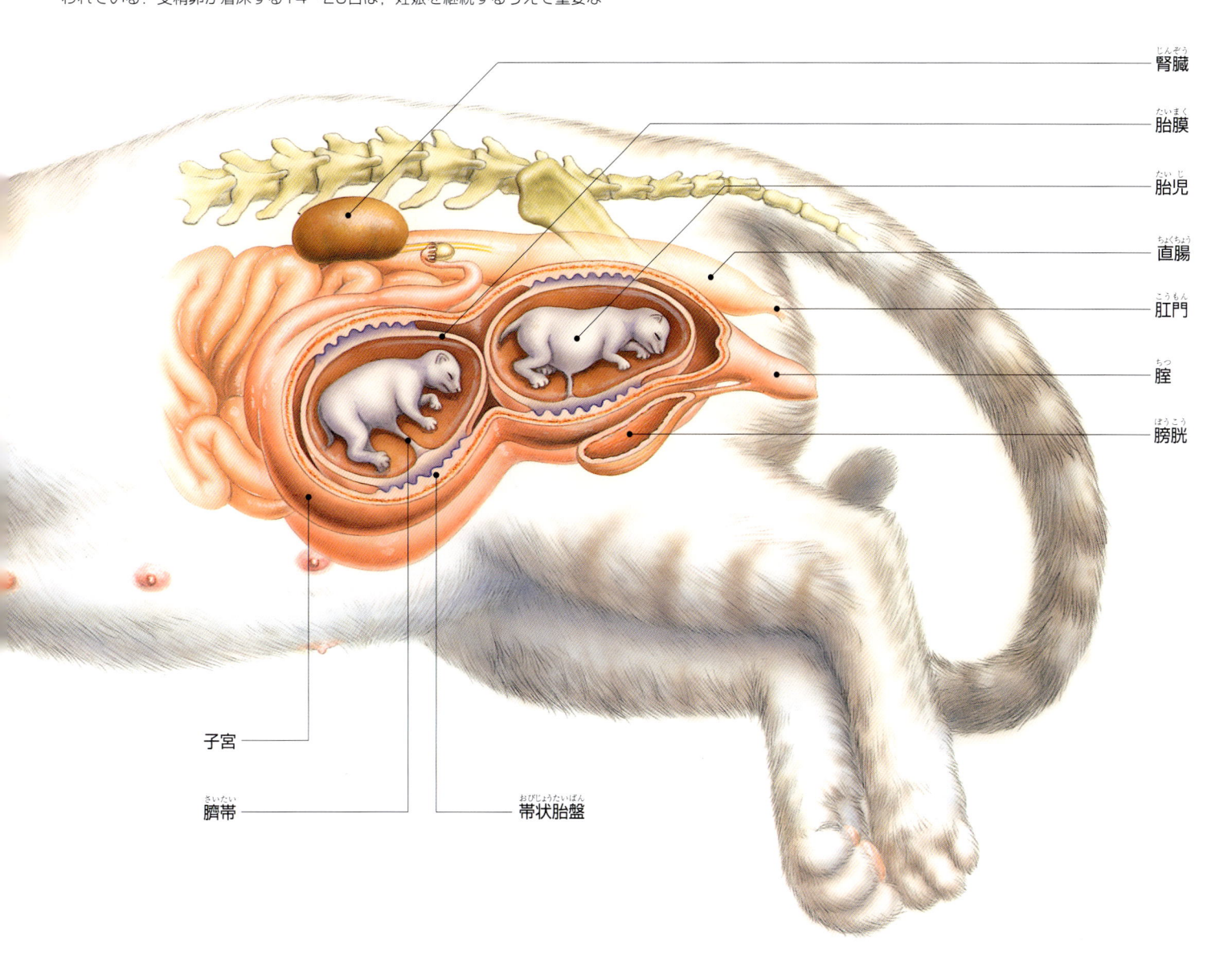

図ラベル：腎臓／胎膜／胎児／直腸／肛門／腟／膀胱／子宮／臍帯／帯状胎盤

平均妊娠期間と胎児数

動物	妊娠期間	胎児数
猫	60日	3～6匹
犬	60日	平均6匹
ウマ	333日	1頭

【乳汁分泌】

産出後，下垂体前葉からのプロラクチンの分泌が急激に増加する．プロラクチンは乳腺に作用し，乳汁産生と乳管への分泌が起こる．乳頭に吸引刺激が加わると，下垂体後葉からオキシトシンが分泌され，乳腺周囲の筋上皮細胞を収縮させて乳汁の排出を促す．授乳によってプロラクチン分泌が継続し，乳汁の産生が促される．

眼も見えず，耳もほとんど聞こえない子猫でも，嗅覚と触覚は敏感である．母猫の温かさを感じとり，においを感じとって乳首に吸いつくのである．

▶各種動物の乳腺の分布と乳管の数

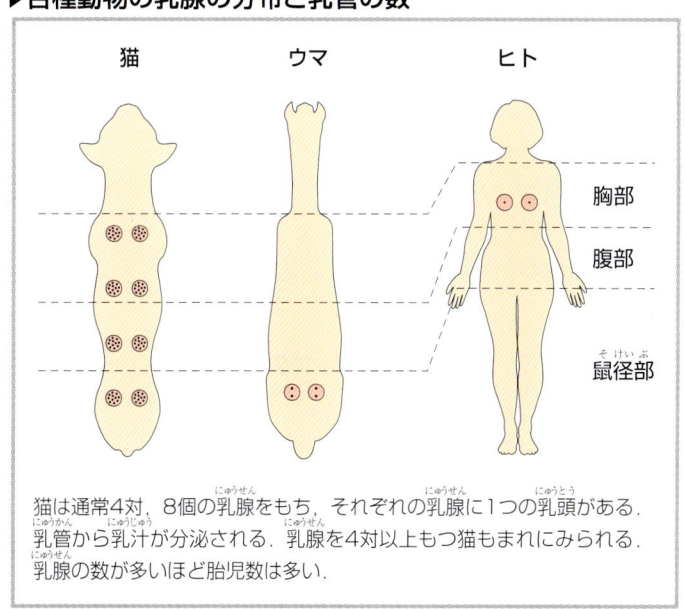

猫／ウマ／ヒト

胸部／腹部／鼠径部

猫は通常4対，8個の乳腺をもち，それぞれの乳腺に1つの乳頭がある．乳管から乳汁が分泌される．乳腺を4対以上もつ猫もまれにみられる．乳腺の数が多いほど胎児数は多い．

泌尿器系

　腎臓は，尿を生成し，細胞外液中の水や電解質，その他の濃度を調節する働きをもつ（血液など）．具体的には，①水分の排泄を調節し，体液量を一定に保つ，②電解質の排泄を調節し，体液の浸透圧を一定に保つ，③H^+の排泄を調節し，体液のpHを一定に保つ，④不要物質を除去し，有用な物質を体内に保持する，の4つの働きがある．

　タンパク質を多く摂取する猫は肝臓での窒素代謝が盛んであり，尿中にはその最終産物である尿素を多く含む．肝臓と腎臓による猫の尿素産生はヒトの2.5倍以上になる．

【腎臓の構造と循環】

　腎臓はネフロン（腎単位）とよばれる尿生成の機能単位からなる．毛細血管が毛まり状に集まった糸球体とそれを囲むボーマン嚢をあわせて腎小体とよび，ネフロンはこの腎小体とそれに続く尿細管からなる．糸球体には血液が輸入細動脈となって流入し，輸出細動脈となって流出する．その後，再び分枝して尿細管を網状に取り巻く毛細血管網を形成する．ボーマン嚢は糸球体を包んでから尿細管へと連なる．輸入細動脈から流入した血液は，糸球体において血漿が濾過され，原尿としてボーマン嚢から尿細管に入り，次いで尿細管においてそこを取り巻く毛細血管との間で種々の物質の再吸収と分泌が行われ，尿が生成される．

　糸球体に流入する血液量を腎血流量とよび，安静時でもその流量は心拍出量の約1/4にも相当する．腎血流量が増加すれば，尿量は増えるが，輸入細動脈の血管平滑筋には，可能なかぎり腎血流量を一定に保とうとする自己調節機能があり，体液の損失を防いでいる．

【糸球体における濾過】

　血液が糸球体の毛細血管を流れる間，血球および血漿中のタンパク質など大きな粒子を除いて濾過され，ボーマン嚢に入る．濾過の原動力は，糸球体における血圧である．糸球体濾過量（glomerular filtration rate；GFR）は，腎血流量，全身血圧，糸球体血圧，ボーマン嚢圧，血漿の膠質浸透圧，あるいは糸球体毛細血管透過性などさまざまな要因によって変化する．たとえば，ショックなどで全身血圧が著しく低下すると糸球体血圧も低下し，GFRが減少する．また，腎臓結石や膀胱結石などで腎盂血圧や尿管血圧が上昇するとボーマン嚢内圧が上昇し，GFRは減少する．猫では，タンパク質の摂取量が多く，窒素代謝物を産生する能力は高い．しかし，概して水分の摂取量が少なく，血漿の膠質浸透圧が高くなることから，GFRが抑えられる．このようにGFRが減少すると，血液中の尿素など窒素代謝物が排泄できず，尿毒症を呈することになる．飼い猫の腎疾患が多いのは，タンパク質を主食とする生き物

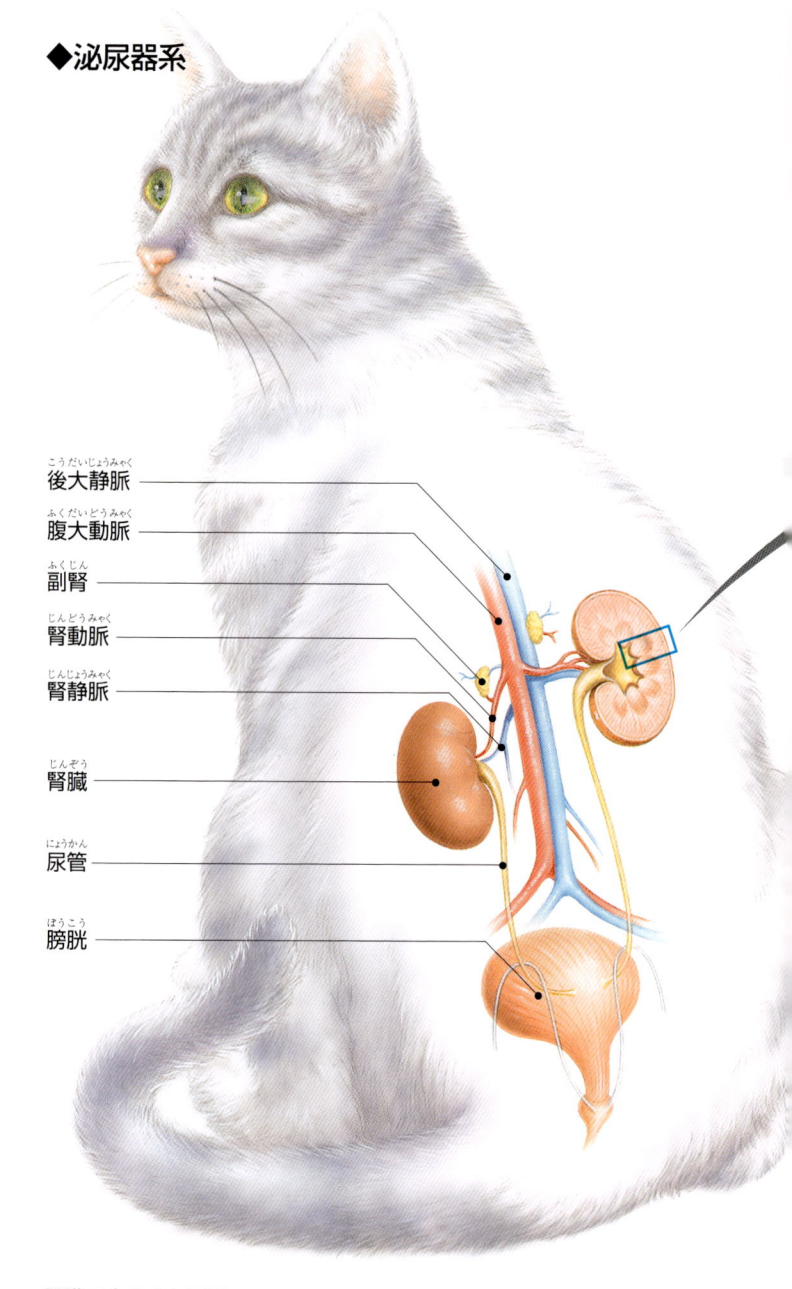

◆泌尿器系

後大静脈
腹大動脈
副腎
腎動脈
腎静脈
腎臓
尿管
膀胱

腎臓の大きさと尿量

動物	大きさ(mm)	長い係蹄をもつネフロン(%)	尿量(ml/kg 体重/日)
猫	24	100	10〜20
犬	40	100	20〜100
ヒト	64	14	8.6〜28.6

の宿命かもしれない．また，原種（祖先）が砂ばくにすむリビアヤマネコであり，あまり水を飲まないため濃縮された尿を排泄することも原因のひとつと考えられる．

【尿細管における再吸収と分泌】

　糸球体で血漿から濾過される液量は，大型の猫（体重6kg）で1日12lにも及ぶが，尿細管を流れる間に濾液水分の約99%は再吸収されて血液中に戻る．水の再吸収は，濾液中のナトリウム（Na^+）の能動的な再吸収とそれに伴う塩素（Cl^-）の再吸収などによって浸透圧性（濃度の低いほうから高いほうへ）に行われ，残る約1%の120mlが尿として排泄される．水分の60〜70%は近位尿細管で，残りの

▶腎臓のネフロン

- ボーマン嚢
- 糸球体
- 腎小体
- 集合管
- 腎乳頭
- 皮質
- 髄質

▶尿の生成過程

- 輸出細動脈
- 輸入細動脈
- 近位尿細管
- 遠位尿細管
- ボーマン嚢
- 糸球体
- 腎小体
- 集合管
- ヘンレの係蹄
- 尿管へ

←— 血液の流れ
←— 原尿の流れ

腎臓には、1分間に10〜40mlの血漿が流入する．この血漿量を腎血漿量という．このうち約20％の2〜8ml/分が糸球体で沪過される．糸球体で毎分ボーマン嚢に押し出されるGFRは、体重1kgについて1分間あたりに形成されるml表示で表される．1.2ml/分/kgのGFRをもった体重3.5kgの猫は、1分間あたり4.2mlの沪過液になり、1日4.2ml/分×60×24＝6,048mlにもなる．

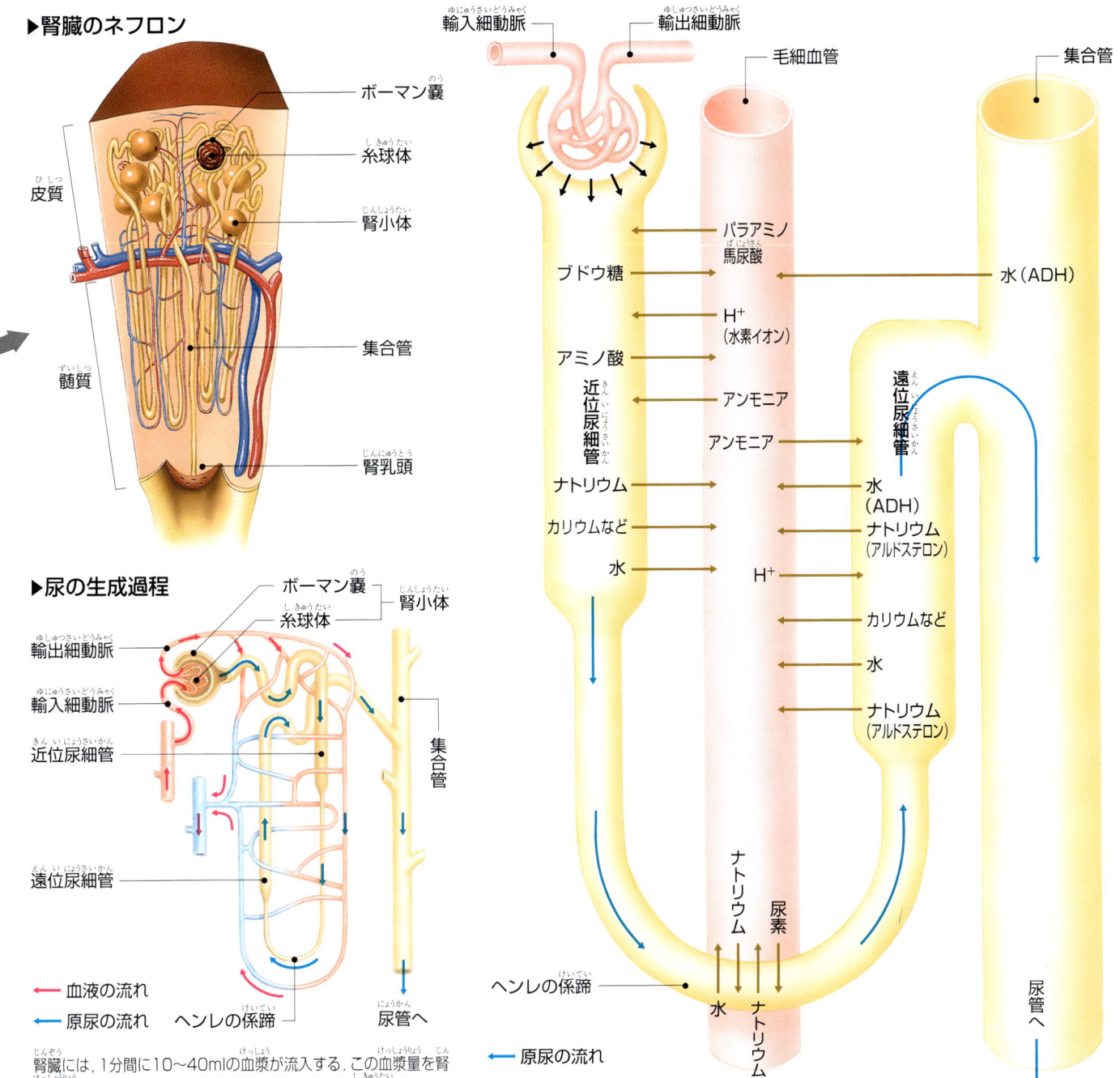

（図中ラベル）
- 輸入細動脈、輸出細動脈
- 毛細血管
- 集合管
- パラアミノ馬尿酸
- ブドウ糖
- 水（ADH）
- H⁺（水素イオン）
- アミノ酸
- アンモニア
- アンモニア
- ナトリウム
- 水（ADH）
- カリウムなど
- ナトリウム（アルドステロン）
- 水
- H⁺
- カリウムなど
- 水
- ナトリウム（アルドステロン）
- 近位尿細管
- 遠位尿細管
- ナトリウム
- 尿素
- ヘンレの係蹄
- 水
- ナトリウム
- 尿管へ

←— 原尿の流れ

尿細管は，近位尿細管，ヘンレの係蹄，遠位尿細管，集合管に区別される．尿細管で再吸収される物質は，H_2O（水），ナトリウムイオン（Na^+），塩素イオン（Cl^-），重炭酸イオン（HCO_3^-），アミノ酸，ブドウ糖など．からだにとって不要な物質や外来物質，たとえば尿酸，尿素，硫酸塩などはあまり再吸収されず，アンモニア，クレアチニン，パラアミノ馬尿酸などはむしろ尿細管で分泌される．

大部分は遠位尿細管と集合管で再吸収される．抗利尿ホルモンであるバソプレッシンは集合管における水の再吸収を促進し，遠位尿細管におけるNa^+の再吸収は副腎皮質から放出される電解質ホルモン（アルドステロン）によって促進される．

【腎機能調節の仕組みと測定】

出血などで細胞外液量が減少すると，まず右心房および左心房，肺血管，大静脈にある低圧受容器によって感受される．外液量の低下が血圧を低下させるほど著しいと，頸動脈洞と大動脈弓にある高圧受容器も働きだす．これらの受容器からの情報はバソプレッシン分泌を刺激し，集合管における水の再吸収を促す．腎臓の輸入細動脈が糸球体にはいる直前の血管壁には，糸球体近接細胞とよばれる細胞があり，細胞外液量が減少すると，この細胞からレニンが分泌される．レニンはアンギオテンシン系に働き，副腎髄質からのアルドステロンを分泌させて，近位尿細管のNa^+再吸収を盛んにする．

腎臓の排泄能力を表す指標としてクリアランスがある．クリアランスとは，ある物質が1分間に尿中に排泄される量が，何mlの血漿に由来するかを示す値である．ある物質xの尿中濃度をU_x，血漿中濃度をP_x，1分間あたりの尿量をV mlとすると，その物質のクリアランスCは，$C = (U_x \times V)/P_x$（ml/分）で求められる．

内分泌系

からだの恒常性は，神経系とともに液性系によっても調節されている．神経系がおもに迅速な調節を行うのに対して，液性系は緩慢な長期にわたる調節を行う．この液性調節の主体は内分泌系であり，ホルモンである．

【ホルモン】
ホルモンは，内分泌腺の細胞から直接血液中に分泌され，血液循環を介してそのホルモンに対する受容体を有する特定の細胞（標的細胞）に達して効果を及ぼす．内分泌腺には，下垂体，甲状腺，上皮小体，膵臓，副腎，卵巣，精巣，松果体などがある．消化管や腎臓にも内分泌細胞がみられ，ホルモンを分泌する．これらのホルモンは，なんらかの形で神経あるいは脳内視床下部で産生されるホルモンによる調節を受ける．たとえば，甲状腺ホルモンは下垂体前葉からの甲状腺刺激ホルモン（TSH）によって分泌し，TSHは視床下部からの甲状腺刺激ホルモン放出ホルモン（TRH）の調節を受ける．さらに，甲状腺ホルモンの過剰な分泌を防ぎ，一定なレベルを保つために，下位ホルモンが上位ホルモンの分泌を抑える負のフィードバック機構がある．

下垂体から血液中に放出され，直接標的細胞の機能を調節するホルモンがある．前葉からの成長ホルモンとプロラクチン，後葉からのバソプレッシンとオキシトシンである．同じように，脳内にある組織（松果体）から分泌されるメラトニンがあるが，これは季節繁殖動物にとって重要なホルモンである．猫も春先に繁殖期を迎える季節繁殖動物であるが，ハムスターやヤギなどのほかの季節繁殖動物ほどの知見はなく，猫での本当の役割はわからない．

カルシウム（Ca^{2+}）は細胞機能にとって大切なイオンであり，つねに血液中の濃度を一定に保つ必要がある．血漿中のCa^{2+}濃度が減少すると，上皮小体からパラソルモンが分泌され，骨のCa^{2+}を遊離させ，腎臓尿細管のCa^{2+}の再吸収を促す．また，ビタミンDを活性化させ，腸管からのCa^{2+}吸収をも促す．一方，血漿中のCa^{2+}濃度が正常レベルより上昇したときには，甲状腺の傍濾胞細胞からカルシトニンが分泌され，血漿中のCa^{2+}濃度を下げる．

膵臓には，消化管に消化酵素を分泌する外分泌腺と血液中にホルモンを分泌する内分泌腺がある．インスリンとグルカゴンを分泌する内分泌腺はランゲルハンス島とよばれ，膵臓に散在している．その重量は膵臓全体のわずか1～2％にすぎないが，分泌されるホルモンの役割はとても大きい．インスリンが分泌されなかったり，働かなければ，重篤な糖尿病になる．膵臓のランゲルハンス島には，インスリンやグルカゴンの分泌を抑えるホルモン（ソマトスタチン）もある．

副腎皮質束状帯から分泌されるグルココルチコイドのおもなものには，コルチゾールとコルチコステロンがある．猫ではコルチゾールの働きが強く，物質代謝や抗炎症作用など重要な生理作用をする．一方，副腎髄質から分泌され

内分泌腺とホルモンの働き

内分泌腺		ホルモン	おもな働き
脳下垂体前葉			
		成長ホルモン（GH）	タンパク質同化がおこり，骨や生体組織の成長を促進する．過剰になると巨人症や先端巨大症をひきおこし，不足すると下垂体性小人症などになる
		甲状腺刺激ホルモン（TSH）	甲状腺ホルモンの分泌を促進する
		副腎皮質刺激ホルモン（ACTH）	副腎皮質ホルモンの分泌を促進する
		卵胞刺激ホルモン（FSH）	精巣：精細管・精子形成を促進する
			卵巣：卵胞の発育，LHと協調してエストロゲンの分泌を促進する
		黄体形成ホルモン（LH）	精巣：精細管・雄性ホルモンの分泌を促進する
			卵巣：排卵・黄体形成・プロゲステロンの分泌を促進する
		プロラクチン（PRL）	乳腺の発育や乳汁の分泌を促進する
脳下垂体後葉			
		バソプレッシン	尿細管での水の再吸収を促進し，尿量を減したりする．血圧も高める
		オキシトシン	子宮平滑筋の収縮や，乳汁の分泌を促進する
甲状腺		チロキシン	代謝（とくに異化作用）を促進する．過剰になるとバセドウ病，不足するとクレチン病をひきおこす
		トリヨードサイロニン	
上皮小体（副甲状腺）		パラソルモン	血液中のカルシウム濃度を上げるが，不足するとテタニー病をひきおこす
膵臓のランゲルハンス島			
	α細胞	グルカゴン	グリコーゲンを分解して，血糖量を増加させる
	β細胞	インスリン	グリコーゲンの合成を促進をして，血糖量を減少させる．各細胞でのブドウ糖の取り込みや酸化を促進．不足すると糖尿病をひきおこす
	δ細胞	ソマトスタチン	グルカゴン，インスリンの分泌を抑制する
副腎			
	髄質	アドレナリン	グリコーゲンを分解して，血糖量を増加させる
		ノルアドレナリン	血圧の上昇をもたらす
	皮質	コルチゾール	タンパク質からの糖生成を促進，組織の炎症やアレルギー症状を抑制する
		コルチコステロン	
		アルドステロン	尿細管でのナトリウムの再吸収とカリウム排出を促進．不足するとアジソン病をひきおこす
精巣		テストステロン	精子形成，雄の二次性徴を促進，性欲，性行動を亢進，タンパク質合成を促進する
卵巣		エストロゲン	卵胞の発育，雌の二次性徴を促進，子宮壁を肥大させたり，乳腺の発育を促進する
		プロゲステロン	妊娠の維持．乳腺の発育を促進，排卵を抑制する．体温上昇作用をもつ

るアドレナリンあるいはノルアドレナリンは，動物が"敵と闘うか，逃げるか"（fight or flight）など興奮状態のときに働くホルモンであり，またエネルギー産生にもっとも強い影響を与える．また，これらのホルモン（カテコールアミンと総称）は，猫がストレスに速やかに順応するためにとりわけ重要である．

【ホルモンの受容体】

エストロゲンなどのステロイド型ホルモンは，細胞質の受容体と複合体を形成して核に直接働き，DNAを活性化させてタンパク質の合成を促す．これに対して，インスリンなどのポリペプチド型ホルモンは細胞膜を透過できないことから，膜内でホルモン作用を仲介する物質が必要になる．ペプチドホルモンは細胞膜にある受容体と結合したあと，サイクリックアデノシン3′,5′—リン酸（cAMP），Ca^{2+}などのセカンドメッセンジャーを活性化させ，生理作用を表す．これらのセカンドメッセンジャーを膜内に直接入れてもホルモンと同じ生理作用をおこす．

ホルモンはng（10^{-9}g）レベルで生理作用を発揮する強力な化学物質である．内分泌撹乱物質（通称 環境ホルモン）が怖いのは，からだのなかに存在するホルモンの正常な作用を受容体のレベルで妨害するからである．

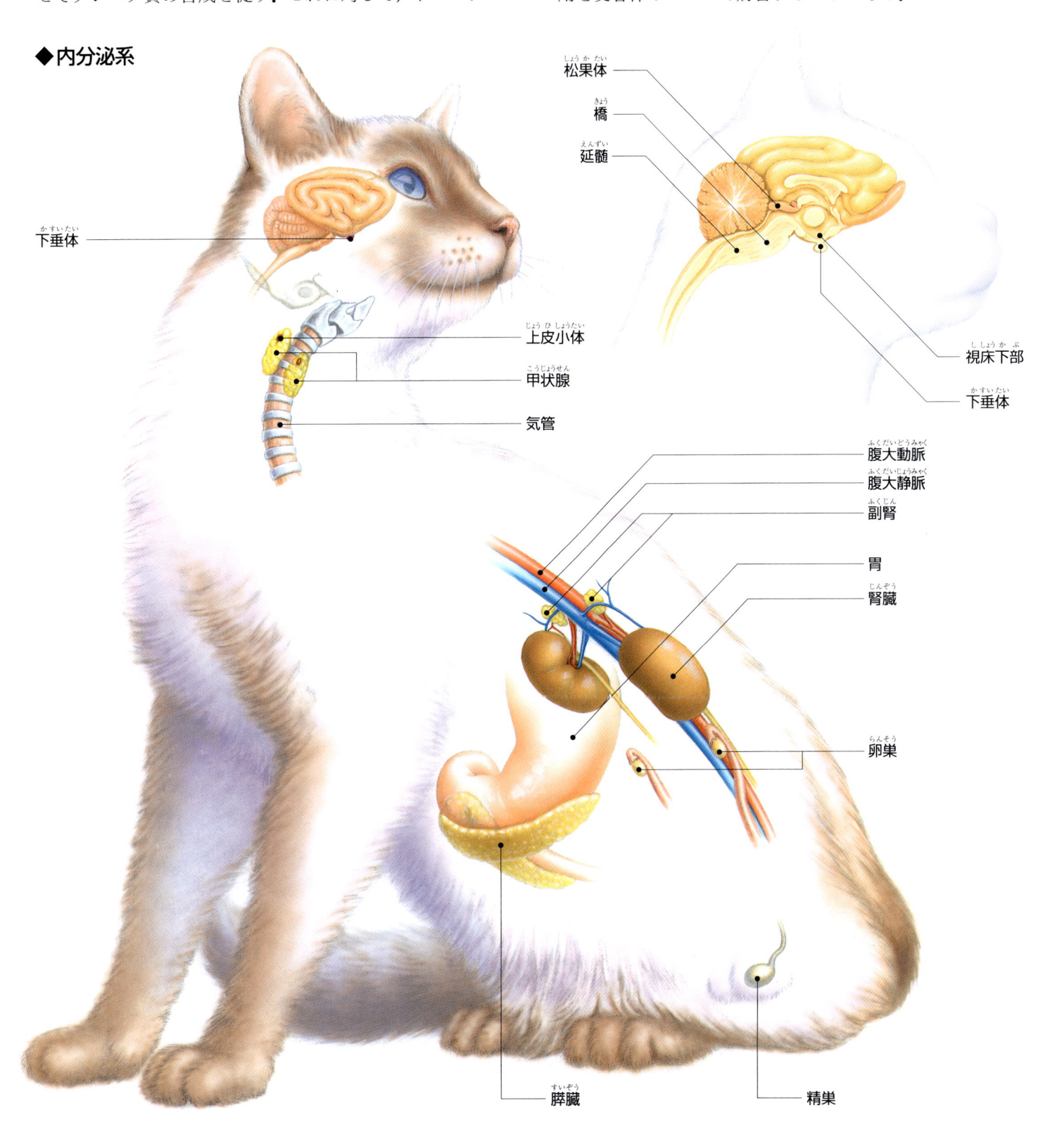

◆内分泌系

循環器系

生体内の細胞がその機能を発揮するために必要な酸素や栄養分は，血流によって運ばれる．細胞の活動の結果として生じた二酸化炭素や老廃物は，血流によって除去される．このような血液の循環は，心臓と血管系の働きによって行われる．

左心室から拍出された酸素の多い血液は，動脈を通って各臓器に送られ，組織の二酸化炭素を回収して静脈血となり右心房に戻る．この経路を大循環，または体循環とよぶ．

右心室から拍出された二酸化炭素の多い血液は，肺動脈，肺組織，肺静脈を経て左心房に戻る．この経路を小循環または肺循環とよぶ．肺循環と体循環は直列の配置をとっているが，体循環内の各臓器は並列の配置にある．

【血液の成分】

猫の血液は粘稠性をもった比重1.06，弱アルカリ性（pH7.35）で，その量は体重の約8％を占める．血液の液体成分を血漿とよび，猫では体重1kgあたり46〜48mlになる．血液を凝固しないように凝固阻止剤を加えて遠心分離すると，上層に血漿，下層に細胞成分となって分かれる．細胞成分は赤血球，白血球および血小板からなる．それぞれ，酸素と二酸化炭素の運搬，感染の防御と抗体産生および止血作用など，生命維持に不可欠な役割を果たしている．

血漿の大部分は水（約90％）である．約9％を占める有機物は血漿タンパク質，線維素原，栄養分，代謝産物などを含み，さまざまな生理作用にかかわるとともに生体反応の指標となる．0.9％の無機塩類には，Na^+，K^+，Cl^-，HCO_3^-などが含まれ，血液の浸透圧やpH，細胞機能の維持に必須なものとなっている．

【心臓の構造と機能】

心臓は心筋とよばれる特殊な横紋筋により構成されている．右心房，右心室，左心房，左心室の4つの腔があり，右心房と左心房の間には心房中隔，右心室と左心室の間には心室中隔がある．また，心房と心室の間は房室弁によって隔てられ，左心室と大動脈の間は大動脈弁，右心室と肺動脈の間には肺動脈弁があって血流の逆流を防いでいる．

心臓は体外に取り出しても自動的に拍動を続ける．規則正しい拍動のリズムは，大静脈と右心房の境界に位置する洞房結節の細胞で発生する．この細胞はペースメーカーとよばれ，発生した興奮は，房室結節の細胞，心室中隔を走るヒス束に伝播する．さらに左右脚からプルキンエ線維を通って心室筋全体に伝えられる．これらの心筋は特殊心筋とよばれ，刺激伝導系を構成している．ペースメーカーにおける自発的な活動電位は，骨格筋あるいは平滑筋の活動電位と異なり，Ca^{2+}の細胞内流入による長いプラトー相をつくる．

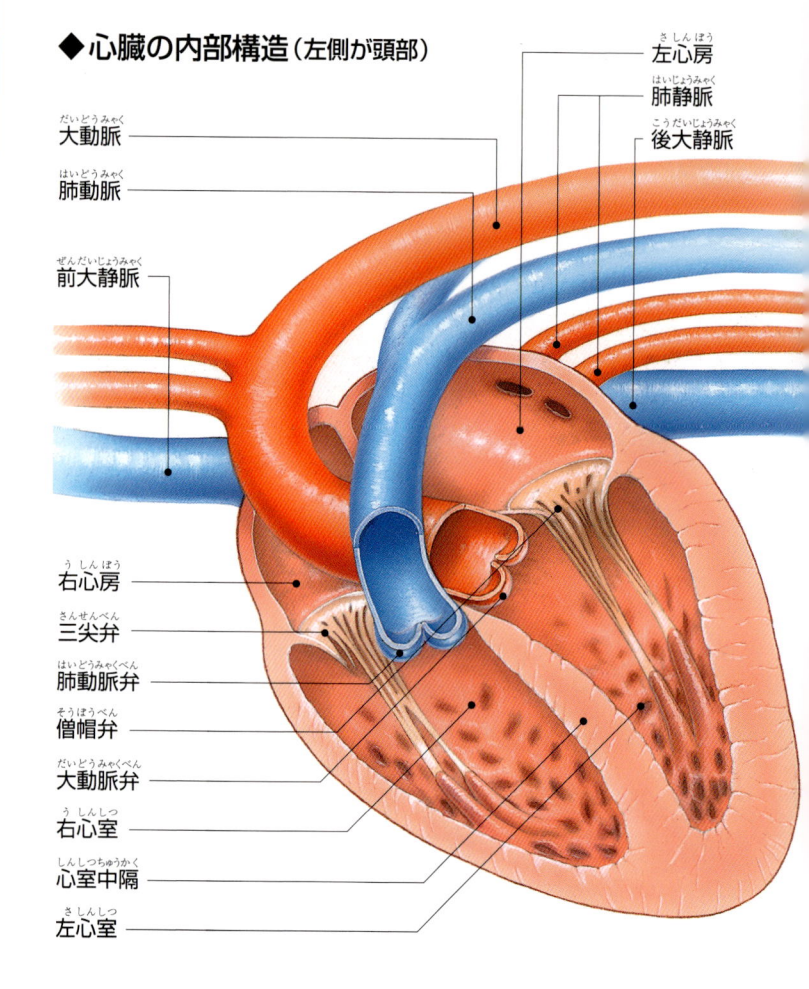

心筋は，興奮を伝える特殊心筋と，収縮に適した固有心筋に大別される．心筋の収縮は，同じ横紋筋からなる骨格筋の場合と同様に，アクチンフィラメントとミオシンフィラメントの滑走によって行われる．しかし，心筋は骨格筋と異なり，多数の心筋細胞が互いにギャップジャンクションとよばれる特殊な構造によって電気的に連絡しており，ペースメーカーからの活動電位を受けて，あたかも1個の細胞のように収縮する．

1分間の心臓の拍動数を心拍数という．猫では120〜140回/分であり，小型の猫ほど多い．1回の拍動によって送り出される血液量を1回拍出量という．安静時の心拍出量は180ml/分であり，左右の心室を合わせると血液の駆出量は360ml/分にもなる．安静時の動物で，大動脈に入った血液は，約25％が内臓循環を通り，ほぼ同じ量が腎臓を流れるように分配される．骨格筋や皮膚などにはあわせて約32％の血液が流れ，残りの血液は脳に約15％，冠状血管に約3％流れることになる．

【血管系の構造と機能】

血管は，機能と太さの両面から，大動脈，動脈，細動脈，毛細血管，細静脈，静脈，大静脈に分類される．大部分の血管は，外膜，中膜，内膜の3層よりなるが，毛細血管は1層の内皮細胞のみで物質の透過性が高い．動脈の管壁は厚く，細動脈と細静脈の比は10倍にもなる．

細動脈の血管抵抗はとくに大きく，抵抗血管とよばれる．

◆心臓の内部構造（左側が頭部）

大動脈／肺動脈／前大静脈／左心房／肺静脈／後大静脈／右心房／三尖弁／肺動脈弁／僧帽弁／大動脈弁／右心室／心室中隔／左心室

◆体循環の模式図

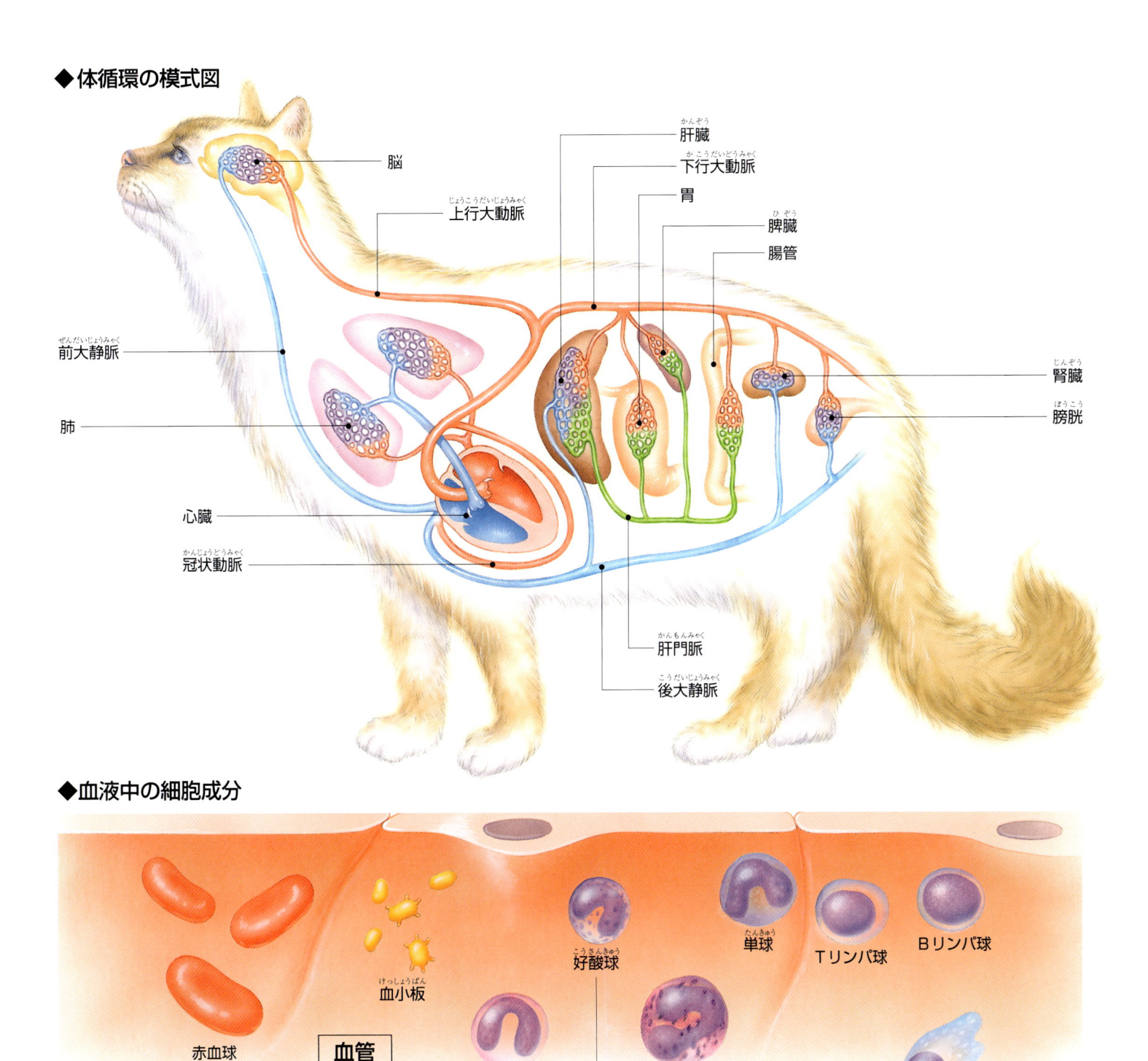

図中のラベル：脳、肝臓、下行大動脈、胃、脾臓、腸管、上行大動脈、腎臓、前大静脈、膀胱、肺、心臓、冠状動脈、肝門脈、後大静脈

◆血液中の細胞成分

図中のラベル：赤血球、血小板、好酸球、単球、Tリンパ球、Bリンパ球、血管、好中球、好塩基球、形質細胞、顆粒球

血管運動神経（血管収縮神経と血管拡張神経）の支配を受けて，細動脈は血流調節に重要な働きをしている．

【血 圧】

動脈の血圧は心拍出量と末梢血管抵抗の積で表され，心臓の拍動に伴って変動する．血圧は心臓の収縮期にもっとも高くなり，最高血圧あるいは収縮期血圧という．逆に，心臓の弛緩期にはもっとも低くなり，最低血圧あるいは弛緩期血圧という．心臓の収縮から弛緩までにみられるすべての圧の変動を平均したものが平均血圧である．猫は，ヒトや犬に比べると，いずれの値も高く，末梢血管抵抗が高めであることが示唆される．血圧は加齢とともに少しずつ上昇するが，栄養状態によっても変動する．

【循環の調節】

心筋や血管平滑筋には，局所的な自己調節機能があり，血圧や血流量を調節している．神経性およびホルモン性調節は，この局所性調節にかかわる．心臓と血管の圧受容器や化学受容器からの求心性情報は，延髄の循環中枢に伝えられ，自律神経系を動かす．

自律神経系は神経伝達物質であるアドレナリン，ノルアドレナリンおよびアセチルコリンを介して心臓と血管に影響を与え，バソプレッシンやアルドステロンなどのホルモン性調節も局所的にも作用する．

神経系

中枢神経

中枢神経系は脳と脊髄である．大脳皮質，大脳辺縁系，視床，視床下部，中脳，橋，延髄および小脳がおもな脳の領域であり，このうち，視床と視床下部をあわせて間脳とよぶ．また，間脳，中脳，橋，延髄をあわせて脳幹とよび，生命維持に不可欠な脳領域である．脳幹を含めた脳全体のすべての機能が非可逆的に停止した状態を脳死という．

脳の重さや形は異なっても脊椎動物の脳の構成は基本的に同じである．しかし，動物の種類によって，各部位の発達の程度は異なる．猫でもっとも発達が期待される感覚野は，猫の祖先であるヤマネコより小さいといわれる．犬の脳がオオカミより約2割小さくなったのと同じことかもしれない．ヒトと共生することにより，野生で生きるために必要とされた脳の機能が退化したと考えるべきであろう．

【大脳半球】

大脳皮質（新皮質と大脳辺縁系）および大脳基底核からなる大脳半球は，高次の運動や感覚機能および意識にかかわる．大脳新皮質には，体性感覚，視覚，聴覚，味覚および嗅覚を最終的に知覚する神経機構がすべて配置されている．また，新皮質運動野は，錐体路系と錐体外路系を介して猫の運動性能を制御している．

大脳辺縁系は，発生学的に大脳皮質の一部とみなされている．しかし，その機能を考えるとき，大脳皮質とは分けて考えるほうが理解しやすい．辺縁系は，大脳基底核や視床下部と密な神経ネットワークを構築して，食や飲行動，性行動，原始的な情動，嗅覚，内臓感覚などにかかわり，生命の維持に不可欠な本能行動と情動行動をつかさどっている．大脳皮質の新皮質が極端に発達し，相対的に辺縁系の割合が少ないヒトに比べ，猫などの動物は辺縁系の発達が著しい．

自らの生命，あるいは子孫を残すために，からだをはって生きている動物と「文明」に守られたヒトとでは，機能する脳の領域が異なるのは当然であろう．辺縁系は，また，さまざまな記憶の領域ともいわれる．海馬や扁桃体は，ヒトのアルツハイマー（Alzheimer）病にかかわる脳領域であり，猫などの動物でも重要な記憶の領域と思われる．辺縁系の発達した犬や猫がすぐれた記憶力をもつのもまた当然かもしれない．

大脳基底核は尾状核，被殻，淡蒼球からなる．脳幹にある黒質，赤核も大脳基底核に含めることが多い．この部分に障害があると，さまざまな運動障害あるいは運動失調をおこすことから運動の調節にかかわると考えられている．

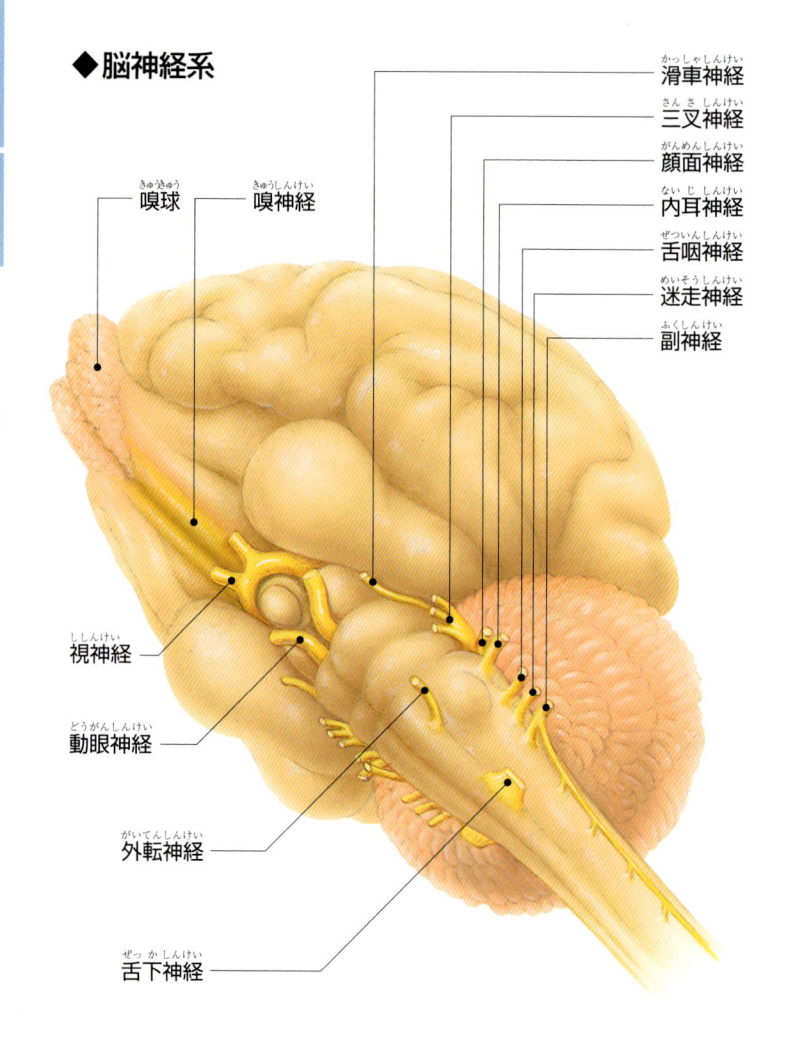

◆脳神経系

末梢神経系は，骨格筋の収縮による運動や，種々の体性感覚などに関係する体性神経系と，内臓，血管，分泌腺などの自律機能を支配している自律神経系に大別される．体性神経系のうち，脳から直接出る末梢神経を脳神経といい，脊髄に出入りする末梢神経を脊髄神経という．脳神経は大脳底部から出る神経で12対あり，頭蓋底の孔を通って頭部，頸部，体幹の内臓などに分布する．

【脳幹と小脳】

痛覚などの感覚情報は脊髄から視床を経由して，大脳皮質の感覚野に届けられる．このように，視床は末梢からの刺激を大脳皮質に中継する脳領域である．これに対して，視床下部は辺縁系とともに，からだの恒常性維持と種の保存に不可欠な役割を負っている．その機能は，自律神経機能の調節，体温調節，摂食調節，水分代謝，下垂体機能の調節あるいは計時機能など多岐にわたる．いくら食べても満腹した様子をみせない犬や季節繁殖性を示さず秋冬でも発情する猫などは，視床下部の異変を疑うことになる．

中脳は橋の前にあり，眼球運動と無意識に行われる姿勢の調節にかかわり，それに続く橋は，大脳皮質から小脳への情報を中継する脳領域である．小脳は橋の背側に位置し，内耳の前庭，大脳基底核，大脳皮質の運動野と直接あるいは間接的に連絡して，また，末梢の筋，腱，関節などからの感覚入力をもとに，姿勢，動作を高度なレベルで統合する．

延髄には，舌下神経，舌咽神経，迷走神経，副神経などの脳神経核が存在するほか，嚥下，嘔吐，咳嗽，唾液分泌などの反射中枢，さらに呼吸，心臓循環などの調節中枢

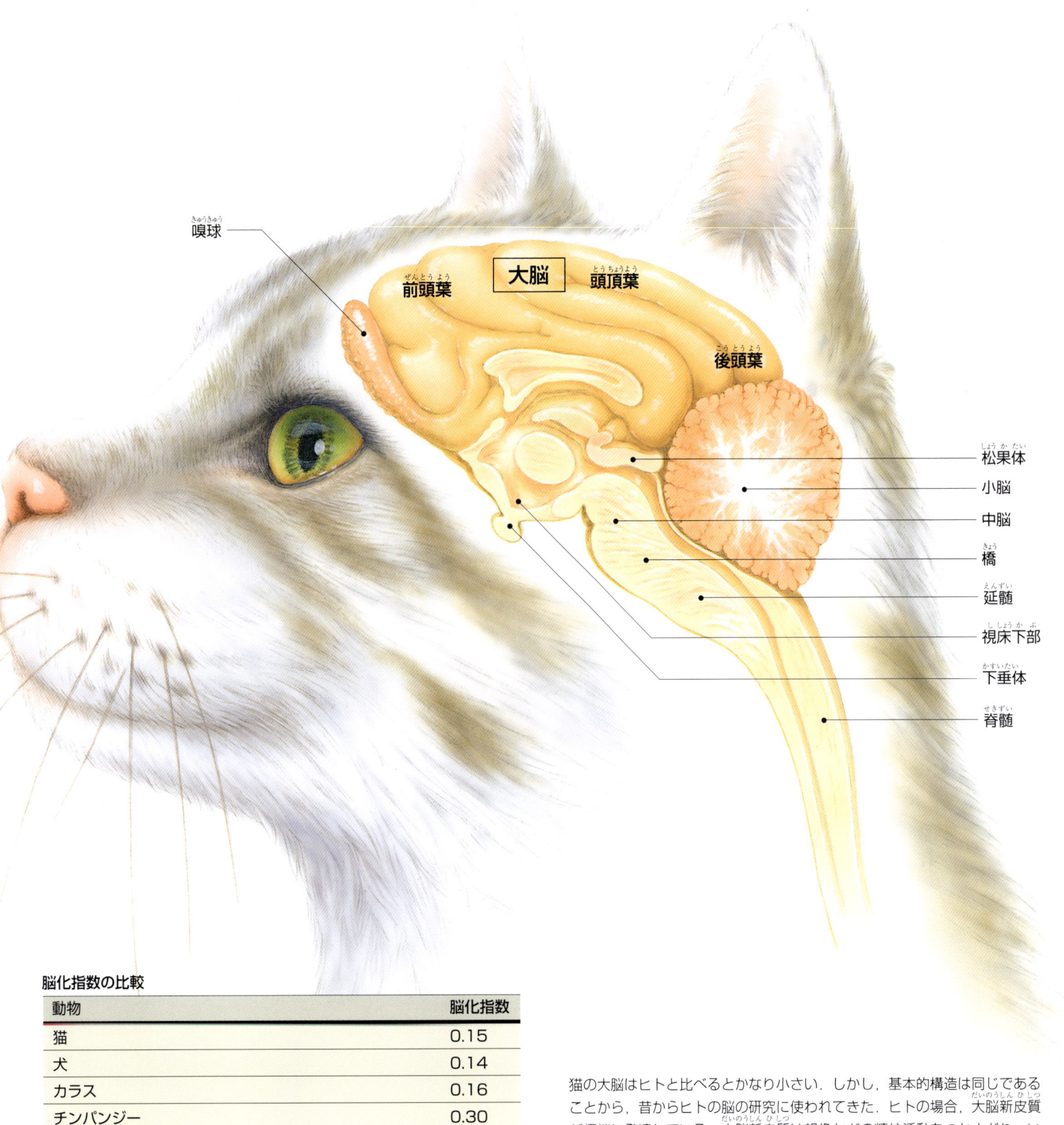

図中ラベル:
- 嗅球
- 前頭葉
- 大脳
- 頭頂葉
- 後頭葉
- 松果体
- 小脳
- 中脳
- 橋
- 延髄
- 視床下部
- 下垂体
- 脊髄

脳化指数の比較

動物	脳化指数
猫	0.15
犬	0.14
カラス	0.16
チンパンジー	0.30
イルカ	0.64
ヒト	0.89

が存在する．

中脳から延髄にかけて，脳幹網様体とよばれる特異な領域がある．有髄神経線維の集まりである白質中に，神経細胞の灰白質（核）が散在し，網状に連絡している部分である．中脳，橋，延髄の機能は，この脳幹網様体の存在ぬきには語れない．また，網様体は末梢からの感覚入力を受け，上行性網様体賦活系となって大脳を広く賦活し，覚醒をもたらす．

猫の大脳はヒトと比べるとかなり小さい．しかし，基本的構造は同じであることから，昔からヒトの脳の研究に使われてきた．ヒトの場合，大脳新皮質が極端に発達している．大脳新皮質は想像などの精神活動をつかさどり，いわゆる「人間らしさ」にかかわるところである．ヒトのように大脳新皮質が発達していない猫は，そのぶん，本能にしたがって行動する部分が多くなる．

【脊髄】

脊髄は中枢神経系のもっとも尾側に位置する．皮膚，筋肉，腱，関節そして内臓諸器官にある感覚受容器から後角（脊髄の背側部）に入力する活動電位を受けとる．この刺激は視床のシナプスを通して大脳皮質の感覚野に伝えられる．また，脊髄は大脳皮質あるいは脳幹からの興奮を受けて，前角（脊髄の腹側部）でシナプスを形成し，骨格筋や内臓の働きを制御している．

自律神経

自律神経系は内臓，血管，腺，平滑筋など不随意に働く臓器組織に分布し，生命維持に必要な呼吸，循環，消化，吸収，代謝，排泄，生殖などの機能を無意識に，また反射的に調節している．

体性神経系は，1個の神経が脊髄から直接骨格筋に伸びて，そこで初めてシナプス（神経筋接合部）をつくる．一方，自律神経系はこれとは異なり，脳および脊髄から出た自律神経の神経線維は，必ず途中の神経節で少なくとも一度はシナプス接続する．脊髄に近い神経を節前神経，節前線維と神経節でシナプス接続する神経を節後神経とよぶ．節前神経の出る解剖学的位置と，標的器官とのシナプスにおける神経伝達物質の相違から，自律神経系は交感神経系と副交感神経系との2つに分けられる．

【交感神経系】

交感神経系は短い節前神経と長い節後神経をもつ．交感神経系の節前神経は脊髄の前角を出て，脊髄の両側にある交感神経幹で神経節をつくるか，あるいは交感神経幹をすどおりして腹腔で神経節をつくる．

副腎髄質への交感神経支配はこれとは異なる．少数の交感神経節前神経が直接副腎髄質に入り，副腎髄質分泌細胞を構成する未発達の節後神経にシナプス接続している．この節後神経から放出される神経伝達物質は直接循環血中に入り，全身の組織に運ばれ，ホルモン（アドレナリン）として作用する．

【副交感神経系】

副交感神経系は長い節前神経と短い節後神経をもつ．副交感神経系の節前神経は，第3（動眼），第7（顔面），第9（舌咽），第10（迷走）神経，および仙髄から出る3つの神経からなる．長い節前神経は標的器官の中，あるいはその近傍にある副交感神経節に至り，短い節後神経とシナプス接続する．

【アセチルコリンとノルアドレナリン】

節前神経の軸索末端から放出される神経伝達物質はすべてアセチルコリンであり，いわゆる興奮性神経である．一方，交感神経の節後神経から放出され，標的器官の受容体と結合する化学物質はノルアドレナリンが多い．節後線維と交感神経性コリン作動性のシナプスを形成するのは，わずかに汗腺や血管の一部にすぎない．これに対して，副交感神経の節後神経から放出され，標的器官の受容体と結合するのはアセチルコリンのみである．

アセチルコリン受容体は，薬理学的性質に基づいて大きく2つの型に分けることができる．毒キノコの成分であるムスカリン（アルカロイド）は自律神経系の神経節にはほとんど影響を及ぼさないが，平滑筋や腺に対し，アセチルコリンと類似の刺激作用を発揮する．このようなアセチルコリンの作用をムスカリン様作用とよび，これにかかわる受容体をムスカリン様受容体という．アトロピンはムスカリン様受容体をしゃ断することから，獣医臨床において，しばしば使用される．交感神経系の神経節内では，アセチルコリンの作用はアトロピンの影響を受けないが，ニコチンの影響は受ける．つまり，ニコチン様受容体があることになる．骨格筋の運動神経終板もニコチン様受容体であるが，交感神経系の神経節とはやや異なり同一ではない．

概して，アセチルコリンは刺激的に，ノルアドレナリンは抑制的に作用するが例外も多い．とりわけ，アセチルコリンの心臓機能を抑える作用は強い．

【自律神経系の役割】

からだの多くの器官は，交感神経系と副交感神経系の二重支配を受けており，またそれらはアセチルコリンとアド

自律神経系の機能

器官	交感神経系効果	副交感神経系効果
心臓	機能亢進	機能低下
血管		
皮膚・粘膜	収縮	—
骨格筋	収縮または拡張	拡張
冠状	収縮または拡張	拡張
腹部	収縮	拡張
肺	収縮または拡張	拡張
眼		
散瞳筋	収縮（散瞳）	—
縮瞳筋	—	収縮（縮瞳）
毛様体筋	弛緩（遠順応）	収縮（近順応）
気管支	弛緩	収縮
分泌腺		
汗腺	軽度の局所的な分泌	全身的な分泌

器官	交感神経系効果	副交感神経系効果
唾液腺	濃厚で粘稠な分泌	多量の希薄な分泌
涙腺	—	分泌
胃	抑制	分泌
膵臓	抑制	分泌
肝臓	グリコーゲン分解	
副腎髄質	分泌	
平滑筋		
皮膚（立毛筋）	収縮	
胃，小腸	運動低下	運動亢進
括約筋	収縮	弛緩
乳汁排出	抑制	—
膀胱	弛緩	収縮
排尿筋	弛緩	収縮
括約筋	収縮	弛緩

レナリンの薬理作用に基づいて拮抗的な効果をもつ．一方が促進的であれば，他方は抑制的に働く．しかし，両者が同時に標的器官に働くことはない．

さまざまな刺激に対して，真っ先に反応するのは交感神経系である．たとえば，敵に襲われた猫は，"敵と闘うか，逃げる"（fight or flight）しかない．闘うにしても，逃げるにしても，エネルギーがいる．エネルギー基質として血中グルコースや遊離脂肪酸を上昇させ，心肺機能を亢進させて酸素供給を増大させる．敵を捕らえ，また威圧するために瞳孔を開き，覚醒レベルを上げる．一方で，胃腸などの働きを抑えて，消化管が使うエネルギーを筋肉などに回す．このように，生体防御の最前線で働くのが交感神経系である．

一方，副交感神経系は食物摂取やからだの成長にかかわる．たとえば，コリン作動性の刺激は，消化液の分泌や消化管の運動を誘起し，食物の消化と吸収を助ける．このため，副交感神経系は同化あるいは植物性神経系とよばれる．睡眠も同時に誘引し，次の出来事に備えることになる．

◆脳幹網様体賦活系

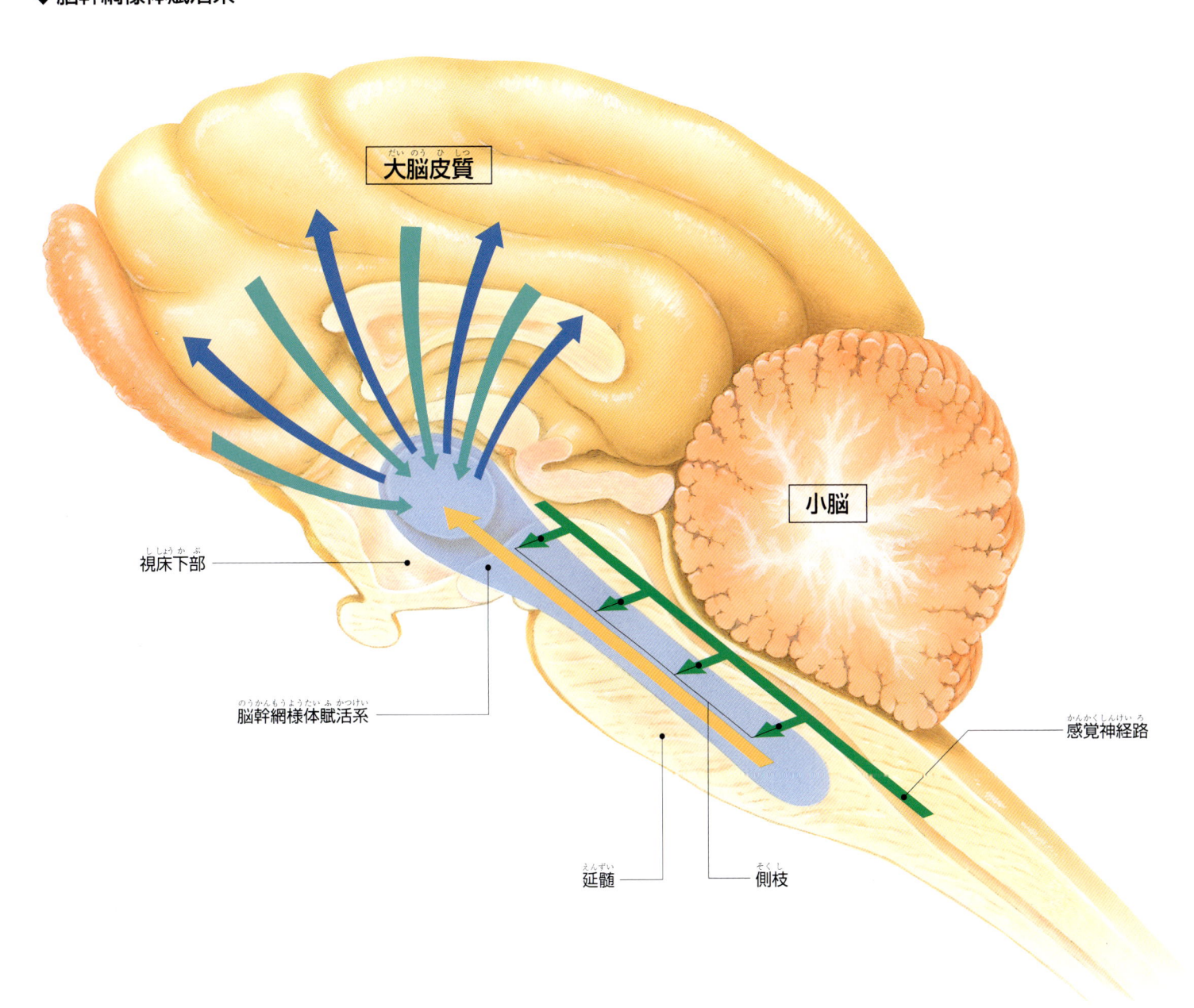

哺乳動物の1日の推定睡眠時間

動物	睡眠時間（時間）
猫	14〜20
犬	12〜14
オオナマケモノ	20
ウマ	2
ヒト	6〜8

大脳の活動レベルを支配しているのは脳幹網様体賦活系である．筋肉に力を入れると，このなかの筋紡錘という感覚受容器から大量の神経信号が感覚神経を通して脳幹網様体賦活系に伝わり，これが大脳を活性化させ，やる気をおこさせる．たとえば，頭の上で両手の指を組み，手のひらを返して，手足を伸ばし，大きく口を開き強く息をはきながら思いっきり背伸びをして全身を硬直させ5秒間止めておく．これを数回くりかえすと大脳の活動水準が高まり，眠気は覚め，意識が目覚めてくる．猫が動き出すときしっかり背伸びをするが，このとき，脳幹網様体賦活系が機能している．

感覚器系

嗅 覚

においは，におい分子が鼻粘膜にある化学受容器に結合し，電気的な情報に変換されて脳の嗅覚野で感知されている．猫の嗅覚は犬より劣るが，ヒトよりははるかによい．

【鼻】

呼吸器官としての鼻は，吸い込んだ空気を適当な温度や湿度に調節し，空気中のウイルスなどの侵入を防ぐフィルターの役目をする一方，嗅覚器官として空気中のいろいろなにおいを感知し，識別している．猫の鼻で特徴的なことは，温度計の役目をもっていることである．その感度は，0.5℃の違いを区別できるといわれ，熱い冷たいも舌で判断しているのではなく，鼻で計って判断している．したがって，猫に「猫舌」はあてはまらない．

【嗅覚系の構造】

食べ物は味ではなくにおいで判断する．したがって，においの強いものを好む傾向にある．猫の嗅覚は生まれたときから発達しており，眼が開かない子猫でもにおいで自分の巣を探り当てることができる．食べられるものかどうかもにおいをかいで確かめ，また自分のなわばりもにおいで判断する．初対面の人物，その持ち物などすべてのにおいをかぎ，その情報をもとに対処法を考える．このとき，「嗅覚」と「鋤鼻器」の2つの器官が機能することになる．

嗅受容器は鼻粘膜のなかの嗅上皮にある．嗅覚のよく発達した犬では，この嗅上皮の占める割合が高く，ヒトの40倍以上といわれている．猫でも，ヒトの5～10倍の面積を占め，嗅覚はけっして悪くない．嗅上皮には，嗅細胞（受容器細胞）と支持細胞があり，受容器は嗅上皮をおおう薄い液体層に溶け込んだ物質のみに反応する．

嗅細胞は1個の神経細胞であり，からだのうちでもっとも外界に接近している神経系である．味細胞と同様に，嗅細胞は数週間でその半数が入れ替わる．1個の嗅細胞には，10～20本の線毛があって，基底膜の直下にある嗅腺（ボーマン腺）から分泌される粘液でおおわれている．嗅細胞の軸索は篩板を突き抜けて嗅球に達している．嗅球から大脳皮質に至る神経路は複雑である．いくつかの神経路のうち，嗅球から視床を経由して，大脳の眼窩前頭皮質に至る経路は多くの動物に共通である．においの記憶は，比較的長くとどまることが知られており，大脳辺縁系が関与する神経路も報告されている．

におい物質の分子は小さく，一般に3～4個から18～20個の炭素分子をもっている．同数の炭素分子をもっている分子でも，その立体構造が異なると違ったにおいを呈する．

◆鼻腔の構造

▶嗅上皮の構造

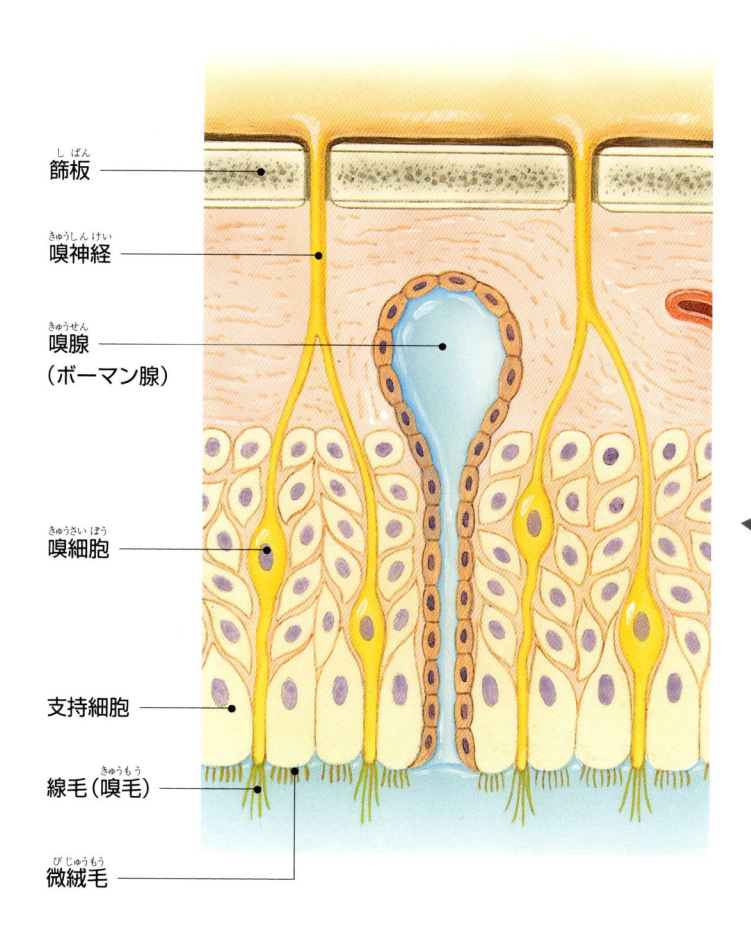

- 篩板
- 嗅神経
- 嗅腺（ボーマン腺）
- 嗅細胞
- 支持細胞
- 線毛（嗅毛）
- 微絨毛

におい物質は，その濃度の約30％を変化させないとその強さの違いが弁別されない．これに対して，視覚の明るさの弁別閾はわずかに1％である．においの感覚から距離を測ることもできる．におい物質の分子が2つの鼻孔に達するわずかの時間差からわかるようで，聴覚によるものと同じである．

【鋤鼻器】

齧歯類やほかの種々の哺乳類と同様に，猫にもよく発達した鋤鼻器（ヤコブソン器官）がある．上顎の門歯の後ろに位置する鋤鼻器は副嗅球を経由し，嗅覚系とは異なった神経路で嗅覚皮質に投射する．鋤鼻器は2つの嚢からなり，通常は閉じている．雄の尿などに含まれるにおい（フェロモン）を知覚する器官と考えられ，嚢への導管を開くために，フレーメン（Flehmen）とよばれる特異な形相をとる(p.57参照)．小さく口を開けながら顔をゆがめ，上唇を上げて上顎の歯をむきだしにする形相は，ほとんどの動物に共通である．性行動の一つであり，ハムスターなどでは，求愛を受け入れるときにみられるという．

においを感じる仕組みは，①におい物質の分子が鼻の奥にある粘膜で覆われた鼻腔に入る．②鼻腔の天井にあたる部分にある嗅上皮の嗅細胞に届くと，におい物質の分子は粘膜の粘液に溶けて，嗅細胞から伸びた嗅毛に感知される．③嗅毛に感知されたにおいの情報は電気信号に変換され，嗅細胞から嗅神経を通り，嗅球とよばれる部分を経て，一部は大脳皮質の嗅覚野へ，一部は本能を支配するといわれる大脳辺縁系へ送られる．嗅細胞は鼻腔内の粘膜全体に広がっているわけではなく，嗅上皮部分に集まっている．その数は，ヒト4千万，猫2億，犬10億との数字がある．嗅上皮の表面積では，ヒト3〜4cm^2，猫21cm^2，犬15〜150cm^2（犬種による）といわれている．猫は，地球上にある40万〜50万種類の「におい」をかなり的確に認識していると思われる．

感覚器系 45

聴　覚

猫は感度のよい肉球や手根部の毛などを通して「物音」を聞くことができる．また，同時に，耳で聞く能力もすばらしいものがある．音波は空気圧の上昇と低下によってもたらされる振動である．音はこれら圧の交互の変化が鼓膜を打つときに生じる感覚である．一般に，音の大きさは音波の振幅と相関があり，音の高さは単位時間あたりの波の周波数と相関する．音の大きさはデシベル（dB）で，高さはヘルツ（Hz）で表される．

【聴覚の構造】

外耳と外耳道は音波を鼓膜に伝達する．鼓膜は外耳と中耳の間の膜である．中耳は側頭骨の空気の詰まった空洞で，耳管により鼻咽喉と接続している．中耳にある3つの耳小骨（ツチ骨，キヌタ骨およびアブミ骨）は相互に接続し，鼓膜の振動を中耳と内耳の間を仕切る卵円窓に伝える．

内耳には，頭部の位置を検出する前庭系と聴覚の受容体がある蝸牛の2つの受容器系がある．内耳は骨迷路と骨迷路内にある膜迷路よりなる．骨迷路は側頭骨の岩様部内にある一連の管路である．これらの管路内で外リンパとよばれる液に囲まれているのが膜迷路である．膜迷路は内リンパで満たされている．

迷路の蝸牛はらせん形に巻かれた管で，基底膜とライスネル膜によって3階に区切られている．上部の前庭階と下部の鼓室階には外リンパが入っているが，両階の外リンパは蝸牛の頂点にある蝸牛孔という小孔で連絡している．中央階は内リンパで満たされている．基底膜上の中央階の床に沿ってコルチ器官といわれる有毛細胞の受容体があり，音波を活動電位に変える．

外界の音波は鼓膜の振動をひきおこす．これらの振動は耳小骨により中耳に伝えられ，卵円窓で同様の振動を生じさせる．これは前庭階の外リンパに一連の進行波を生じさせ，次いで基底膜の振動をひきおこす．基底膜沿いのコルチ器官の数千の有毛細胞はこれらの進行波と反応し，聴神経（第8脳神経）に活動電位を発生させる．基底膜沿いの異なった部位の有毛細胞は，進行波の異なった周波数（音の高さ）に反応すると考えられている．音の大きさは有毛細胞への刺激の強さとして電気的に変換される．

蝸牛の聴神経に生じた活動電位は，延髄の蝸牛神経に伝えられ，さらに視床の内側膝状体を経由して，大脳皮質側頭葉の聴覚野に投射する．

【聴　覚】

猫の耳介は大気から音を集めるのにとても都合のよい形をしている．ちょうどメガホンのような形をしていて，小さな音を増幅して中耳に伝えている．もっとも効果的に増幅されるのは，2,000～6,000Hzの周波数といわれ，これはちょうど子猫の鳴き声に相当する．また，この範囲の周波数はヒトの会話音（200～4,000Hz）の高い部分にあたる．実際，男性と女性を比べたとき，高音を発する女性のほうが猫との相性ははるかによい．おそらく，猫にとってより聞きとりやすいのであろう．

猫は狩りをするとき，対象物が発する音から，その位置をきわめて正確に特定する．このとき，両耳が正常であることが絶対条件になる．右・左のそれぞれの耳を音の方向に向け，ほとんど即座に対象物の位置を推測することができる．音が正面からくれば，両耳に同じ音波が届く．このとき，頭を右や左に傾けると左右の耳で音の異なった波形を受けとることになる．つまり，左耳で波の「山」を受けとれば，右耳では波の「谷」を受けとるとの考えである．左右の耳で受けとる波の違いとその時間差から対象物の位置を特定する方法は，ヒトもほかの動物も同様である．しかし，その正確性において猫に勝るものはない．ただし，この能力も500Hz以下の低周波になると機能しない．500～4,000Hzが対象物の位置を特定するには最適な周波数といわれ，上限は5,000Hzである．猫は，これより波長の短い音，すなわちヒトがまったく聴くことができない高周波の音や超音波を「聴く」ことができる．猫の獲物であるネズミなどの齧歯類の多くは，20,000～90,000Hzの鳴き声を発する．猫はネズミ退治のプロとして，この範囲の音，とりわけ50,000Hz前後に敏感であるといわれている．しかし，その生理的な仕組みは明らかではない．このような超音波は，おそらく頭骨を通過し，脳そのもので吸収感知されている可能性が高い．

猫は音の方向にヒトの5倍といわれる数の筋肉で耳を傾斜する．獲物の齧歯類が動き回るかすかな音も聞き分ける．冷蔵庫の開閉や缶切りの音，カリカリご飯袋のガサガサでキッチンへ猛ダッシュするのは当然かもしれない．年齢とともに聴覚は衰えるが，足の触覚で感じる振動がそれを補っているともいわれている．

【平衡感覚】

姿勢と運動を協調させるために重要な働きをしているのが，内耳にある前庭器官である．前庭器官は，互いに直交する三半規管と，卵形嚢および球形嚢からなる．それぞれの器官のなかには，蝸牛の場合と同様に有毛細胞がある．有毛細胞に連絡している感覚神経は，静止状態のとき1秒間に約100回の割合で活動電位を発生している．有毛細胞の絨毛がある方向に傾くと，活動電位のスパイク頻度が増し，反対方向に傾けば減少する．脳はこのスパイクの増減を検出し，頭部の動きを感知している．猫のアクロバット的な平衡感覚は，この前庭器官のすばらしさと柔軟な筋肉によることはいうまでもない．しかし，視覚もまた重要である．数mの高さから地面に着地するとき，つねに着地する地面を凝視し，頭の位置をくずさない．これら一連の動作はすべて大脳皮質を介さない反射によって行われている．

◆聴覚器官

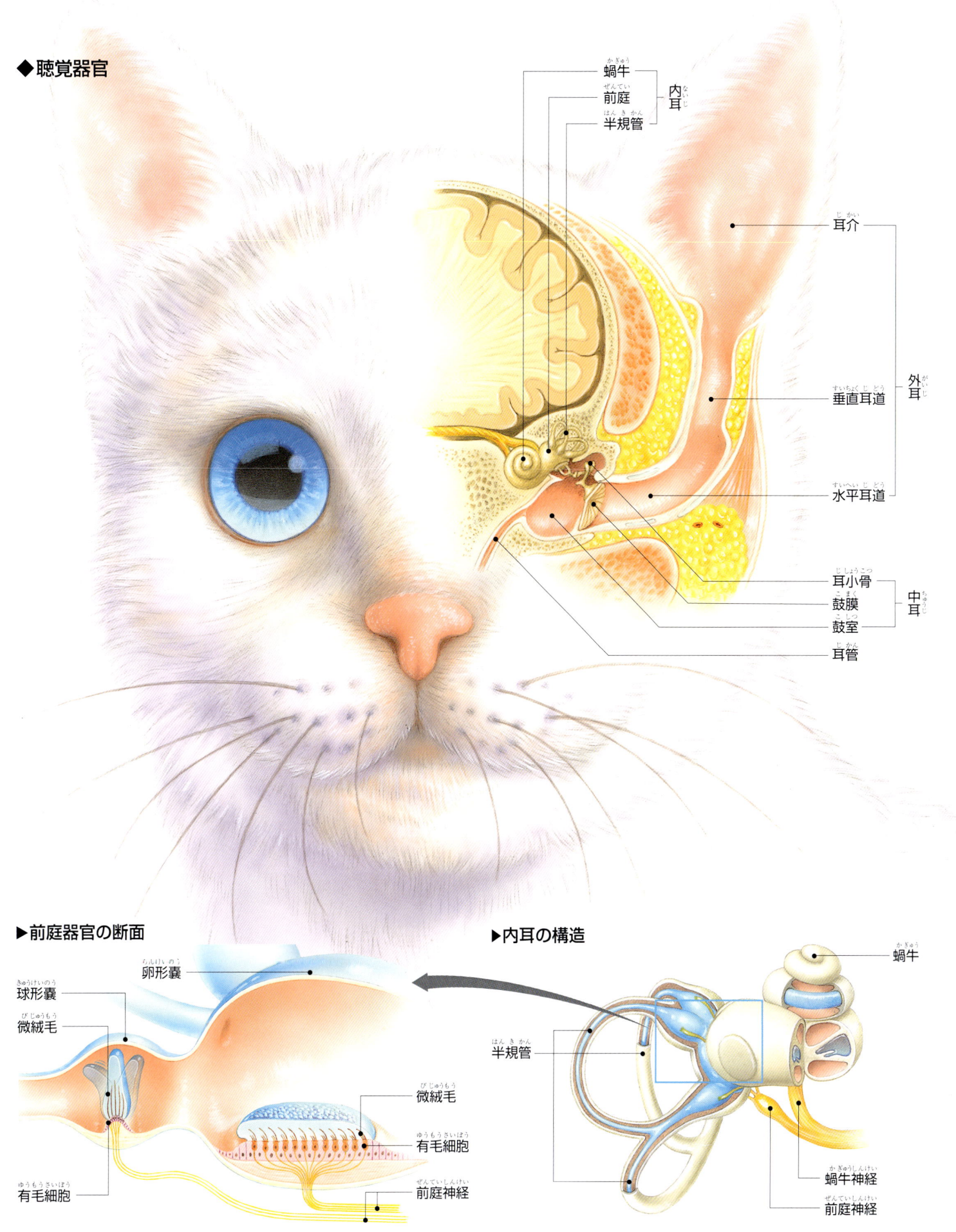

- 蝸牛
- 前庭
- 半規管
- 内耳
- 耳介
- 垂直耳道
- 外耳
- 水平耳道
- 耳小骨
- 鼓膜
- 鼓室
- 中耳
- 耳管

▶前庭器官の断面

- 球形嚢
- 卵形嚢
- 微絨毛
- 微絨毛
- 有毛細胞
- 有毛細胞
- 前庭神経

▶内耳の構造

- 蝸牛
- 半規管
- 蝸牛神経
- 前庭神経

聴覚はコルチ器官（蝸牛管にある），平衡感覚は前庭器官にある「有毛細胞」に感受される．有毛細胞は振動を電気信号に変換する感覚細胞であり，この細胞が失われることが失聴の一般的な原因である．また，「毛」の数が減少すれば，難聴になるといわれている．哺乳類，鳥類などでは有毛細胞は再生しないと考えられていた．すなわち，失われた聴力は二度と取り戻すことはできないと．しかし，

1987年に，生まれたてのニワトリの有毛細胞が再生されることが偶然に発見された．この大発見の後，有毛細胞再生に関する研究が活発に行われるようになった．有毛細胞は支持細胞という細胞の上に並んでいるが，この支持細胞を有毛細胞に変えようとの試みである．「支持細胞がある信号を受けると，細胞分裂を始め，有毛細胞に変化して，聴覚機能が再生される」画期的なものである．

視　覚

哺乳類の眼は複雑な感覚器官で，基本的には脳の拡張部分である．視覚系は，受容器，受容器に像を合わせる水晶体および大脳皮質の視覚野に活動電位を伝達する神経系からなる．

【眼球の構造】

眼球を取り囲んでいる白色の保護層を強膜という．強膜は前方で角膜とよばれる透明の上皮層になっている．後方2/3では，強膜の内側に脈絡膜とよばれる血管および色素層が接している．脈絡膜のさらに内側には，網膜光受容器がある．

光が眼に入ると，前眼房とよばれる部分をまず通る．前眼房および後眼房は眼房水といわれる透明な液体で満たされている．前眼房と後眼房の境にある虹彩は色素の多い組織で，光を網膜に透過させる瞳孔の直径を変えるために散大筋と括約筋の平滑筋線維を含む．虹彩の後方に，水晶体があり，靭帯を介して毛様体筋とつながっている．眼のなかで大きな部分を占めるのがゼラチン様の液体で満たされた硝子体である．硝子体の後方には，光を受容する網膜層が広がっているが，一部網膜が途切れている部分があり，視神経円板あるいは視神経乳頭とよばれている．視神経円板からたくさんの視神経が出ているが，両眼を合わせるとその軸索数は脊髄背根のすべての軸索数より多くなる．

検眼鏡で観察すると，網膜の表面に発達した網膜血管をみることができる．視神経円板では，網膜に栄養補給する動脈と網膜から出ていく静脈による血管網がみられる．

眼の耳側，まなじりの近くにある涙腺は副交感神経の刺激により涙を産生する．涙は角膜の働きに不可欠なもので，角膜表面を流れ，涙管を通って鼻腔に排出される．

【視　力】

眼の水晶体は，ゼリー状の物質を含む弾性のある水晶体嚢（カプセル）でつくられている．このため，霊長類など視力のよい動物では，水晶体と網膜の間の距離を変えずに，その形状を変えて映像の焦点を合わせることができる．毛様体筋が弛緩したままのとき，水晶体の屈折率はもっとも低く，網膜は6m以上離れたところにある物体に焦点を結ぶようになる．眼に近接した物体に焦点を合わせるためには，水晶体は曲率を増して，球形に近い形状をとる．猫は，鼻から15cm以上離れた物体であれば網膜に焦点を結ぶことができる．つまり，猫のジオプトリ（ジオプトリ(D)）は水晶体の屈折力を示す数値で，焦点距離（m）の逆数で表わされる．たとえば，若齢者の正常な眼の場合，無限大の距離（$1/\infty = 0$ D）から10cmの距離（$1/0.1 = 10$ D）まで調節できる）（$1/0.15$ m $=$ 約6.7D）は犬（1.0D）よりはるかによい．しかし，猫の水晶体は霊長類ほどの弾性はなく，焦点を合わせるために，ちょうどカメラのレンズのように水晶体が前後に動くと考えられている．水晶体は透明で，不透明な部分があってはならない．しかし，白内障では，水晶体が不透明になり光の屈折率がでたらめになって正しく像を結ぶことができない．

脊椎動物の網膜は5種類の主要な細胞，すなわち，光受容細胞，双極細胞，水平細胞，アマクリン細胞および神経節細胞からなる．光受容細胞には桿状体と錐状体の2種類の細胞がある．光受容細胞は双極細胞を介在ニューロンとして神経節細胞に接続し，視神経となって大脳皮質の視覚野に情報を送る．水平細胞とアマクリン細胞は光受容細胞，双極細胞および神経節細胞間の相互連絡を調整していると考えられている．

桿状体細胞は明暗を，錐状体細胞は色を受容していると考えられ，暗やみでも物をみることができる猫は，とりわけ桿状体が発達している．桿状体の感光色素はロドプシンとよばれ，光粒子がロドプシンに当たることにより一連の化学反応がおこる．しかし，桿状体細胞の機能だけでは暗やみで物体を追うことはできない．猫の眼はヒトよりわずかに小さいが，瞳孔の面積はヒトの3倍以上に拡大できる．つまり，ヒトの3倍以上の光量を網膜に導くことができる．また，猫などの夜行性の動物は，光受容器を通過した光を反射し，再び光受容器に戻す機構が備わっている．それはタペタム（輝板）とよばれるもので，明暗情報を約40％増加させると考えられている．

しかし，明かりのまったくない真っ暗やみの中では，いかなる夜行性の動物も物をみることはできない．月明かりであれ，窓から漏れる明かりであれ，少しばかりの明るさが必要である．猫の限度は，ヒトが暗やみで物体を認識できる照度より3～8倍低いといわれている．

一方，日の当たるところでは，網膜を保護するために瞳孔を最小限に調整する．ヒトでは直径2mmほどになるが，猫の場合，この大きさでは不十分である．しかし，丸い瞳孔をそれ以上に小さくすることができないことから，瞳孔をスリット状にして網膜を保護することになる．

猫はヒトの3倍以上の桿状体細胞をもちながら，視神経線維の密度はヒトの1/10以下といわれている．これは，色を感じる錐状体細胞が少なく，ヒトの1/5以下の数しかないためである．錐状体細胞には，赤，緑および青色を感じる3種類の細胞があり，猫では，このうち赤色を感じる細胞が欠けていると考えられている．つまり，猫の眼は黄色から青色までの狭い範囲の波長しかとらえられず，赤色は黒く見えているものと思われる．おそらく猫にとっては，色覚より暗やみで物をみる能力や形状を見分けるなどの視覚のほうがより重要であったのであろう．

【動体視力】

猫は物体の質や形を的確に見分けることができるといわれている．いわゆる立体視がすぐれているのである．また，

◆ 眼の構造

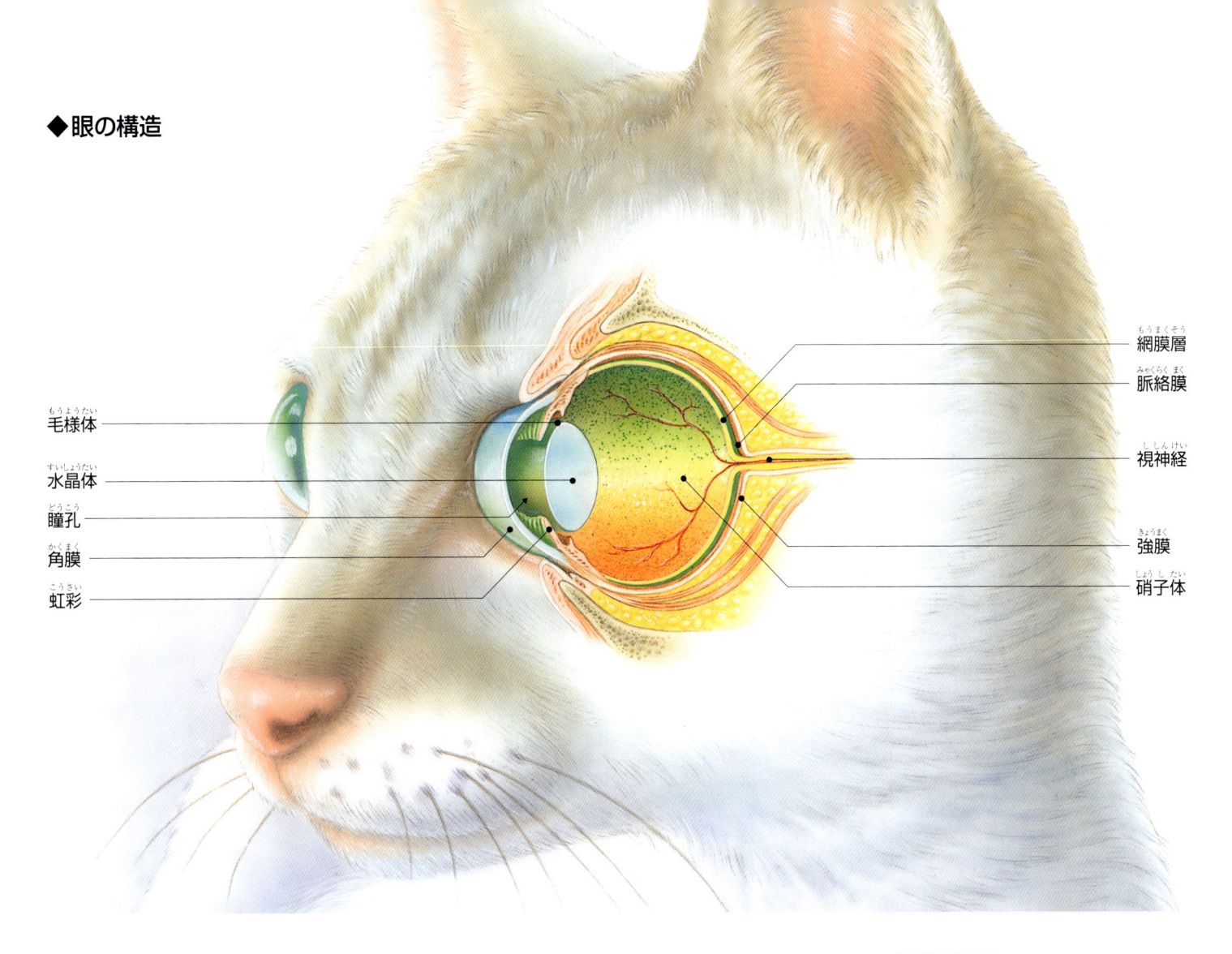

毛様体	網膜層
水晶体	脈絡膜
瞳孔	視神経
角膜	強膜
虹彩	硝子体

◆ 動物の視野と立体視野

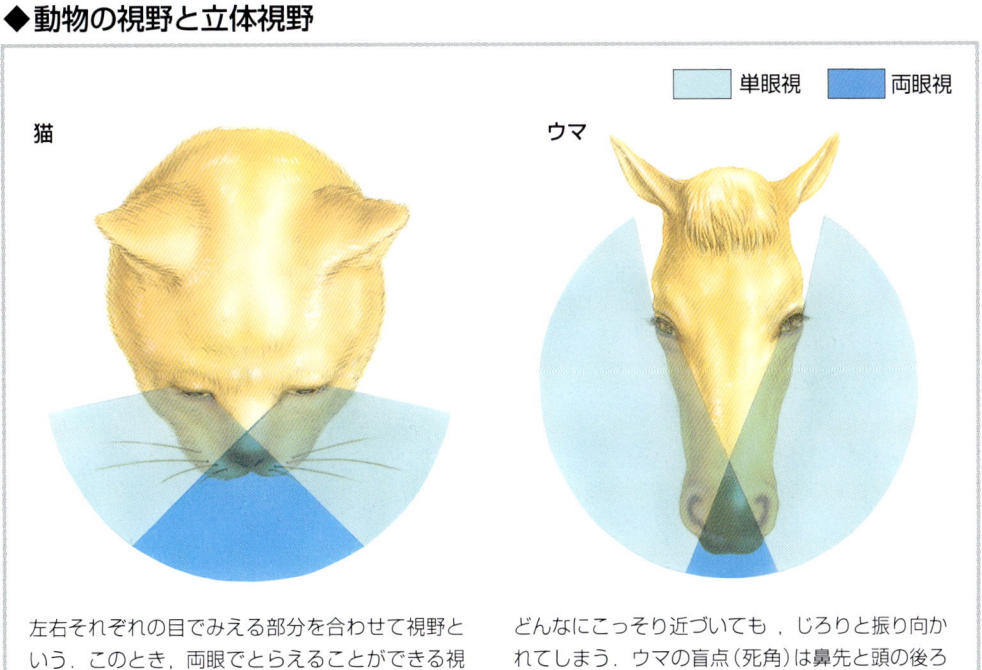

□ 単眼視　■ 両眼視

猫　　　ウマ

左右それぞれの目でみえる部分を合わせて視野という．このとき，両眼でとらえることができる視野を立体視野とよび，この視野に入ったものはほとんど逃すことはない．猫の視野は思いのほか狭く，ウマの視野（約350度）と対照的である．ウマに

どんなにこっそり近づいても，じろりと振り向かれてしまう．ウマの盲点（死角）は鼻先と頭の後ろぐらいである．真後ろも，少し後ろに下がるとみえる．ウマは多くの敵から素早く逃れるために，つねに目を光らせているのであろう．

◆ 識別能力

猫はこの両方を見分けることができる．いわゆる平面的な「形」がわかる．この能力は，多くの動物にあり，猫に特別なことではないが，猫は20数種の形を識別できるといわれている．

素早く動くものに対して驚くほど迅速に反応することができる．ちょうどカエルがハエを捕るような素早さで動く物体をとらえてしまう．しかし，動きの遅いものにはほとんど反応しない．ヒトが動きを感じる早さの10倍以上の早さで動くものにしか反応しないのである．猫のこの精巧な機構は，いまだ明らかにされていない．

味覚

味覚と嗅覚はともに、水に溶けた化学物質が感覚上皮に作用して生じる感覚である。におい物質の受容器が嗅細胞であるのに対して、味の受容器は味蕾とよばれる。これらの機能は、ヒトでは視覚・聴覚・皮膚感覚などと比較して重要性は低いが、猫などの動物にとって生命維持に不可欠なものである。

【味覚の構造】

味覚の感覚器官である味蕾は大きさ約30μmの円形である。一般的に、舌上の有郭乳頭および茸状乳頭に集中しているが、食道の上端、喉頭蓋、軟口蓋、咽頭、喉頭といった口腔に関係がある種々の組織にも存在する。各味蕾は基底細胞、支持細胞および味細胞からなり、猫のその数は数百といわれている。味蕾の開口部（細孔）から入った化学物質は味覚受容器と結合し、味細胞に活動電位を発生させる。味細胞の寿命は短く、10日間ほどで新しい細胞と入れ替わる。新しい味細胞は基底細胞からつくられる。

味覚の情報は、味細胞とシナプス連絡した顔面神経と舌咽神経の2つの脳神経を介して延髄に入力する。延髄でニューロンを変えて視床に連絡し、さらにニューロンを変えて大脳皮質の味覚野に至る。

【味覚】

味の基本感覚は、甘い、酸っぱい、苦い、塩辛いの4つである。しかし、ヒトがおいしいと思う食べ物を与えても猫は食べないことが多い。動物性タンパク質を主食としてきた猫にとって、とりわけ炭水化物が苦手になる。実際、成熟した猫は、ショ糖、乳糖、麦芽糖、果糖、ブドウ糖およびマンノースに対して嗜好性を示さない。これらの栄養素を大量に摂取すると、嘔吐、下痢をおこして死亡することすらある。しかし、多くの猫は牛乳を好んで飲む。これは、牛乳に含まれる何かが糖の味覚を変えていることが考えられる。同様なことは、ヒトでもたびたび経験される。異なる味のものを食べたとき、一方のものが他方の味を薄くしたり、あるいは消してしまうことである。牛乳も大量に摂取すると消化不良性の下痢になる（消化器系参照）。しかし当然なことではあるが、子猫は母猫のミルクで下痢になることはない。牛乳と母猫の乳とでは、明らかに成分が異なることが知られている。

糖分に反応しない猫も、プロリンやリジンなどの甘いアミノ酸にはよく反応する。しかし、トリプトファンなどの苦いアミノ酸は苦手である。また、塩辛いものも酸っぱいものもあまり好まない。酸っぱいもののなかでも、レモンに含まれるクエン酸はとりわけ苦手で、顔に向けると逃げ出してしまう。

一方、ココナッツミルクなどに含まれる中鎖脂肪酸は大好物である。よって、猫の好き嫌いは、まさに味覚によるところが大きい。

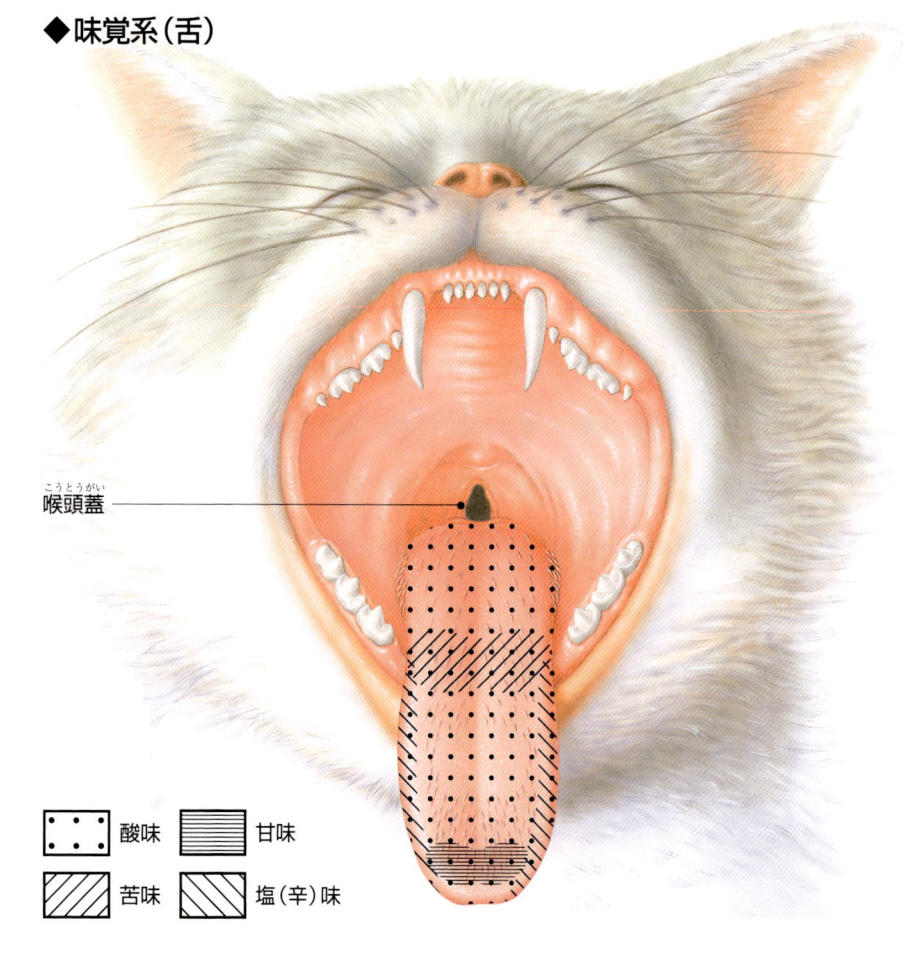

◆味覚系（舌）

▶味覚の伝達

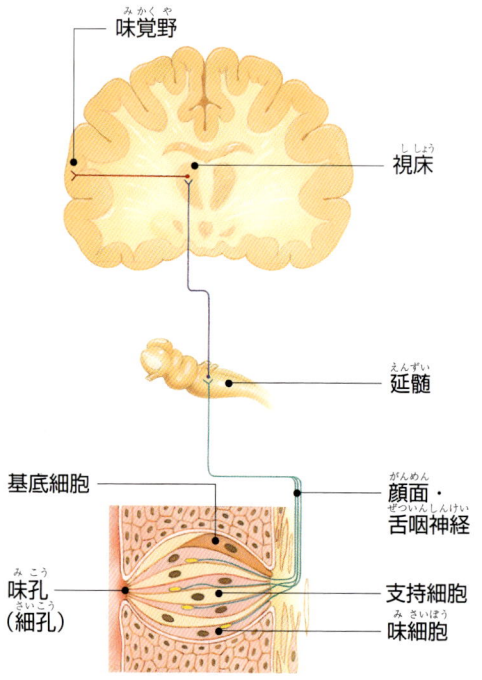

味蕾の数

動物	味蕾
猫	780
犬	1,700
ヒト	9,000

行動学

- 正常行動
- コミュニケーションと子猫の行動発達
- 問題行動の予防と治療

正常行動

猫の行動について，長年，世間ではさまざまなことがいわれてきた．猫はしばしば，「野生を残している」「神秘的な動物である」「その生態には謎が多い」などと表される．

猫はまた，人によって，すききらいのはっきり分かれる動物でもある．「人にこびないところがすき」という人もあれば，「何を考えているのか，その表情からはよくわからず不気味」という人もある．

猫のような身近な動物の心理や生態について，人々はなんらかの見方をもっている場合が少なくない．しかし，それは実は正確な科学知識ではなく，猫についての個人的な体験や見聞きしたことなどに基づいてできあがった見方であることが多い．

欧米でも指摘されているように，今日の世界において，猫，とりわけその生態や行動を扱った書物は，猫の飼育に関する個人的な体験や，猫という動物に対して人々がすでにもっている先入観や幻想に基づいて書かれたものが圧倒的に多い．科学的な立場に基づいて書かれているはずの書物ですら，しばしば世間にある見方にひきずられて，その立場を完全に貫いて書かれているものがほとんどみあたらない状況である．

実際には，猫の行動に関する科学的研究は，世界各地の学者や研究者によって地道に行われてきたのだが，それが一般の人々の眼にとまることはまれであった．その結果，猫の行動の正確な知識が，世間に普及しないまま今日に至ってしまっている．このようなことが起きた理由のひとつとして，一人一人にとって身近な動物であるだけに，科学的な正確さよりも，自分のもっているイメージを大切にしたいという人々の思いも，多分に影響したと思われる．

しかし，現代社会において，猫の健康を守り，家庭や社会における猫と人との円滑で楽しい生活を実現していくためには，猫の行動に関する科学的で正確な理解は欠かせないものである．

●生態と正常行動の特徴

今日，私たちの身近にいる猫の行動を科学的に正確に理解するために重要な点は，次のとおりである．

(1) 家畜化されたあとも，祖先である野生の小型の猫と共通する種特異的行動の多くが，ほぼ完全に残されている．肉食動物であり，その生態の大きな特徴は，単独で狩猟を行って，ネズミに代表される小型の齧歯類（げっしるい）を獲物として捕らえて食べる，捕食性行動である．
(2) ある程度高い社会性をもつ動物である．
(3) 猫は，人との間に，優位（ゆうい）や服従（ふくじゅう）の仕組みではなく，愛着を基礎にした関係を築く．

▶捕食性行動（1）
丈の低い草の間にいる獲物（ネズミ）に狙いをつける猫．

▶捕食性行動（2）
前足で獲物を押え，爪を打ち込む．このあと，獲物の首をかんでとどめをさす．

【行動と選択的育種の関係】

　同じ家畜化された身近な動物である犬と比較した場合，その形態的特徴にあまり著しい差がみられないことが猫の大きな特徴のひとつである．

　さまざまな犬の品種（犬種）の間には，からだの大きさ，頭や口吻の長さ，耳の形状や被毛の長さ，毛色，その他の形態的特徴について，きわめて著しい差異がみられる．こうした犬の品種の多様化は，ヒトが犬を家畜としてさまざまな異なる目的に利用するため，目的とする用途に適した性質をもつ個体を選んで交配するという操作（選択的育種）をくりかえしてきた結果，生じたものである．

　犬の場合，このような選択的育種の影響は，形態という外見的な特徴ばかりではなく，行動上の特徴にもある程度及んでいる．用途が異なれば，当然，望ましい行動の特徴も異なるからである．

　鳥猟犬，牧羊犬，番犬，愛玩犬など，異なる目的のために選択的育種された結果成立した犬種の場合，行動の特徴もそれに沿う形で，ある程度異なる方向に分化してきている面がみられるのはそのためと考えられる．

　一方，猫には，犬にみられるような極端な形態の分化はみられない．現在，猫の図鑑などをみると，多くの品種が掲げられているが，実はその大半は，ショーや繁殖をおもな目的に，1980年代以降になって成立した新しい品種である．それらの新しい猫の品種を見比べてみると形態上の差は，被毛の長さや色などを中心としたバリエーションの範囲にとどまっている．また，シャム，ペルシャ，バーミーズ，ブリティッシュ・ショートヘア，アビシニアンなど，西洋世界で以前からよく知られている，代表的な猫の品種を比較してみても，からだの大きさや骨格の形状など，構造・形態上の根本にかかわる特徴において，犬の品種間にみられるほどの著しい差がないことは明らかである．

　これは，猫と犬では，ヒトによる選択的育種の程度に差があった結果とみることができる．

　猫には，犬のようなさまざまな異なる実用の目的が期待されていなかった．歴史的にも，世界のどの地域をみても，ヒトが猫に期待した実用の目的は，収穫した穀物を食い荒らす害獣であるネズミを捕らえる以外には，格別のものはなかったとみられる．しかし，このような捕食性行動（p.55参照）は，猫が野生の祖先から受け継いださまざまな種特異的行動のなかでも，ひじょうに基本的で特徴的なものであり，猫であれば成猫になった際にはたいがいの個体にみられるものである．おそらくそのため，猫においては，結局，さまざまな異なる行動の特徴について，異なる方向への選択的育種が徹底して行われることがなかった．

　このように，家畜化されたあともさまざまな方向への選択的育種が行われることがなく，実用の目的を念頭においた多様な品種が生まれなかったということは，同じ身近な動物でも犬とは対照的であり，猫という動物の行動上の特徴に影響を与えている．猫について，世間でしばしば「野生を色濃く残している動物である」などといわれることが

正常行動　53

あるのも，おそらくこのことが背景にある．

しかし，このような経緯を知れば，「野生」という抽象的な言葉によって猫の行動全般を説明しようとするのは，けっして適切ではないことがよく理解されるはずである．

【社会性】

猫は孤独を好むとか，独立性の強い動物であるという見方が世間には根強い．科学的な立場から書かれているはずの書物においても，猫は単独性であるとか，社会性に乏しいといった記述がみられることが，長年，珍しくなかった．

しかし，猫が社会性のない動物であるという見方は正しくない．このような誤解は，ひとつには，人々にとって同じ身近な家畜である犬の生態との比較から生まれたのかもしれない．

ひじょうに高度な社会性動物であることで有名なオオカミを野生の祖先とする犬に比べれば，猫が，相対的に社会性の度合いの低い動物であることは事実である．自然に近い条件のもとでは，犬は，複数の個体が社会集団である群れをつくって生活し，狩りによる食物の獲得や，居住と生活の場であるなわばりの防衛，繁殖などは，すべて群れのなかで行われている．

それに対し，犬ほどには社会性の高くない動物である猫は，単独で獲物を捕らえて食物を確保することができるし，複数の個体が常時，群れとして協力してなわばりの防衛やその他の行動をとる動物でもない．

近年，農村や都市部で自由生活する猫の研究から，一定の条件の下では，猫も，しばしば複数の個体が同じ居住地において近距離でともに生活をすることが明らかになった．食物が安定して供給される地点（餌場）を中心として形成されるこのような猫の共同生活体（コロニー）は，血縁関係にある雌猫を軸に形成される．コロニーで生まれた雄猫は，成熟するとコロニーを離れるのがふつうである．このような地域においては，成熟雄猫が，複数の雌猫の居住する一定の範囲を含む地域を徘徊している．雄猫の移動範囲の広さは，その地域における雌猫の個体密度により影響されるようである．雌猫の個体数が少ない地域では，同じ範囲に多数の雌猫がいる地域よりも，雄猫の行動範囲はより広くなる傾向がある．これは，交配の機会を確保するためと考えられる．一部の地域においては，複数の雄猫の行動範囲が一部重なり合うこともある．

【ヒトと猫の相互作用】

動物の社会性の程度は，ヒトとのかかわり（社会的相互作用）のあり方にも影響を与える．

同じ群れに属する犬どうしの間では，互いに優位(ゆうい)や服従(ふくじゅう)を示すシグナルが頻繁にやりとりされているが，なかでもとりわけ発達しているのが，表情や姿勢などの視覚シグナルである．犬は，さまざまな動物種のなかでも，サルやヒトにも匹敵するほどとりわけ社会性の高い動物であるが，優位(ゆうい)や服従(ふくじゅう)を示す表情や姿勢といった視覚シグナルがひじ

▶なわばりをパトロールする雄猫

▶飼い主に頭をこすりつける猫

自分と相手のにおいを混ぜることにより，社会的距離を近づける．

単独性と考えられがちであった猫であるが，その社会性行動の研究が近年進んでいる．食物のふんだんな地域では，雌猫が餌場を中心に共同生活体をつくり，雄猫は餌場と雌猫を含むなわばりを維持するためパトロールを行っている．

▶餌場を中心とする猫のコロニー

▶顔のこすりつけによるマーキング

ょうに豊かである．

ヒトは，ひじょうに高度な社会性動物であるという点で，犬と共通の側面をもっている．優位や服従の表現を中心とする表情や姿勢などの視覚シグナルを犬がヒトに向けてきた場合，自然な直感に頼ってもある程度正確にその意味を理解できることがよくあるのは，この共通点のためである．

一方，猫は，群れのメンバーの間でつねに犬のような緊密な優位や服従のシグナルのやりとりを交わす必要がない．そのため，優位や服従を示す表情や姿勢が，犬ほど豊かには発達していないのである．

猫の表情を，犬に比べ「わかりにくい」と人が感じたり，猫の意図を誤解することがときにおこるのは，このようなことが背景になっている．猫の表情や姿勢は，ヒトにとって直感的に理解できる共通項が犬に比べ少ない．

また，尾を振る，尾を挙上するといった，眼でみて明らかなシグナルにしても，その意味するところが犬の場合とはまったく異なる場合も珍しくない．

しかし，ヒトの眼にわかりにくいからといって，猫を非社会性の動物であると考えるのは誤りである．実際には，猫は，猫という種に特有の手段で社会性行動を向けてくる．猫は，ヒトの眼にも判別できる視覚シグナルなどを用いたコミュニケーション手段をヒトに向け，ヒトの側からのシグナルにも反応する．

食べ物を与え，接触する人に，猫は愛着を示すようになる．また，飼い主の愛情を求めて近寄る猫は，尾を高く上げて近寄ってくるが，これは，後述（p.60参照）するように，母猫に近寄る子猫のそれによく似ている．

また，猫は，物体だけでなく，人に対しても頭や顔，体などをこすりつける．こすりつけは，マーキング行動の一種であるが，同時に，相手と自分とのにおいを混ぜることにより，社会的な距離を近づける目的のある社会性行動でもあることがわかっている．その理由は，こすりつけは，いっしょに暮らす猫どうしの間では，自分より強く，愛着を感じている相手に対して頻繁に行われるからである．このことから，頭や顔のこすりつけが人，とくに飼い主に対して盛んに行われることがよく理解できる．

このように，猫と近しい人との緊密な社会的関係は，愛着を柱として構成される．飼い主と猫の関係が，母猫と子猫の関係に近いともいわれるのはこのためである．

●正常行動の種類
【捕食性行動】

捕食性行動は，猫の基本的な種特異的行動の代表である．具体的には，忍び寄る，飛びかかる，前足で押えつける，かむといった行動パターンがある（p.52参照）．

眼の前で不意に動くものをみせられると，たいがいの猫は，反射的に飛びかかって組み付いたり，前足で押えようとしたりするが，動くものに対するこのような反応は，捕食性に由来する行動である．

猫の場合，生後の環境や獲物を捕らえる経験の有無など

にかかわらず，成猫になった時点では，すべての個体に捕食性が発達する．注意深く観察する機会をもてば，ネズミや小鳥のような小動物を待ち伏せたり追いかけたりして捕らえようとする行動がみられるようになる．どのくらい熱心にそうした行動をするか，効率よく捕らえるか，などの点に関しては猫による個体差がみられても，捕食性行動そのものは，ほとんどの猫に共通に発達する．

一方，猫にものを教え込むなどの方法で捕食性行動をなくそうとしても，まず不可能である．

必ずしもその発現には経験や学習の機会を必須としないという意味で，捕食性行動は，生得的な行動であるといわれることもある．

捕食性行動のような猫の種特異的行動は，猫の正常な生態の一部であるが，それは同時に，猫の野生の祖先である野生で小型のネコ科動物の生態に由来するものである．野生の祖先と共通する猫の正常な生態は，猫の基本的な行動ニーズ（p.63参照）の生まれるもととつながっている．

【排泄行動】

猫は，やわらかい砂地，あるいはそれに似た場所で好んで排泄する．排泄場所に対するこうした好みは，猫の原産地である北アフリカの自然環境と密接な関係があると考えられる．

この生態のため，猫のいわゆるトイレのしつけは，同じ場所で毎回の排泄をくりかえし排泄する体験を積み重ねさせるだけで成立する．すなわち，市販のトイレ砂を浅いトレイに数cmの深さに敷き詰め，猫が自由に行ける部屋の隅などにおいておくだけで，なにもしなくても排泄行動の古典的条件づけが成立する．

猫の通常の排泄行動は，排尿，排便いずれも，次のような一連の行動パターンから成り立っている．(1)排泄しようとする場所のにおいをかぐ．(2)排泄場所を前足でかき分ける．(3)その上にしゃがむ姿勢をとって排泄する．(4)振り返って排泄物のにおいをかぐ．(5)糞便または尿を吸収した砂の上に，前足で砂をかぶせる．

なお，猫が立った姿勢で壁などに尿をふきつける尿スプレーは老廃物の排出を目的とする通常の排泄行動ではなく，マーキング行動の一種である．そのため，行動の形式も動機づけも，通常の排泄とはまったく異なる．

【マーキング行動】
〔マーキング行動の目的と機能〕

マーキングとは，個体がその居住圏や行動圏において，種特異的な生化学物質であるフェロモンを環境中に残すことにより，自らの存在を同じ種の他の個体に知らせる意味のある行動である．

同じ種に属する動物であれば，それを残した個体の性別や健康状態など，多くの情報を得ることができる．したがって，マーキング行動は，なわばりを主張したり，交配相手を探す機能をもつ．

▶猫用トイレ

子猫には，トレイのふちが高すぎて中に入れないので，クッキーの空き缶などを代用する

▶排泄行動

①排泄しようとする場所のにおいをかぐ

③排泄する

⑤排泄物に砂をかぶせる

▶フレーメン反応

②前足で砂をかき分ける

④再びにおいをかぐ

　いいかえれば，フェロモンは，におい物質を用いたコミュニケーションの手段である．一方，種の異なる動物は，種特異的な物質であるフェロモンを認識することはできない．フェロモンの受容に役割を果たすのは，解剖学的には上顎（じょうがく）の上部に位置する鋤鼻器（じょびき）である．猫が環境中のにおいをかいだ直後に，しばしば口を半開きにしたフレーメン反応を示すのは，鋤鼻器（じょびき）に盛んに空気を送ってにおい物質を検知しようとしているのである．

〔マーキング行動の形式〕

　マーキングの機能をもつことが示す明らかな猫の行動パターンには，(1)尿スプレー，(2)顔や体のこすりつけ，(3)爪とぎ，の3つがある．

　猫が立った姿勢で背を向けて尿を吹き付けるようにかける尿スプレーは，マーキング行動であるということで，雄猫の性行動と関連しておこる行動とみられがちである．しかし，実は，屋外においては雌猫にもふつうにみられる行動である．その意味で，尿スプレーは，猫の正常行動の一部である（p.64参照）．しかし，すべての猫がすべての環境において尿スプレーを行うわけではない．

　猫の額（ひたい）や頬，口唇の角などの皮膚には分泌腺が豊富に分布しているので，こすりつけによりフェロモンが対象に付着する．成猫であれば，すべての個体に同様にみられる行動である．

　爪とぎの際には，やはり猫の手のひらに分布する皮脂腺から分泌されるフェロモンが爪をといだ場所の表面に付着する．

　尿スプレーとこすりつけは，猫の社会的な成熟に伴って発達する行動である．一方，爪とぎは幼い子猫のうちからみられる．

　これは，爪とぎが，本来，爪の新陳代謝の一部として行われる行動であることと関係がある．すなわち，爪とぎは，猫が古くなった爪の表面をはがし，新しい爪を露出させるための行動だからである．

　地面に対して直立する，視覚的に目立つ物体に対してしばしば行われることがマーキング行動の共通の特徴である．そのような物体の例としては，樹木，棒くい，木の杜，木製や段ボール製の箱，家具，壁などがあげられる．同じ場所でしばしばくりかえし行われることもマーキングの特徴である．

【その他の正常行動】

　猫の正常行動としては，前記のほかに交尾や出産，子猫の世話などを含む繁殖，摂食や飲水，グルーミングなどの行動がある．いずれも野生の祖先から受け継いだ種特異的な行動パターンがほぼそのままにみられる．

　とくに猫は，自らのグルーミングを頻繁に行う動物である．猫の自己グルーミングには，(1)自分のからだを舌でなめる，(2)前足で自分の顔をこすったあとになめ，またこすることを交互にくりかえす，(3)後足で自分のからだをかく，の3つの行動パターンがある（p.66参照）．

正常行動 57

コミュニケーションと子猫の行動発達

●コミュニケーション

　一般的には，同じ種の動物どうしのコミュニケーションにおいて用いるのと同じシグナルを，ヒトに対しても向けてくるとはかぎらない．したがって，お互いに対して向けるのとみかけ上よく似た行動がヒトに対して向けられるとしても，それが同じ動物どうしの場合と同様の意味であるかどうかは必ずしも断定できない．

　動物のコミュニケーションは，それがどのような場面や前後関係において，どのような相手に対して向けられ，どのような姿勢や行動がみられたか，その結果どのような結果が生じたかなどを観察により詳細に調べ，検討してはじめて，その意味を推し測ることができる．

　しかし，猫の社会性行動の科学的研究から，猫がヒトに対してみせるさまざまな表情や姿勢，その他のコミュニケーション手段は，猫どうしの社会的接触において用いられるのとよく似た意味をもつことがわかっている．ただ，実際の猫のコミュニケーションにおいては，表情や姿勢など複数のシグナルが，同じ場面で同時に組み合わされ，全体として特定の意図を伝えることが少なくない．したがって，特定の表情や姿勢，鳴き声などの一つ一つのシグナルを，まるでヒトの言葉のように，それぞれすべてが唯一の固定した意味をもつものとして表すことは適当ではない．

【表情や姿勢によるコミュニケーション】

　犬の場合，表情や姿勢を理解するうえで，もっとも基本となるのは優位や服従に関するものである．自信のあるときや恐れているときの表情や姿勢も，優位や服従の際にみられる姿勢に似ているからである．しかし，前述のように，猫には，成熟個体どうしの間に，少なくとも犬と同等の優位や服従の仕組みはみられない．

　猫の場合は，(1)リラックスしており，友好的な気分にある，(2)脅威や恐れを感じ，防御的になっている，(3)自信に満ちている，のいずれの状態にあるかが，その場面における猫の行動に大きな影響を与える．

〔友好的な表情や姿勢〕

　友好的なときの猫は，尾を挙上し，背中から尾にかけて，ゆるやかな上昇曲線を描く姿勢で人に近寄ってくる．

　この姿勢は，自発的には排泄できない子猫が，母猫に陰部をなめてもらい排泄を刺激してもらうのを許容する行動に由来している．

　また，寝そべったり休んだりしている猫に飼い主が声をかけたときなど，猫はその姿勢のまま，尾だけをパタパタと持ち上げて動かしてみせることがある．

〔脅威や恐れを感じたときの防御的な表情や姿勢〕

　猫は，正面を向いたまま，耳だけを注意を向けたい刺激

▶姿勢によるコミュニケーション

①友好的なとき

③自信をもって相手に向かい合っているとき

▶表情によるコミュニケーション

左が中立，右が恐れを感じているときの一例．恐れの強さや防御的になっているかどうかなどにより，実際の表情にはこのほかにもさまざまなものがある．

の方向へ向けることができる．脅威や恐れを感じると，耳は後方へ倒され，もっとも極端な場合には，耳がまるで頭に張りついているようにみえるほどになる．

　突然の大きな物音に驚いたり，近づいてくる人やほかの動物などに脅威を感じているとき，猫は，その姿勢のまま身動きすることなくその場に静止することがある．そのようなとき，猫は，眼を大きく見開いて脅威を感じる相手を凝視し，からだや尾の毛を逆立てる．

　警戒したり，恐れたり，防御的になっているときの猫の典型的な姿勢は，背筋を丸め，頭を低く下げた姿勢である．恐れが強くなると，尾の位置は低くなり，同時に，ひきつるように尾を打ち振ることもよくある．

　逃走の機会をうかがっている際には背筋は弓なりになるが，脅威から逃れることがなかなかできそうもない場合は，しばしばその場にうずくまる姿勢になる．

　2頭の猫どうしの対峙において，このような防御的な姿勢になった猫は，その姿勢を保ちながら，相手の動きを注視しつつ，そろそろと少しずつ相手から離れ，機をみて一気にその場から走り去ろうとする．猫がヒトやほかの動物を脅威と感じた場合も，自分との間にある程度の距離がある場合には，しばしば同様の姿勢や行動をとる．もっとも，その状態からでも，猫が無理に近づかれたり，壁ぎわなどに追い詰められた形になった場合は，逃れようとして反撃に転じることがあるので，注意が必要である．

〔自信のある猫の表情や姿勢〕

　自信に満ちて相手に対峙しているときの猫は，しっかりと立って向かいあい，油断なく相手を見据える．その際，犬のように尾を高く挙上することはない．たいがい，頭と尾はやや下がり，背筋は直線に近い姿勢となる．相手に自分から近づくときも，その姿勢のままゆっくりと近づくが，それが闘争へと発展するときは，しばしば相手に向かって突進したり，飛びかかるなど，突然であることが珍しくない．

【鳴き声によるコミュニケーション】

　猫の鳴き声にはきわめて多数の種類があるが，ここでは一般的なものだけを述べておく．

　猫のゴロゴロという声は，世間では一般に，猫が快適な気分にあるときの声とされる．しかし，この声は単純に猫の快不快を示すというより，友好性や愛着を示すシグナルとみるべきである．

　一方，ニャーという鳴き声は，もうひとつの猫の鳴き声の代表のように思われているが，抑揚や声の高さ，早さなど，微妙な鳴き方の違いによって，さまざまなバリエーションがある．異なる鳴き方は，注意を引いたり，愛情を求めたり，欲求を訴えたり，交配相手を求める呼び声であったり，闘争の際の威嚇として用いたり，さまざまな異なる状況で用いられる．そのほか，闘争の際のシャー，あるいはフーッという声や，苦痛を感じたときのギャーという叫び声，威嚇の際のウーといううなり声などがある．

②防御的なとき

●子猫の行動発達

【感覚と運動機能の発達】

子猫は眼も耳も閉じた,外界からの刺激から隔絶された状態で生まれてくる.平均で生後7～10日で眼が開き,14日で音に反応するようになる.

その後,視覚は生後2～4週,聴覚は生後6週ごろまでに徐々に発達する.さらにその後,歩く,走るなどの運動機能が発達し,また,生後4週以降に始まる社会的な遊びを通じて,成猫と同様の社会性行動や捕食性行動がめばえ,発達する.

【社会性の発達】

社会化とは,個体が他の個体との接触を通じ,相手に適切な社会性行動を示すことのできる能力を獲得することをさす.本来,自然条件のもとでは,同じ種の動物に対してのみおこるものであるが,犬や猫のような家畜化された動物では,異種の動物であるヒトに対しても社会化がおこる.

社会化は生涯のいつでもおこるわけではない.たいがいは,生後の比較的早い限られた一時期が,社会化の可能な感受期である.

猫の場合,猫に対する社会化の感受期は生後3～6週,ヒトに対する社会化の感受期は生後2～7週とされる.ただし,その終わりは明確な境界線がみられず,この近辺で徐々に社会化がおこりにくくなるという形で終わるようである.これは,犬のように社会化の可能な時期が明確な動物とは大きく異なる点である.

運動能力が発達するにつれ,子猫はいっしょに生まれた子猫や母猫などに対して,盛んに遊びを向けるようになる.このように,他の個体に対して向けられる遊びは,社会的な遊びとよばれる.

幼い動物の社会的な遊びには,おとなの闘争において見られるのと似た行動パターンを含むものが多い.遊びの際には,独特の表情や姿勢,動作などがよくみられる.また,かみつきあいや追いかけっこなどの際に,役割が頻繁に入れ替わることも遊びの特徴である.

社会的な遊びは,多くの種の発達段階の一時期において盛んにみられる.その機能については,将来必要になる技術を練習するとか,その他,さまざまな説があるが,正確にはわかっていない.

しかし,社会的な遊びが,将来その個体に正常な社会性行動が発達するうえで重要な役割を果たすことは確実とみられる.たとえば,子猫の社会的な遊びにおいては,当初,追いかけたりかみついたりの捕食性行動に由来する行動パターンと,とっくみあったりかみつきあったりの闘争行動に由来する行動パターンの両方が混じってみられる.しかし,成長につれ,闘争行動に用いられる行動パターンが増え,捕食性行動の行動パターンは少なくなる.これは,異なる対象に対する適切な行動が分化してくることの現れである.

▶母猫に近づく子猫

猫の友好性のシグナルである尾を挙上する姿勢は,子猫の時期にすでにみられる.

▶子猫どうしの社会的遊び

追う側と追われる側が,役割を交代させながら遊ぶ.

問題行動の予防と治療

●問題行動の定義

猫の問題行動とは，飼い主にとって受け入れられない，または猫自身に害を与えるような行動のことである．

問題行動というと，行動自体が正常なものから逸脱しているとか，病的であるかのようにみられがちである．しかし，今日，猫において問題行動として知られているもののうち，異常行動であるのは，事例のごく一部にすぎない．

猫において問題行動とされるものの多くは，行動そのものはあくまでも猫の正常な種特異的行動の範囲内にあるが，現代社会のなかの家庭という場においてヒトの身近で飼育される猫の示す行動としては，不都合や不便が生じるため受け入れられないという性質のものなのである．

●問題行動の増加

近年，日本においても，猫の問題行動事例の発生は増加傾向にある．これは，従来なかった傾向である．

これには，次の2つが影響していると思われる．

(1) 日本の一般家庭に飼育される猫の遺伝的構成の変化．欧米の純血種およびその雑種が増えたということ．
(2) 室内における1頭のみでの飼育の増加．
種特異的な行動ニーズが満たされにくい環境における飼育が増えたということ．

【遺伝的要因】

問題行動事例の発生は雑種よりも純血種に偏って多い．これは，イギリスの臨床的研究から指摘されたことであるが，日本でも同様の傾向である．すでに欧米で指摘されているとおり，商業的に取り引きされる純血種猫の場合，ショーなどでは，性格ではなく外観上の美しさを基準として点数が付けられる．商業繁殖に用いられるのは，そうした場で高得点を獲得した個体に限られる．もし，ショーで高得点を獲得した雄猫に行動や性格上好ましくない遺伝子があった場合，それが短期間のうちに次世代の多数の子猫に受け渡されてしまう．

【飼育環境要因】

猫の種特異的な行動ニーズの一部または全部が満たされない飼育環境においては，その特定の行動をとりたいという生物としての自然な欲求のはけ口がなくなるため，問題行動の発生につながりやすくなる．

●問題行動の予防
【ブリーダーの責任】

外観だけでなく，行動・性格に欠陥のない個体のみを選

とっくみあいやかみつきあいは，幼い子猫どうしの間で盛んにみられる遊びのひとつである．

遊びのなかで飛びかかる際には，しばしば両前足がV字型に開く（左の猫）．

択して繁殖に用いるべきである．

　母猫と子猫に与える環境は，温度や栄養，衛生条件などのすべてが適切に保たれなくてはならない．発育初期の段階においてこれらが不適切であれば，脳や神経をはじめ身体機能の発達が阻害され，身体の健康だけでなく，正常行動の発達に悪影響を及ぼすからである．

　猫の場合，ヒトとの接触が必ずしも十分でなくても，ヒトに対して友好的な猫に育つからである．生後2～7週の間にヒトに対する適切な接触が必要である．この時期にまったくヒトとのふれあいが欠落すると，その後，ヒトとの間に社会的関係を構築することは困難となる．したがって母猫や子猫とのふれあいも十分にさせる一方，世話を通じて人との適切な接触が行われるように配慮されるべきである．子猫は生後7週までには自然に離乳するので，それを待って親から離すようにする．

【ペットショップの責任】

　前記のような点に配慮して繁殖を行うブリーダーの生産した子猫を飼い主に渡すようにするべきである．

　狭いケースのなかに1頭だけいれておくと，正常行動の発達に影響を与えるので，そうした時間が短くなるよう配慮すべきである．

【飼い主の責任】

　飼育を始めるまえに注意がある．まず，血統書は，特定の品種であることの証明書であり，性格がすぐれていることの証明ではない．また，純血種のほうが，雑種よりすぐれているということもない．むろん，雑種猫でも，個体の遺伝的素因や環境しだいでは絶対に問題行動が発達しないとはいえない．しかし，前述のように，雑種猫より純血種猫のほうが深刻な問題行動が発生する可能性が高いことは事実である．したがって，純血種の猫を求めようとする人は，問題行動の予防に十分配慮して繁殖を行っているブリーダーが生産した子猫を購入するようにすべきである．

　現在の日本では，捨てられたり，拾ったりした雑種の猫を飼育する機会もまだひじょうに多い．しかし，子猫のときにヒトに対する社会化の機会が十分であったかどうかが不明であるという理由で，このような子猫の飼育をためらう必要はない．社会化期においてヒトに対する社会化が十分でないと，将来，攻撃性をはじめとする深刻な問題行動につながりやすい犬と事情は大きく異なる．

　ほかの家で生まれた子猫をもらう場合は，自然に離乳するのを待って家に連れてくるようにすべきである．

　飼育を始めてからは，猫の生理学的ニーズだけでなく種特異的行動ニーズを理解し，それを満たすことが多くの問題行動の予防につながる．

　動物が生きていくためには，食物や水が必要であることはだれでも知っている．このような生命と身体機能の正常活動の維持に不可欠な資源に対する必要性は，生理学的ニーズとよばれる．

▶猫の行動ニーズ（1）

室内でも機会さえあれば高いところに乗って休むのは，猫の種特異的な行動ニーズの現れである．

▶猫の行動ニーズ（2）

屋外では，へいの上など，高いところに乗る機会はふんだんにある．室内では，意識して猫の行動ニーズを満たす環境をつくることが必要である．

一方，動物には，特定の行動を行いたいという自然の欲求もある．それが行動ニーズである．行動ニーズは，その種の生態の特徴によって異なる．すなわち，犬，ウマ，猫，ハムスター，ウサギなど，それぞれで異なる，種特異的なものである．

飼育下にある動物の生理学的ニーズを満たしてやることが重要であることは，多くの人が認識している．しかし，行動ニーズは，おろそかにされやすい．行動ニーズが満たされないと，個体にストレスや苦しみが発生し，動物福祉上の問題が発生する．その結果，異常行動や問題行動につながる．

猫の種特異的な行動ニーズは，猫の生態と密接にかかわっている．これらは，おのずと，猫に必要な飼育環境の条件を規定することになる．

【行動ニーズを満たす飼育環境】

〔スペース〕

北欧でのある調査によれば，野外の成猫の行動圏は，平均で0.1～2.1km²にも及ぶ．室内飼育の場合は支障のない場所を除き，家のなかを自由に歩かせるべきである．ケージに閉じ込める飼い方はこれに反する．

屋外を自由に歩き回っている猫は，自然に外界の刺激に十分触れている．しかし，室内では刺激が不足しがちである．とくに，移動できる範囲がすべてつねに視野の内にある環境では，刺激が不足し，退屈が生じ，これがストレスを生む．ついたてなどで死角をつくったりまた，上に上がれるおもちゃなどを置いて，環境を豊かにすべきである．

〔段差〕

猫は，へいの上など地面より高い場所に乗って休むことを好むので，椅子や棚などを設置する必要がある．

〔隠れられる場所〕

猫が驚いたり脅威を感じたりしたとき，そのかげや下などに身を隠せる場所が必要である．家具，押し入れなどが適当である．

それ以外に，猫の種特異的な捕食性行動，社会性行動，グルーミング行動，爪とぎ行動，排泄行動などができる環境が必要である．とりわけ，室内で1頭のみで飼育する場合には，よほど注意しないと行動ニーズが犠牲になりやすいので，環境をよく整備するべきである．

【学習の特徴を理解する】

猫が好ましくない行動をしたからといって，猫に対し，大声でしかる，にらみつける，たたくなどの体罰を与えるなどの方法で，望ましくない行動を止めさせようとすることは，効果がないばかりか逆効果である．そうした行為をだれかがした場合，猫はその人に威嚇されたと受け止めるが，自らの行動をしかられたとは理解できない．さらに，猫は相手の怒りをなだめるための服従の仕組みをもっていない．

したがって，そのようなときに，猫は，うずくまって息

をひそめる，逃げるなどの種特異的な恐れと防衛の反応を示す．その人に対する恐れや不安，防御的な攻撃など，新たな問題行動がしばしばひきおこされる．

　要するに，猫の場合，好ましくない行動をそうした直接的な方法でしかることによってその行動がおこらないように矯正できることは，例外的な場合を除きほとんどない．

　やむをえずしからなければならない場合には，間接的な方法をとる．すなわち，問題の行動がおこったときすかさず猫がきらうような物理的刺激（嫌悪刺激）を，飼い主がしたとは気づかれないように与え，驚かすことによってその行動が以後おこる確率を下げる行動修正（p.67）を行う．

　しかし，すべての行動について行動修正が可能なわけではない．飼い主は，そもそも，猫が好ましくない行動をする機会が生じないように，あらかじめ飼育環境を点検しておくことがなにより重要である．

【よくみられる問題行動】

（不適切な場所における排泄）

　通常の排泄：疾患がない場合，治療の基本ははじめてのトイレのしつけと同様である．猫がトイレをまったく使おうとしないときは，トイレの置き場所や容器，トイレ砂の種類を変えてみる．とくに，排泄の最中に物音などで驚かされたあと，トイレを使わなくなった場合には，トイレの置き場所を変えることは重要である．

　尿スプレー：その地域における個体密度が高くなったり，攻撃的な猫が現れたり，なんらかの理由によって猫の社会的なストレスが高まると，尿スプレーの頻度が高まったり，それまで尿スプレーのみられなかった猫が室内で尿スプレーを始めることがある．

　猫のフェロモンそのものはヒトの嗅覚では感知されない．しかし，くりかえし尿スプレーをかけられた場所には，ヒトの鼻にも感じる強い臭気が残るので，室内における尿スプレーが問題行動となる場合がある．治療は，可能ならストレスの原因をつきとめて除去する．未去勢雄猫の場合は去勢手術により尿スプレーが抑制されることがある．

　2つともしかることは厳禁である．猫は，ヒトと異なり，決められた場所ではない所で排泄したことをしかられているとはけっして理解できないからである．このような対応は，猫の不安を高め，排泄を支配する自律神経系の調節を乱し，あるいはマーキングの頻度を高めてますます問題行動を悪化させる．さらに，飼い主に対する恐れによる攻撃など，深刻な問題行動につながることもある．

（遊び攻撃）

　人の足にまとわりついたり，飛びかかって組み付いたりかんだりする遊び攻撃は，猫の捕食性行動のニーズがヒトに向けられているもので，種特異的行動の一種である．

　子猫や若い猫に多く，また，室内で1頭のみで飼育されている猫に多い．このような問題行動に対しては，飼い主が積極的におもちゃを動かして組み付かせたり追いかけさせたりして遊ばせることによって，このニーズのはけ口を

▶尿スプレー

室内での尿スプレーは，雌猫や去勢雄猫にもみられることがある．環境中に猫を不安にさせる要因を発見し，除去することが必要である．

▶爪とぎ

柱など，室内での爪とぎが問題行動となることがある．

▶遊び攻撃
人の足に飛びかかる機会をうかがっている若い猫．

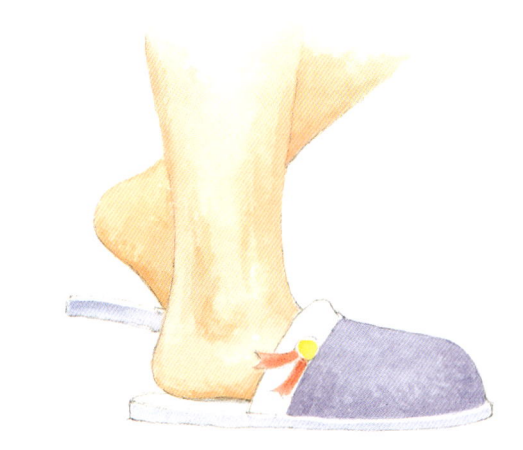

▶転嫁攻撃
窓の外にいる猫の姿が刺激となって，喚起され，そばにいる人に対して攻撃がおこる猫がいる．転嫁攻撃は，猫の深刻な問題行動のひとつである．

与えることが治療となる．また，よじ登れる場所やおもちゃを新たに置いたり，窓の外がみえるようにしたりして，刺激を増やすことも同時に必要である．

〔爪とぎ行動〕

室内の家具や畳などの場所で爪とぎがおこり問題となることがある．爪とぎは，猫の自然な種特異的な行動ニーズの一部である．猫が猫であるかぎり，爪とぎの欲求そのものがなくなることはない．したがって，爪とぎを止めるのでなく，適切な場所で爪とぎを行わせるように行動を変化させることが治療の目標である．

具体的には，猫が好んで使う材質でできた市販の爪とぎがあるので，爪をとがれてしまう家具などの面をおおうように設置する．猫にもよるが，一般に布よりもダンボール製のほうが好まれる．爪とぎは，古くなると使わなくなることがあるので，新しいものと適宜交換する．

〔転嫁攻撃〕

猫によっては，窓の外などを眺めているうちに急に興奮し，そばにいる飼い主などに飛びかかってひっかいたり，かんだりして逃げ去っていく行動がみられることがある．

このような攻撃は転嫁攻撃とよばれる．窓の外の猫という居住圏への侵入者の姿によって恐怖と攻撃性の入り混じった喚起の状態になった猫が，それを手近な人に向けることで，突発的な攻撃性がおこるものとみられる．猫の姿だけでなくにおいに反応するとみられる場合もある．

転嫁攻撃は必ずしもすべての猫にみられるものではなく，遺伝的素因が大きいと考えられる．猫は飼い主を攻撃しようという意図でひっかいたりかんだりするのではなく，とっさに動揺しての行動である．その後はそっとしておけばほどなく平常に戻ることが多い．

このような攻撃性のおこる猫の場合は，刺激を受けたときに人がかかわらずにおさまるのを待つ．野良猫などが多い環境の場合は，そうした猫が寄りつけないように水をまくなどの方法が考えられる．

ただし，猫によっては，ささいな刺激から，または，なんら明らかな刺激がないのに，激しい攻撃が頻繁におこり，しかも，喚起の状態が何時間も何日も持続する．このような激しい転嫁攻撃は純血種猫に多く，遺伝的要因の関与が強く疑われる．根本的な治療法は確立しておらず，飼育を続けることが困難な場合もある．

〔グルーミングの過剰〕

猫の自己グルーミングには，環境中のストレスに対処する行動としての意味がある．

環境においてストレスが高まると，グルーミングの頻度が高まり，その結果，なんら身体疾患が存在しなくても，自分でからだをなめるグルーミングの過剰によって，毛が抜けてしまうことがある．

治療には，ストレスの原因を除去することが必要である．物理的環境や社会的環境の変化は，ストレスの原因となる．しかし，ストレスの原因がはっきりしない，除去できないなどの場合には，治療は困難である．

〔異嗜〕

　食べ物でない物をかじって食べたり，飲み込んだりする異常行動を異嗜という．猫によくみられる異嗜は，衣服や布を食べたり，トイレの砂を食べたり，電気コードをかじったりといった行動である．

　異嗜は，室内のみで飼育されている猫に多く，刺激の乏しい環境の単調さからくる退屈が要因となっているとみられる．健康に悪影響を及ぼすだけでなく，感電などの危険につながるので放置してはならない．

　そのような行動が習慣として始まったばかりの場合は，行為の際中に，離れた場所から顔に水をかけるなどの適切な嫌悪刺激を与える行動修正が可能なことがある．しかし，長期間続いている異嗜は治療が困難である．環境が不適切なためにこの行動がひきおこされることが多いので，日ごろから猫の飼育環境に注意して，予防を心がけることがなにより重要である．

● 問題行動の治療

　猫の問題行動は，治療より予防に努めることが重要であるが，行動治療の手法と，猫によくみられる問題行動の治療方法について簡単に説明する．

【問題行動の診断】

　猫の行動に関する飼い主の訴えがあった場合，最初に考えなくてはならないのは，その行動が，心理学的な意味での問題行動ではなく，身体疾患によっておこっているものではないかということである．

　とりわけ，猫に多い不適切な場所における排尿に関する問題行動には，尿路系の疾患が背景に隠れている可能性が高い．それ以外の問題行動についても，身体疾患による影響により行動や性格が変化している可能性がある．したがって，最初から問題行動の事例と決めつけることなく，まず，獣医師に相談して身体疾患がないかどうかを調べてもらうべきである．

　そして，診察によっても身体疾患がなんらみつからない場合や，発見された身体疾患を治療して治癒したあとも当該の行動が続く場合にかぎり，問題行動事例とみなすようにすべきである．

　問題行動事例の診断は，猫の経歴や，その行動のおこる前後の状況，行動の形式などについて，行動の直接観察と問診により情報を集めて行う．

　診断に基づいて，予後の判定を行い，治療が可能と判断される場合には治療計画の設定と具体的な治療指示を行うが，そのためには，ある程度まとまった時間をとって飼い主とじっくり話し合うことが不可欠である．この作業は，行動カウンセリングとよばれている．

【問題行動治療の手法】

　問題行動治療の手法としては，一般に，(1)環境の操作，(2)ホルモン療法，(3)行動療法，(4)薬物療法がある．

▶グルーミング行動

舌で頻繁になめるグルーミングの過剰により，からだの毛が抜けてしまうことがある．舌の届かない頭頂部に脱毛がおこらないことなどから，病気と区別できる．

後足でかく

舌でなめる

▶異嗜

飼育環境が単調で退屈が生じると異嗜がおこりやすいと考えられる．猫の健康に害を与えたり，事故につながるので注意が必要である．

表1. 猫の種特異的な行動ニーズを満たすのに必要な環境や対応

スペース	室内でも閉じ込めず，つねに自由に歩き回るようにしておく
排泄行動	トイレ砂を入れたトレイを室内の隅に設置する．砂はつねに清潔に保つ
捕食性行動	飼い主がおもちゃやひもを猫の目の前で動かして追いかけたり組み付いたりさせる遊びをさせる
社会性行動	飼い主との毎日のふれあい
爪とぎ行動	爪とぎを与える
その他	上に乗ることのできる段差，隠れられる場所

前足でこする

〔環境の操作〕

具体的にはたとえば，家具の配置を変えたり，椅子を置いて猫が上がって休める段差をつくったり，トイレの砂の種類を変えたり，同居猫の生活させる場所を分けたりといった変更を飼育環境に加えることをさす．環境の操作は，飼育環境において満たされない行動ニーズが問題行動につながっている事例においては不可欠である．

〔ホルモン療法〕

実際には，去勢手術に代表される手術療法が主体となる．とりわけ，雄猫どうしの闘争や雌猫を求めての徘徊のように，性ホルモンの直接的な影響を強く受けておこる問題行動に対して有効である．ただし，事例の100％において有効なわけではない．また，問題行動全般に対して効果のある治療法ではない．

〔行動療法〕

新たに学習をおこさせることによって，問題となっている不適切な行動の頻度を低め，代わりに同じ場面において，受け入れられる行動をおこさせるように動物の行動を変化させる方法である．不適切な学習がおこった結果，問題行動が発達した場合にかぎって適する治療法である．

報酬または罰（嫌悪刺激）を用いた行動修正は，猫の問題行動の治療にしばしば用いられる．嫌悪刺激は，動物にとっていやと感じるもので，かつ無害なものでなくてはならない．猫に対する嫌悪刺激は，突然大きな物音をたてて驚かす，あるいは，離れたところから猫の顔に水をかける，などが適当である．

しかし，それも，通常の生活の場で頻繁に用いると，猫の不安を高め，不適切な排泄などの問題行動につながる．したがって，猫自身に害や危険があり，どうしても止めなければならない行動にかぎるべきである．

嫌悪刺激はその行動がおこっている最中か，せいぜい3秒以内に与えないと，関連が学習されない．それ以上時間が経ってから嫌悪刺激を与えると，猫には理由がわからないため，不安をひきおこす．

ただし，その行動を行いたいという衝動がひじょうに強い場合には，嫌悪刺激を用いた行動修正は成功しない．そのような行動の例としては，(1)猫の種特異的な行動ニーズによりおこる行動，(2)性ホルモンの直接の影響によりおこる行動，などがある．これらの行動および恐怖や不安によりおこっている行動や不適切な場所における排泄行動に対しては，たとえその行動のおこっている最中であっても，絶対にしかったり，嫌悪刺激を与えたりしてはならない．そのような対処は猫の不安を高め，問題行動を悪化させる結果になる．

〔薬物療法〕

猫の場合，問題行動治療のための薬物療法は確立しておらず，模索段階にある．問題行動治療の目的で国内において承認されている薬はほとんどないことに加え，行動治療のための有効薬用量，副作用，安全性，投薬をやめた場合の再発などの問題点がある．

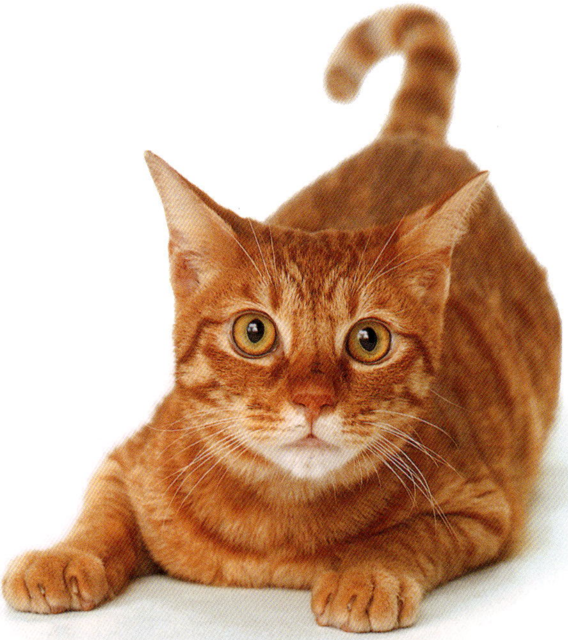

栄養と健康

- 栄養管理
- 健康管理
  - 感染症とワクチン接種
  - 命にかかわる感染症
  - 寄生虫の予防と駆除
  - よくみられる尿石症と膀胱炎
  - 嘔吐と下痢
  - 老齢期に多い病気
  - 猫とヒトの共通感染症

栄養管理

猫は「真性肉食動物」に位置づけられている。肉食動物のなかでも「真性」とされる理由は、猫が必要とする栄養物質は植物材料からでは十分な供給が得られないことを意味している。

したがって、猫における食の基本は動物肉（畜肉や魚肉）にあることになる。このことから猫の栄養代謝システムがヒトや犬とは違いのあることがうかがわれる。

実際に、タンパク質（アミノ酸）の要求量や代謝経路に違いのあることが明らかにされている。またそれに伴って生じる臨床上の特異性も解明されてきている。

そこで、まず、猫の栄養生理を理解するためには、
(1)摂取される栄養素の機能を理解すること、
(2)猫の代謝上の特徴について知ること、
(3)栄養素の代謝に関連した臨床疾病について知ること、
が必要である。

●フードの働き

摂取されたフードは、消化管内から分泌される消化酵素により消化分解され、体内に取り込まれる。そして筋肉や骨格などの体組織の生合成に利用される。また体内に取り込まれた栄養物質は燃焼（酸化）して熱エネルギーを発生させ、体温の維持や生体内での化学反応に必要なエネルギーを供給することになる（図1）。

●栄養と栄養素

栄養摂取の目的とは、動物が健康を保ち、健全な成長や繁殖をして生活することである。

このためには、動物が体外から必要な物質を取り入れる必要がある。動物が体外から取り入れる物質を栄養素または養分とよび、①タンパク質、②炭水化物、③脂肪、④ビタミン、⑤ミネラルの5成分に大別される。

【タンパク質】

猫のタンパク質要求量はほかの動物に比較すると高く、体重1kgあたり6.4gである。食餌から摂取されたタンパク質は、消化管内でアミノ酸に分解吸収され、体タンパク質、酵素、消化液などの合成に使われる。また猫に必要な必須アミノ酸は10種類ある。体内に取り込まれたアミノ酸（窒素化合物）はやがて分解され体外に排泄される。この代謝過程で窒素化合物はアンモニアを経て尿素となり、尿として排泄される。猫ではアンモニアが尿素へ変換される際、アルギニンを基質とした酵素により尿へと転換される。このアルギニンは食餌から供給されており、供給が断たれるか減少するとアンモニアの尿素への転換が行われなくなり、タンパク質の代謝（分解）により生じたアンモニアが血中に急速に増加することになる。これは高アンモニア血症とよばれる臨床症状であり、猫は短時間のうちに死に至る重篤な症状を呈する。このように猫では、タンパク質の代謝過程、とくに体タンパク質の分解過程でアルギニンに依存しているため、市販のキャット・フード中ではアルギニン含量を高めるなど工夫された製品が多い。

タンパク質の代謝過程のなかでのもうひとつの特徴は、

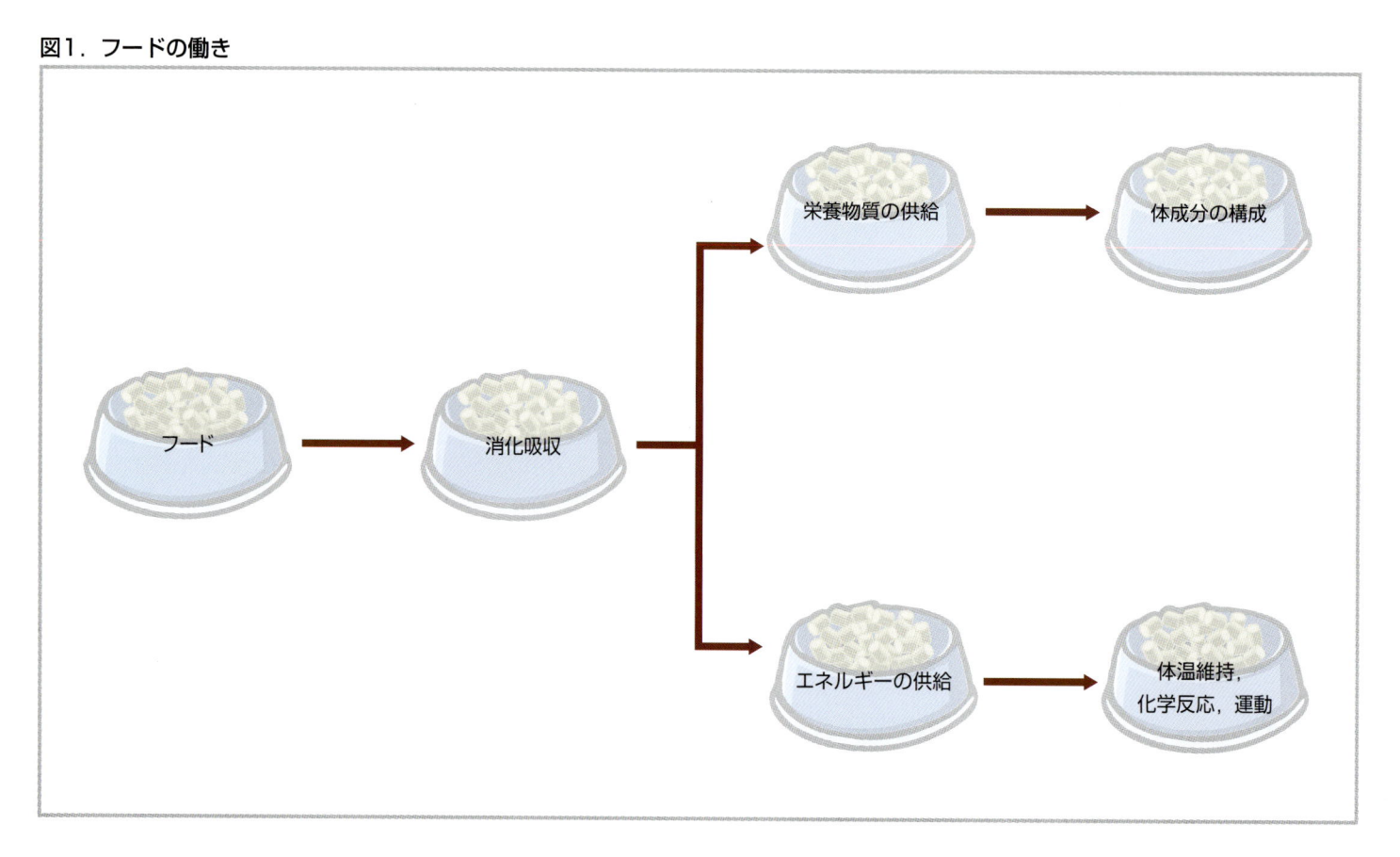

図1．フードの働き

メチオニンやシステインから生じるタウリンである．タウリンはタンパク質を構成するポリペプチド鎖の要素となっていないことから，アミノ酸ではなくアミノスルホン酸のひとつとして分類されている．タウリンは，網膜の形成に必要な物質であり，胆汁の原料でもある．多くの動物では含硫アミノ酸（メチオニンやシステイン）の代謝産物としてタウリンが生成されるが，猫はこの代謝経路が弱いかあるいは欠落している．このためタウリンは食餌からの供給を必要としており，供給が不足した場合には，網膜に支障をきたし失明することになる．胆汁（胆汁酸塩）の合成過程においてもグリシンではなく，タウリンに依存していることが猫の特徴である．

タウリンは，植物中にはほとんど含まれていないため穀類や豆類を与えてもタウリンの供給源とはならない．そのため食餌によるタウリンの供給源としては，動物肉（畜肉）を利用することになる．このようなタンパク質の代謝上からも猫が真性肉食動物と考えられる．

【炭水化物】

動物質の食材（畜肉）は死後硬直による変化を受けており，グルコースがほとんど存在していない．このため食餌の炭水化物は，主として植物材料から供給される．植物に含まれる炭水化物は，植物の貯蔵器官に蓄えられたものと植物自身の構造維持に必要なものに分けられる．これらを猫の消化性能からみると，前者は消化性の高い成分であり，後者は消化しにくい成分である．植物が貯蔵する炭水化物にはいろいろな種類があるが，猫の食材として利用されるものはデンプンである．なまのデンプンは，直接消化することはできないが，煮る，蒸す，焼く，炒めるなどの調理をすることによって，消化性がよくなり，炭水化物の供給源としてすぐれた食材となる．これは猫の消化管内で容易に分解され，体内でのグルコース供給に役立つ．一方，植物自身の構造維持にかかわる炭水化物は，一般に植物繊維とよばれ，猫の消化管内ではほとんど消化されない成分である．近年では，植物繊維による整腸作用などが明らかにされ，植物繊維がもつ物理的機能が注目されるようになってきた．市販のキャット・フード（おもにドライタイプ）には繊維成分が含まれているが，その割合は通常3％以下である．また獣医師が処方するフードには，繊維含量が20％を超えるものもあるが，これは肥満治療を目的としたものであり，通常の飼育フードとは異なっている．

猫の炭水化物要求量については明確にされていないが，市販のキャット・フードでは通常40〜50％程度含まれている．炭水化物は，エネルギー源として重要な栄養素であり，グルコースとして体熱発生にかかわっている．水溶性の炭水化物の中には甘味を呈するものもあるが，猫の嗜好性は高くない．

【脂　肪】

摂取された脂肪は，消化管内でリパーゼの作用によりグリセロールと脂肪酸に分解される．脂肪酸のうち，体内での合成が十分得られないものは食餌から摂取する必要があり，とくに必須脂肪酸とよばれている．動物の必須脂肪酸はリノール酸，リノレン酸およびアラキドン酸の3種類が知られている．リノレン酸はα型およびγ型に区別され，動物によってはリノール酸から合成されるが，猫ではこの生成経路がない．したがって，猫ではリノール酸，リノレン酸およびアラキドン酸の3種類が必須脂肪酸となり，食餌から直接供給することが必要である．脂肪の摂取は必須脂肪酸の獲得に必要なだけではなく，脂溶性ビタミンの供給にもかかわっている．また脂肪はフードの摂取量とも関係しており，一般に高脂肪食のほうが摂取量は高くなる．

表1. 3大栄養素とその特徴

	タンパク質	炭水化物	脂　肪
構成元素	炭素，水素，酸素，硫黄，窒素	炭素，水素，酸素	炭素，水素，酸素
分　布	筋肉などの体組織，酸素，ホルモン	グルコース（血糖），グリコーゲン	脂肪組織（皮下，腹腔内）
熱　量	5.6kcal/g	4.1kcal/g	9.4kcal/g
特　徴	①アミノ酸から構成 ②ほかの栄養素では代替できない ③エネルギー源	①エネルギー源 ②過剰な炭水化物は脂肪に転換される	①エネルギー源 ②脂溶性ビタミンの運搬 ③必須脂肪酸の運搬
給　源	①動物性タンパク質 　肉，魚，卵，乳製品 ②植物性タンパク質 　穀類，豆類	米麦，トウモロコシ，大豆などの穀類 イモ類	①動物性脂肪 　牛脂，豚脂，鶏脂 ②植物性脂肪 　大豆油，植物油
分解産物	アミノ酸	デキストリン，マルトース，グルコース	グリセロール，脂肪酸
消化性	80〜85％	ほぼ100％	90％以上
留意点	①必須アミノ酸は10種類 ②アルギニンが欠乏すると，アンモニア血症となり死亡する ③タウリンが欠乏すると，網膜が萎縮して失明する ④タウリンは胆汁の原料にも使われる	①消化性の違いから区分すると 　消化が容易：デンプン（加熱調理する） 　消化が困難：植物繊維 ②植物繊維の機能 　絨毛の発達，整腸作用 ③フード中の繊維含量は3％程度	①必須脂肪酸 　リノール酸，リノレン酸，アラキドン酸 ②リノール酸からリノレン酸を合成できない ③手作りフードでは脂肪の酸化に注意する ④不飽和脂肪酸の過剰摂取により黄色脂肪症となる

【ビタミンとミネラル】

ビタミンとミネラルの必要量は，3大栄養素に比べてたいへん少ない．しかし体内での生理的な働きは重要であり，欠乏あるいは過剰によって特有の症状を示す．

ビタミンは溶媒への溶解性から水溶性ビタミンと脂溶性ビタミンに区別される（表2）．ビタミンは，光，熱，酸化などの影響を受けやすい．

ミネラルは骨格の形成と体液バランスの維持に作用している．また神経伝達や筋肉の収縮にも関係している．

●空気および水

空気（酸素）と水は，動物の生命維持に必須であるが，一般的な飼育環境では，とくに制約を受けないかぎり自由に得られるので，栄養素としては扱われない．（かつて有人宇宙船の開発過程のなかで，ヒトを搭乗させるまえに動物を乗せたロケット開発が行われた．この場合には，宇宙空間において動物の生命維持を計るために空気や水も栄養素として扱われた）．一方，猫の体水分は，胎児期や未成熟期では80～90％あり，成熟期（成猫）でも60～65％を占めている．また，体水分が10％失われると重態となり，20％以上損失すると死に至る．

体水分の補給は，飲水や食餌からまかなわれている．また体内で栄養物質が代謝されるときに化学反応によって水が生産される．体内での化学反応によって供給された水は代謝水とよばれている．

●フードのエネルギー表示方法

栄養素のうち，タンパク質，炭水化物および脂肪は，いずれも体内で燃焼（酸化）して熱エネルギーを発生させるが，それぞれの栄養素を空気中で燃焼させたときに発生する熱エネルギーを総エネルギーとよぶ．栄養素が動物体内で燃焼（酸化）する場合も同様の熱エネルギーをもたらすことができる．しかし，動物では摂取した栄養素をすべて熱エネルギーに変換することはできない．これは栄養素が消化管内を通過する時間に制約を受けているためであり，熱エネルギーとして利用できなかった部分は糞として排泄されるので，摂取した栄養素のエネルギーの一部は糞として体外に失われることになる．したがって，総エネルギーから糞中に排泄されたエネルギーを差し引いたエネルギーが可消化エネルギーとよばれる．この可消化エネルギーはみかけ上，動物の体内で利用可能なエネルギーと考えることができる．この可消化エネルギーを使って体内でさまざまな生理作用が営まれ，その結果として尿が生産され，体外に排泄されるのである．尿は大部分が水分であるが，水分以外から発せられる熱エネルギーも含まれている．このことから可消化エネルギーもすべて利用可能となるわけではなく，尿中に排泄されるエネルギーは利用することができない．可消化エネルギーから尿中に排泄されたエネルギーを差し引いたものは代謝エネルギーとよばれ，動物の生命活動に必要なエネルギーに相当することになる．

このように栄養素がもつ総エネルギーの流れをみると（図

表2．ビタミンおよびミネラルの機能と特徴

	ビタミン	ミネラル
機能	代謝調節 欠乏または過剰による特有の症状	代謝調節 体液バランスの維持 神経伝達，筋肉の収縮 欠乏または過剰による特有の症状
特徴	①水溶性ビタミン 　B群など ②脂溶性ビタミン 　A，D，E，K ③ビタミンCを体内で合成できる ④β-カロチンをビタミンAに転換できない	①マクロミネラル 　カルシウム，リンなど（適正比率　Ca：P＝1：0.8） 　（骨の形成にはビタミンDも関係する） ②ミクロミネラル 　鉄，銅，亜鉛など

図2．体水分の補給ルート

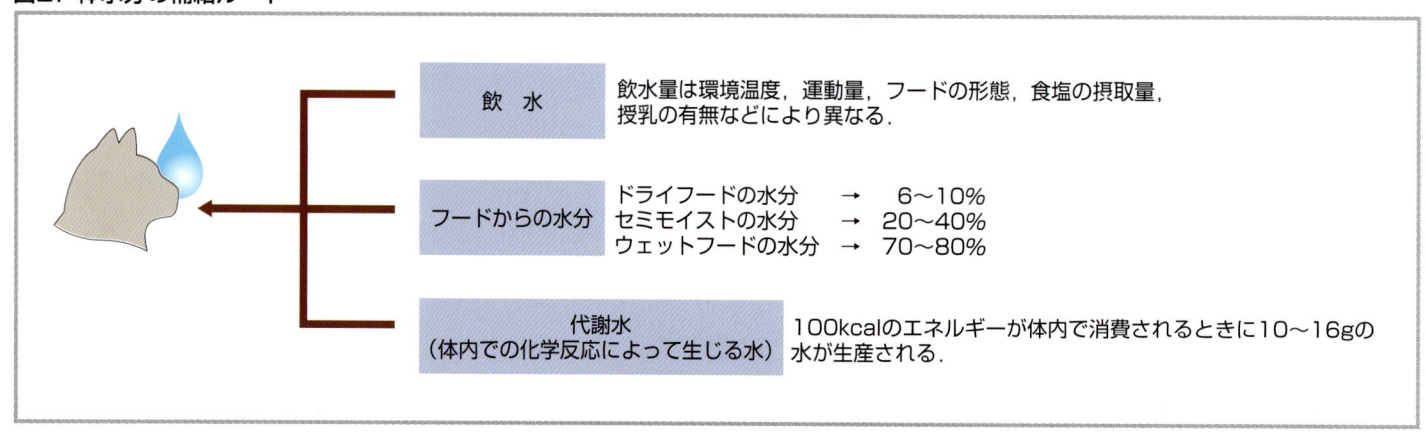

- 飲水：飲水量は環境温度，運動量，フードの形態，食塩の摂取量，授乳の有無などにより異なる．
- フードからの水分：
  - ドライフードの水分　→　6～10％
  - セミモイストの水分　→　20～40％
  - ウェットフードの水分　→　70～80％
- 代謝水（体内での化学反応によって生じる水）：100kcalのエネルギーが体内で消費されるときに10～16gの水が生産される．

3)，体外に排泄される糞や尿のエネルギーを差し引いてとらえたほうが理論的である．また，フードからのエネルギー供給量を決定する場合でも合理的である．そのため現在では，エネルギーの供給量や要求量を表す場合には，代謝エネルギーを基準として用いている．

【代謝エネルギーの推定】

猫の代謝エネルギーは，品種や系統，成育段階，授乳の有無，運動量，フードの形態など，さまざまな要因によって変化する．また，代謝エネルギーの測定は容易ではないため，詳細なデータはない．しかし猫は品種間での体重差が犬などよりも小さいこと，食餌からのエネルギー摂取には自己調節能があるため1日に必要なエネルギー量を求める場合には煩雑な計算式が用いられることは少ない．また，食餌からのエネルギー供給量が適当であるかどうかは，体重の変化としてとらえることができるため定期的に体重を調べることによってエネルギーの過不足を知ることができる．

市販のキャット・フードに表示されている代謝エネルギーは，それぞれの製品ごとに実測されていることは少なく，そのフードの原料となるタンパク質，脂肪および炭水化物の代謝エネルギー量（kcal/g）を3.5，9.0および4.0として算出していることが多い．

●子猫の健康と栄養管理

猫の出生時体重はおよそ100g前後である．その後，体重は5か月齢ころまでは1週間に50～100g程度の割合で増加する．また成長速度は個体差があるが，成熟期に達する10か月齢以降には鈍化してくる．一般的に体格の大きな両親から生まれた子猫の成長速度は大きく，また雌に比べ雄のほうが成長が早く，体重も大きいことが知られている．

【出生時～3，4週齢ころまで】

この時期の子猫の栄養は，母猫の母乳に依存している．出生直後に母猫から分泌される初乳にはさまざまな免疫抗体が含まれている．また子猫にはこれらの免疫抗体を消化管から吸収するための機能に時間的な制約がある．したがって，出生後，すみやかに初乳を飲ませることによって母

表3．乳成分（％）の比較

	猫	ウシ
水　分	81.5	87.6
脂　肪	5.1	3.8
乳　糖	6.9	4.8
タンパク質	8.1	3.3
カルシウム	0.035	0.12
リン	0.07	0.10
全固形分	18.5	12.6
エネルギー（ME kcal/100g）	97.0	61.0

体の免疫を子猫に移行させることができる．授乳量が満たされているかどうかについては，子猫の行動を観察することによって判別できる．授乳は1日に数回くりかえされるが，授乳量が満たされていれば，子猫は授乳後に眠りにつくようになる．

しかし母乳の分泌が少ない場合などでは，鳴き声を上げる回数や時間が長くなり，ときには巣からはい出す行動をとることがある．このようなときには，母猫に栄養水準の高い食餌を与えて乳汁の分泌を促す必要がある．泌乳量が改善しない場合には，子猫に市販の代用乳または人工乳を与えることになる．代用乳として牛乳を使用した場合では，猫の母乳に比べ，脂肪，乳糖，タンパク質およびエネルギー含量が少ないので，子猫の栄養を十分に満たすことはできない（表3）．

生後4週齢ころになると周囲の探索行動がみられるようになり，それに伴って固形の食物も食べられるようになる．しかし離乳時には水分量の多い食餌を嗜好すること，摂取量が少ないことなどから，畜肉を主体とした食餌が推奨される．市販の缶詰のキャット・フードを利用することもできるが，嗜好の幅が狭いのでそれぞれの製品を試行しながら選定する必要がある．

【生後7～8週齢ころ】

母猫の授乳はこのころまで続くが，子猫の体重はすでに800g程度（あるいはそれ以上）にまで増加しており，1日の運動量も旺盛になっている．このため母乳からの栄養では不足するので，栄養価の高い食餌が主体となるように切

図3．フードエネルギーの流れ

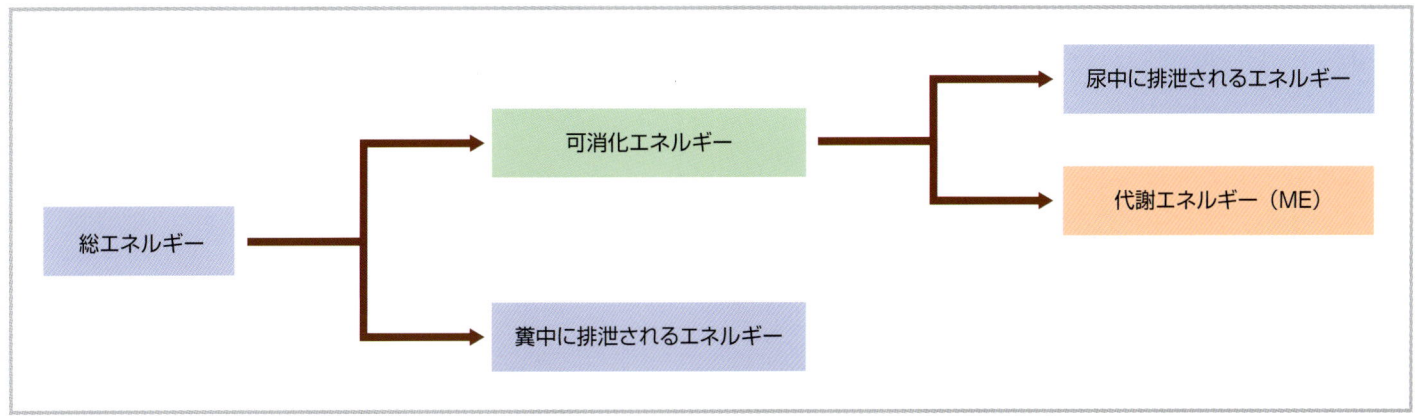

総エネルギー → 可消化エネルギー → 尿中に排泄されるエネルギー
総エネルギー → 糞中に排泄されるエネルギー
可消化エネルギー → 代謝エネルギー（ME）

り替えていくことが大切である．

【離乳前後から成熟期近く】

子猫のエネルギー要求量は体重の大きさや運動量あるいは飼育環境によって大きく異なる．出生時には母乳によって1日あたり200kcalのエネルギーが与えられているが，離乳時にはおよそ260kcalの代謝エネルギーが必要となる．また成熟時の体重に近づく6か月齢ころでも150kcal程度のエネルギー摂取量を必要としている．これは成熟時に比べても約2倍に相当するエネルギー量である．

●成猫の健康と栄養管理

成熟時の猫の体重について，日本では詳細に調査された事例は少ない．しかし成猫の体重は3～5kg程度（雄はこれよりも大きい）の範囲内にあるものと思われる．食餌の与え方は基本的に次の3つの方法がある．(1)完全自由摂取方式：あらかじめ1日に必要な量よりも多く食餌を用意し，猫が1日のうちでいつでも自由に摂取できるようにした給与方法，(2)時間制限給与法：1日に数回，給与時間を決めて食餌を摂取させる方法．1回の給与時間は最大30分程度とする，(3)質的制限給与法：あらかじめ決めておいた食餌を一定量与える方法．給与回数は1日あたり1～3回程度．これらの方法にはいずれも一長一短がある．たとえば，完全自由摂取方式では飼育者の作業労力は少ないが，猫に必要以上の食物を摂取させる機会を与えることになる．その結果，肥満を助長することになる．また時間制限給与法の場合では，特定の時間内により多くの食物を摂取させる可能性があり，逆に給与時間が短いと必要な量の摂取が得られなくなる．さらに質的制限給与法では，栄養成分やエネルギーの給与量について綿密な計算が必要となり，供給量が不足することがある．

一般的にはこれらの方法を組み合わせることにより1日数回給与する方法が多い．また食餌のメニューとしては市販の製品（缶詰やドライフードなど）や手作りによる調理品が利用されている．これは，肥満防止への配慮がなされ，食物の腐敗や劣化が起こらなければ，完全自由摂取方式が簡単で扱いやすい方法である．

完全自由摂取方式で猫の採食を観察すると，食事回数は1日のうち夜間も含めて10回以上に及ぶことも珍しくなく，そのときの1回あたりの摂取量は多くない．さらに食餌に対する嗜好あるいは選択性は小さく，しかも同一の食餌を長期間にわたって採食することはあまりみられない．仮にある特定の食物に高い嗜好性がみられる場合でもその食物のみを長期間にわたって給与することは好ましくない．これは特定の栄養素に偏った食習慣を続けることになり，臨床的な疾病をもたらす遠因となる危険性があるためである．

室内飼育のみで，しかも食餌の給与回数を1日1回に設定している場合には，栄養要求量に見合った良質のものを十分に摂取させることが大切である．また1回の食事あたりの採食量が少ないことを考えると，食事回数は1日2～3回とすることが推奨される．

雌猫では，妊娠および泌乳により栄養要求量は，通常の3～5倍に増加する．受胎妊娠した雌では，胎児の発育に伴って，体重はほぼ直線的に増加し，栄養要求量は分娩前3～4週ころに最大となる．また食餌の摂食量も妊娠前の20～30％程度多くなる．妊娠期の雌では体脂肪蓄積量が増加してくるが，これは分娩後の泌乳に必要なエネルギーをまかなううえでたいへん役に立っている．

●栄養素の過不足と代謝異常による疾患

猫が病気になると食餌の摂取量の低下が観察される．このため栄養成分を高めたものを与え，少量でも栄養供給が図れるようにしなければならない．また，食餌内容が制限されるような疾病でなければ脂肪とビタミンを付加したメニューが望ましい．食物の栄養組成と関連した疾病には，次のようなものがある．

図4．リンの過剰による腎臓結石の発生

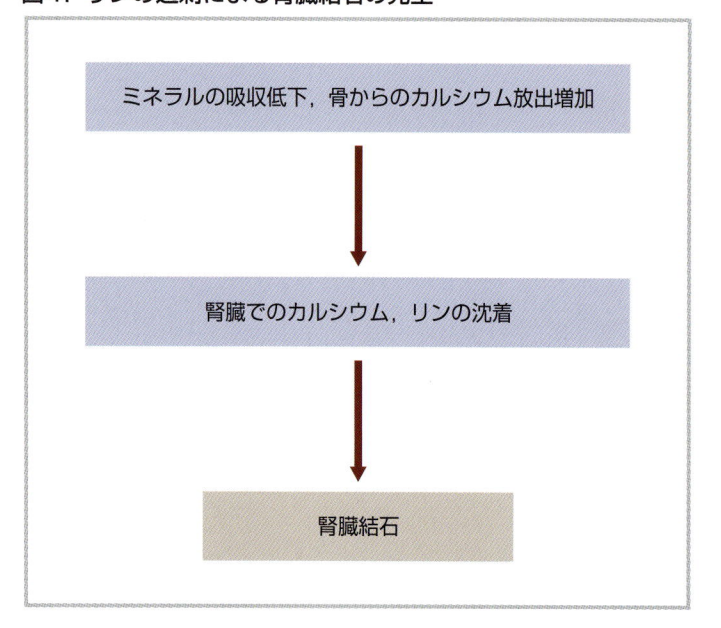

ミネラルの吸収低下，骨からのカルシウム放出増加
↓
腎臓でのカルシウム，リンの沈着
↓
腎臓結石

図5．マグネシウムの過剰による尿路結石の発生

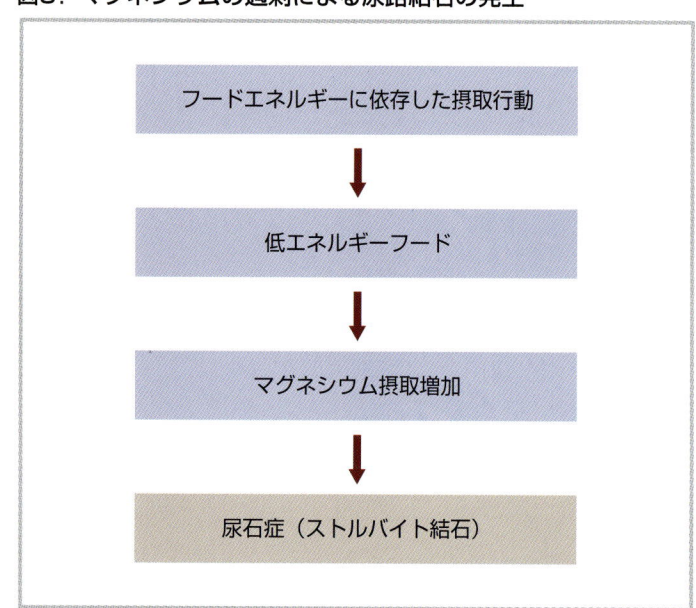

フードエネルギーに依存した摂取行動
↓
低エネルギーフード
↓
マグネシウム摂取増加
↓
尿石症（ストルバイト結石）

【ビタミンA過剰症】

ビタミンAは脂溶性ビタミンである．脂溶性ビタミンは，体脂肪組織（皮下や腹腔内脂肪）に蓄積されるが，体外への排泄は水溶性ビタミンに比べ緩慢である．ビタミンA過剰症はレバーを多量に摂取した場合やレバーへの嗜好が高く，長期間摂取した場合におこりやすい．毒性症状の発現は個体差が大きい．

毒性症状は，ビタミンAが骨の成長と再形成に関与していることからおもに長骨に異常がみられる．とくに頸椎の筋肉付着部と前肢では骨の異常がおこりやすく，首の硬直化や跛行が生じる．また，食欲の低下，体重の減少，脱毛を認めることがある．

【チアミン欠乏症】

チアミン（ビタミンB_1）は水溶性ビタミンである．水溶性ビタミンの多くは，尿とともに排泄され，過剰症よりも欠乏症をきたすことが多い．水溶性ビタミンのうち特定の1種類のビタミンが欠乏して発症することはまれである．

チアミンは調理や加工時の熱に弱いため損失を招きやすい．また，魚によってはチアミンを分解する酵素（チアミナーゼ）をもつものがある．

欠乏時の症状としては，食欲の低下，体重の減少，運動失調や痙攣などの神経症状がおこる．

【黄色脂肪蓄積症（イエローファット症）】

マグロ，サバ，カジキなどの魚では，不飽和脂肪酸が多く，多給すると皮下脂肪が黒色化し，魚臭を発するようになる．

これは黄色脂肪蓄積症とよばれる．ビタミンEには抗酸化作用があることから，ビタミンEが欠乏したときにも発症することがある．症状としては，食欲の低下と運動機能障害（痛み）がおこる．

【糖尿病】

インスリンの産生不足またはインスリンの抵抗性による炭水化物不耐症によるものと考えられ，血糖が高くなり，糖尿も観察される．症状は，体重の減少，飲水量の増加，排尿量の増加である．

【下部尿路疾患】

飲水不足，塩基性アミノ酸やミネラル摂取の過多に起因して腎臓，膀胱および尿道に結石を生じ，泌尿器官に障害をもたらす一連の疾病である（図4，5）．

【肥　満】

肥満についての明確な定義はないが，標準体重よりも30％以上に体重が増加している場合，肥満と判断される．肥満の原因は，疾病などの病的な素因によることは少なく，その多くは飼育管理上の問題に由来している．

とくに，エネルギーの摂取過剰が日常的にくりかえされることが遠因となっている．肥満の解決には，特別な栄養管理や飼養管理を必要とし，長期間にわたる対応が必要であるため，獣医師や動物飼養管理士の指導を受けることが望まれる．

図6．猫の栄養要求量とヒトとの比較

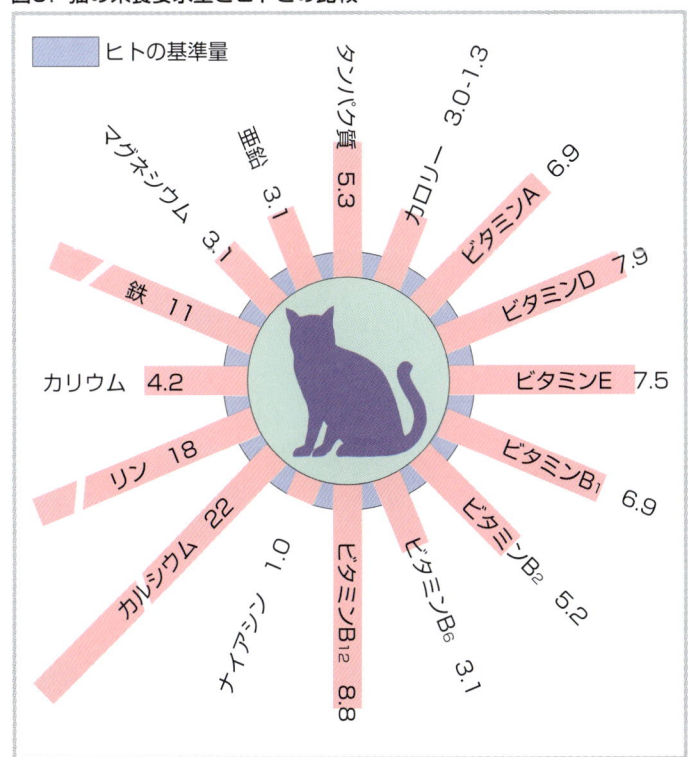

数値は体重を基準（1kgあたり）として，ヒトの基準量を1.0としたときの倍率を表す．
愛玩動物飼養管理士認定委員会，愛玩動物飼養管理士〈1級〉教本，p.207,（社）日本愛玩動物協会（2003）より

図7．肥満した猫

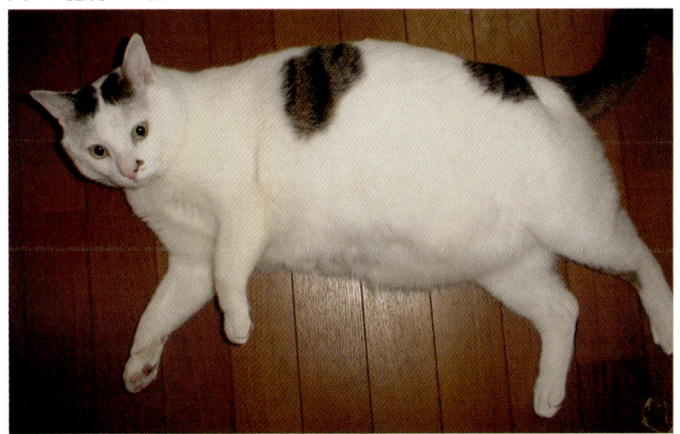

腹部が下垂し，雌猫の妊娠時のような外観（側面）（上），首から肩，胸部から腰部への移行部分が区別できない（背面）（下）　　〔写真提供：市川ひとみ氏〕

健康管理
感染症とワクチン接種

われわれの生活する環境には多くの細菌やウイルスなどの微生物が存在する．そのなかで猫に感染症をひきおこすものがあり，日本では四種の感染症に対してワクチンが使用されている．

【免疫とワクチンについて】

免疫とは，体内に侵入してくる微生物やがん細胞などを非自己物質（異物）として排除する生体反応のことで，体内の白血球を中心とした細胞群が活性化し，非特異的な異物の貪食や破壊，次いでおきる特異的な抗体の産生，細菌やウイルス感染細胞を攻撃するリンパ球の増加といったさまざまな一連の反応をさしている．また一度排除したことのある感染体が再び体内に侵入したとき，それに対する特異的な免疫反応が初回に比べ，よりすみやかにおき，効率のよい排除がなされる（獲得免疫）．

ワクチンとは，病原性を弱めた病原体（弱毒生ワクチン）や微生物を死滅させた成分（不活化ワクチン），もしくは微生物から重要なタンパク質を精製したものに免疫反応を誘起しやすくする成分（アジュバンド）を加えたものである．それを注射することによって人為的に疑似感染状態をつくり出し，実際の病気に罹患することなく獲得免疫を成立させることを目的としている．ワクチンの効果は猫の免疫反応を利用して得られるものであり，ワクチン成分そのものが病原体に作用するわけではない．よって，健康状態がわるい猫にワクチンを接種しても十分な免疫反応がおきず，期待した効果が得られないことがある．

【ワクチンを接種する時期】

子猫にとって伝染病は大きな脅威となる．生まれて日の浅い子猫では，母親から初乳を介してもらう免疫物質（移行抗体）がワクチン成分に干渉してしまい，子猫自身の免疫系が十分に反応しない可能性がある．数週間程度の間隔で追加接種を行うと，より確実に免疫反応を刺激できる（ブースト効果）．現行のワクチンでは子猫にはおよそ9週齢で1回めを接種，3〜4週後に追加接種を行う．その後免疫力を維持するため，年に一度の追加接種が推奨される．

【ワクチンの副作用（副反応）】

ワクチン接種によって好ましくない反応（副反応）がおきることがある．代表的な副反応として急性アナフィラキシーショック，発熱，嘔吐，接種部位の炎症，蕁麻疹などがある．いずれもワクチン成分に対する過剰反応と考えられている．副反応をおこす可能性は個体によって異なり，

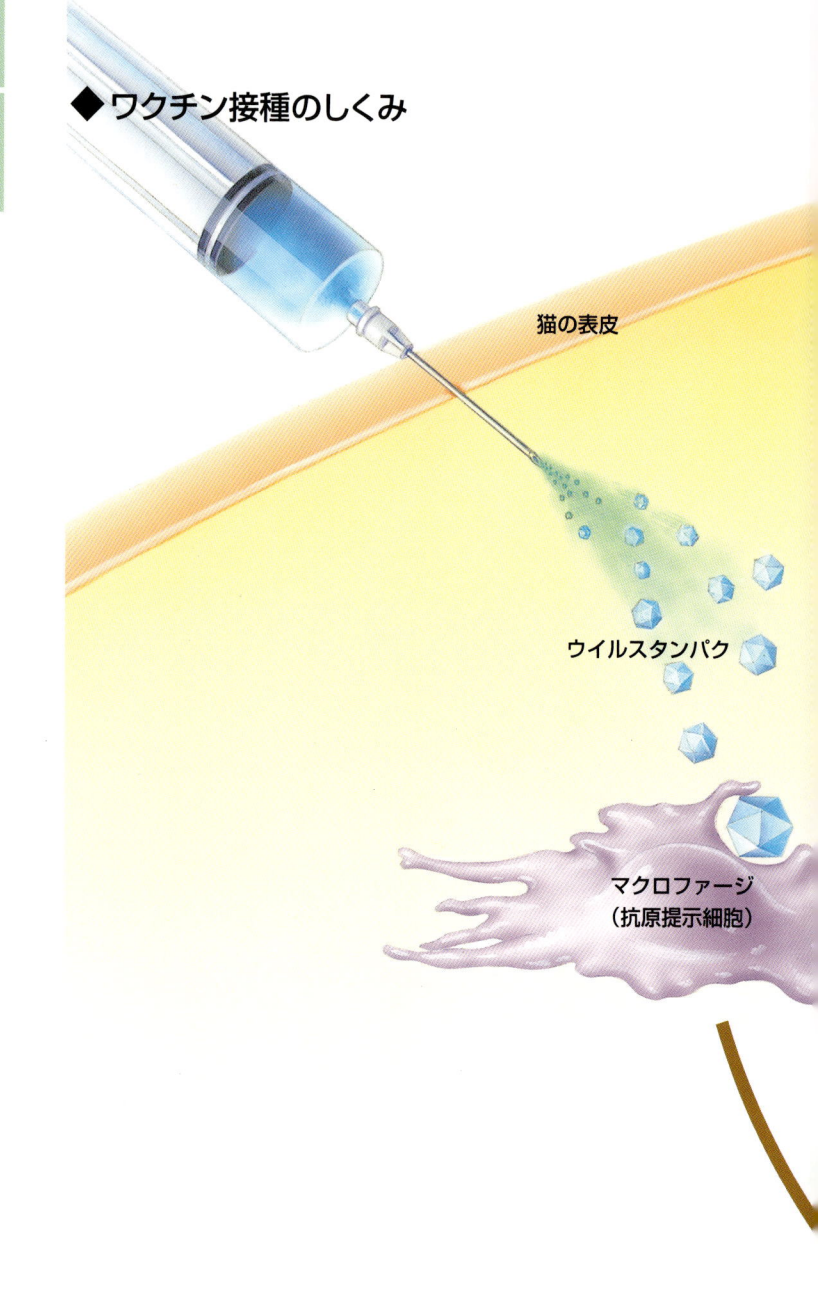

◆ワクチン接種のしくみ

猫の表皮

ウイルスタンパク

マクロファージ（抗原提示細胞）

皮下注射されたワクチン成分（ウイルスタンパク）はマクロファージに代表される貪食細胞に取り込まれる．貪食細胞は付属のリンパ節において抗原提示細胞を介してリンパ球の一種であるヘルパーT細胞（Th2）を活性化する．さらにヘルパーT細胞はB細胞を活性化させ，抗体産生細胞である形質細胞に分化誘導する．こうしてワクチン接種によって産生された抗体が，体内に侵入してくるウイルスを捕獲する．

ワクチン接種後に異常を認めたらすみやかに獣医師に相談する必要がある．

【ワクチンの種類】

現在日本で猫に使用されるワクチンは，猫ウイルス性鼻

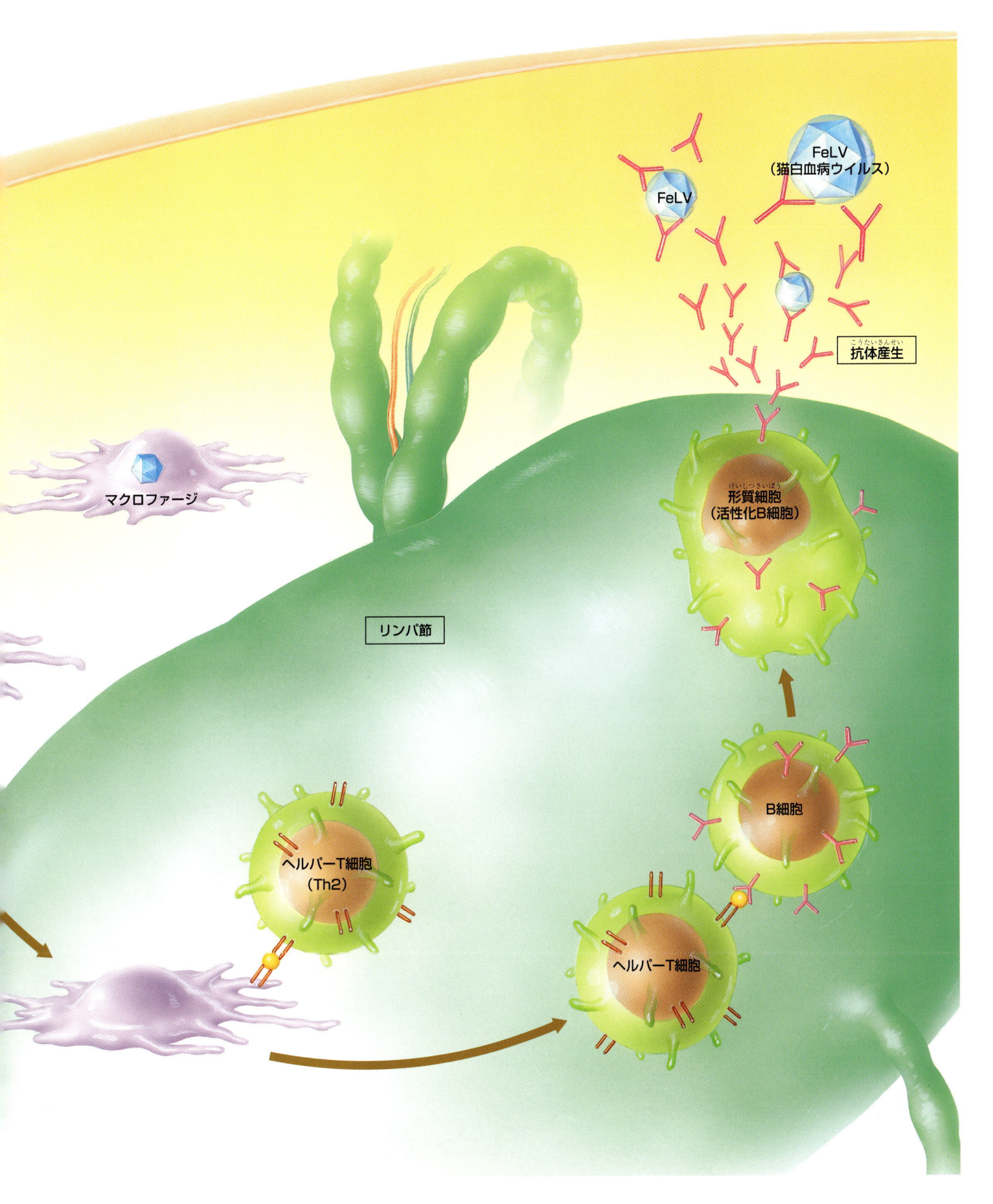

気管炎・猫カリシウイルス感染症・猫パルボウイルス感染症を予防するための三種混合ワクチン，猫白血病ウイルス感染症を予防するための猫白血病ウイルスワクチンの2種類がある．猫白血病ウイルスに関しては，感染の有無をワクチン接種前にあらかじめ検査することが推奨される．また，現在のワクチンでは感染を完全に防御できない場合もあるが，感染しても軽症ですむ場合が多い．屋外に出かけたり，ペットホテルに預けたりするなどのウイルスを保有する猫に接触する危険性がある場合は，確実なワクチン接種をしておくべきである．

命にかかわる感染症

多くの感染症がワクチンで予防できるようになったとはいえ(p.76参照)，屋外で自由生活することの多い猫はほかの猫との接触や環境中の病原体にさらされる機会も多く，ウイルスなどによる感染症に罹患しやすく，なかには命にかかわるものもある．

【猫伝染性腹膜炎】

猫伝染性腹膜炎ウイルスの感染により発症するが，腹膜炎だけでなく胸膜炎やその他各種臓器に病変を形成する．感染初期には発熱，食欲不振・元気消失，体重減少などがおもな症状であるが，腹膜炎や胸膜炎により腹水や胸水が貯留すれば，腹部膨満，呼吸困難などもみられる．また，腎臓や眼に症状がみられたり，中枢神経が侵されて発作や麻痺がみられることもある．本症の有効な治療法はなく，発症すれば命にかかわる病気である．糞尿，口，鼻の分泌物により伝播する．ワクチンはない．

【猫汎白血球減少症】

猫伝染性腸炎ともよばれるウイルス（パルボウイルス）感染症で，2か月齢以上の猫では発熱や激しい嘔吐と下痢（血便），また白血球減少がおもな症状である．十分な輸液と抗生物質投与により治療するが，幼猫は体力がないので重篤な脱水と細菌の二次感染のため命にかかわることが多い．妊娠した猫が感染すると胎児の小脳形成不全が生じ，生後運動失調や採食不能などの症状が現れることがある．ウイルスは糞便中に排出されるが，抵抗性がひじょうに強く，別の猫の口や鼻から侵入する．子猫に対するワクチン接種により予防が可能である．

【猫白血病ウイルス感染症】

猫に感染することによりリンパ腫や白血病などをおこすことのあるウイルス感染症である．リンパ腫はリンパ組織の腫瘍であり，腫瘍化する場所により呼吸困難や吐出（胸腔内の腫瘤），腎不全（腎臓），神経症状（脳・脊髄）など多様な症状を呈する．白血病では貧血，好中球減少，血小板減少に伴い，食欲不振・元気消失，発熱，出血傾向などの症状がみられる．また，本ウイルス感染によって多発性関節炎などの免疫介在性疾患，免疫不全症，再生不良性貧血，流産・死産などがみられることがある．治療は対症療法になるが，ウイルス感染による免疫抑制やその他の併発症のため，一般的に経過はよくない．血液中のウイルス抗原の検出により感染の有無を調べることができる．猫白血病ウイルスはおもに唾液を介して感染するため，けんかの咬傷のほか，猫どうしでなめあうこと，食器の共有によっても伝播する．ワクチンが利用できるが，陽性猫との

▶伝染病の伝播

けんかの咬傷など濃密な接触．

▶猫伝染性腹膜炎

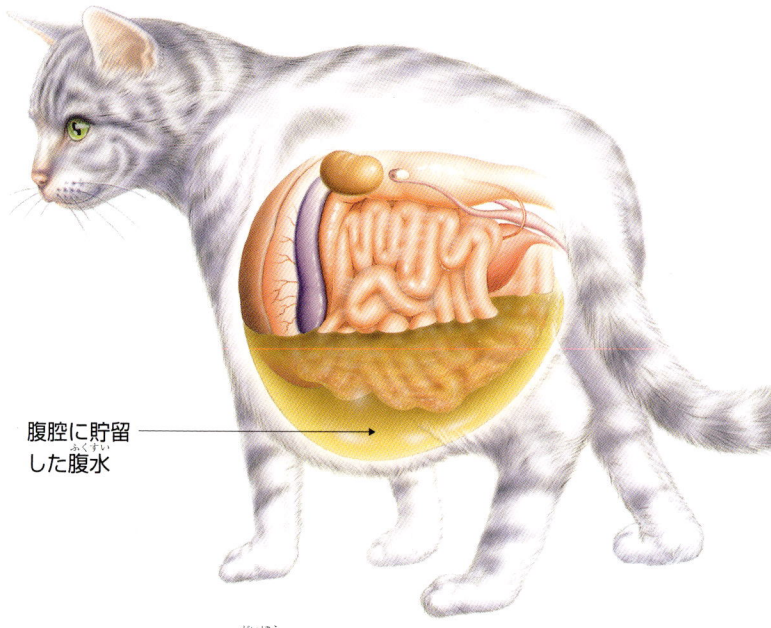

腹腔に貯留した腹水

猫伝染性腹膜炎発症猫の外貌
腹水の貯留による著しい膨大がみられることがある．

接触を避けることがもっとも確実な予防法である．ヒトには感染しない．

【猫免疫不全ウイルス感染症】

感染・発症により免疫不全症状を起こすことのある疾病であり，猫エイズ（AIDS）ともいわれる．感染したあと

▶猫汎白血球減少症

小腸
絨毛
パルボウイルスの感染により激しい炎症をおこして破壊された腸絨毛
パルボウイルスの感染初期に認められる炎症反応

猫汎白血球減少症の病原ウイルス（パルボウイルス）は小腸粘膜で増殖し絨毛を破壊するため、出血を伴う激しい下痢が生じる．また、糞便中にはウイルスが排泄され、新たな感染源となる．

猫白血病ウイルス感染症は、食器の共有によっても伝幡しうる．

▶猫白血病ウイルス感染症

血液塗抹像
猫白血病ウイルス（FeLV）
造血幹細胞
ウイルス感染
腫瘍化

猫白血病ウイルスに感染した造血幹細胞は腫瘍化し、リンパ腫、貧血、好中球減少、血小板減少などの症状をおこす．

▶猫免疫不全ウイルス感染症

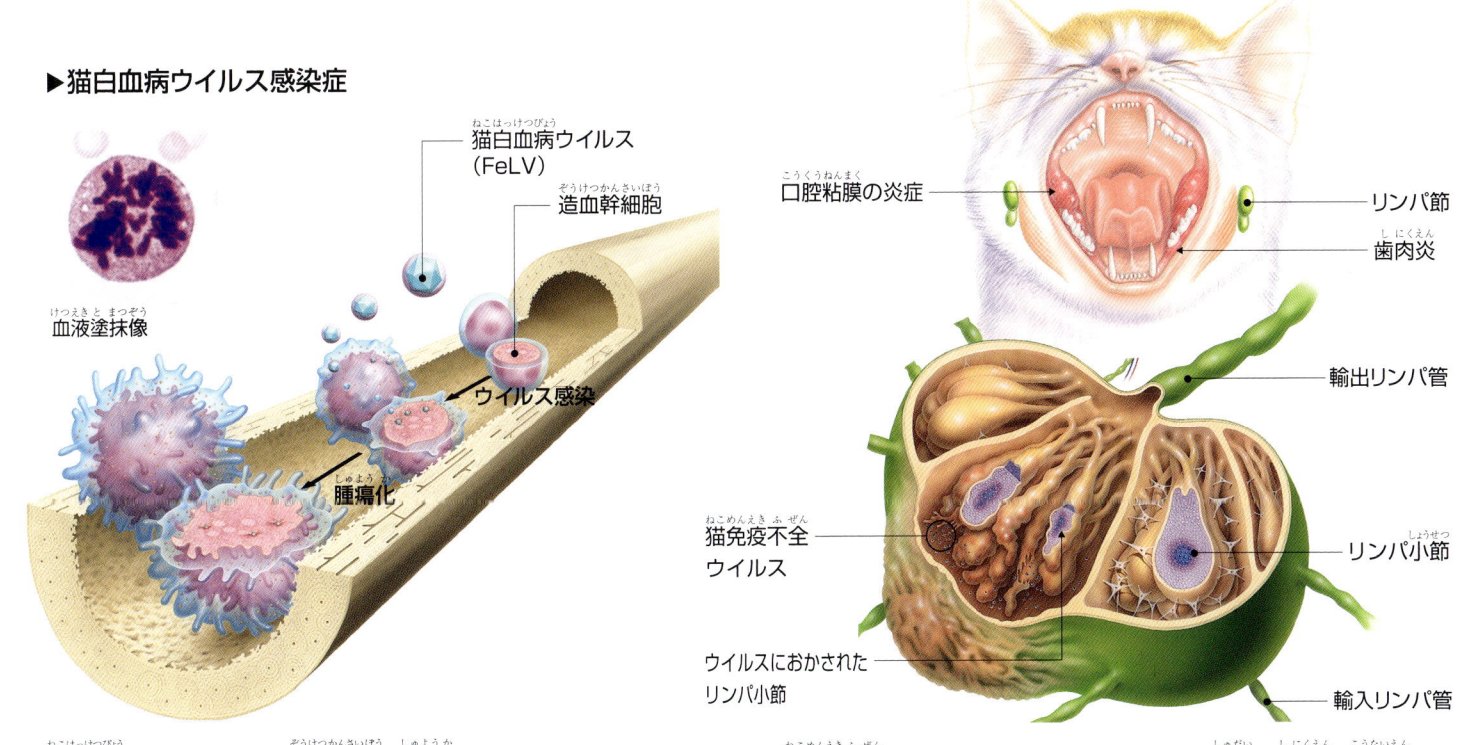

口腔粘膜の炎症
リンパ節
歯肉炎
輸出リンパ管
猫免疫不全ウイルス
ウイルスにおかされたリンパ小節
リンパ小節
輸入リンパ管

猫免疫不全ウイルス感染猫では持続性リンパ節や腫大や歯肉炎、口内炎などの症状がしばしば認められる．

は一過性の発熱やリンパ節の腫脹を伴う急性期，長い（数年～10年以上）無症候キャリア期を経て，免疫異常を伴うAIDS関連症候群期へと続く．AIDS関連症候群期には治りにくい口内炎や歯肉炎，上部気道炎がみられることが多い．

さらに末期（AIDS期）には体重減少，腫瘍の発生，原虫，真菌，常在細菌などによる重篤な感染症を伴い，死に至ることがある．血液検査により感染を検出できるが，根本的な治療法はなく対症療法のみである．交尾やけんかの咬傷により猫の間で伝播されるが，ヒトに感染することはない．ワクチンは開発されていないので，野良猫との接触を防ぐことが予防法となる．

健康管理 79

寄生虫の予防と駆除

注意すべき猫の寄生虫は，腸管の寄生虫（原虫・線虫・条虫）と外部寄生虫（ノミ・マダニ・ミミダニ・疥癬など），そしてまれではあるが心臓への犬糸状虫の寄生がある．自由生活する猫ではしばしばみられる．

【腸管の寄生虫】

猫の腸管には原虫（コクシジウム，トキソプラズマ），線虫（回虫，鉤虫，糞線虫など），条虫（マンソン裂頭条虫，瓜実条虫，猫条虫など）が寄生する．一般に腸管の寄生虫は無害であることが多いが，幼若な猫や免疫力の弱い猫では下痢・血便，腹痛，貧血，発育不良などの症状を示すことがある．寄生虫の予防と駆除については各寄生虫の生活環をよく理解することが重要なポイントになる．原虫と線虫では糞便から排出されたオーシストまたは成熟卵や感染幼虫などの経口的摂取により感染が成立する．またヒトへ感染する危険性もあるので（回虫，トキソプラズマなど），糞便の処理は確実に行うべきである．さらに胎盤感染（回虫）や皮膚から感染（糞線虫，鉤虫）する場合もあり，とくに感受性の大きい幼若個体には定期的駆虫を行うことが望ましい．条虫類の感染は中間宿主の捕食によって成立する．マンソン裂頭条虫はカエルやヘビ，瓜実条虫はノミ，猫条虫ではネズミが中間宿主になる．これらの動物を捕食しないようにすることが感染の予防になるが，自由な生活をおくる猫では実際上困難であり，定期的な糞便検査による早期発見と駆虫およびノミの駆除が効果的である．そのほか実質的な害はないが，カエルやヘビを食べる猫では壺型吸虫の寄生が認められることがある．

【外部寄生虫】

ノミは瓜実条虫の媒介者であるとともに，吸血によるかゆみとアレルギー性皮膚炎をおこす．ノミとりぐしを用いて目に見えるノミを除去することは寄生数を減少させるが根絶は無理である．ノミに対する予防と駆除の薬剤には首輪型，シャンプー型，滴下式などさまざまな形状のものがあるので，目的と寄生の重症度に応じて選択が可能である．また昆虫成長調整剤の内服によるノミの産卵抑制や猫の寝床やカーペットなど環境中に存在する非寄生期のノミ駆除も有効である．

外で生活する猫にはマダニが寄生することがある．草の葉の上で待機していたマダニが猫に付着すると，数日間かけて吸血する．寄生部位に皮膚炎をおこすことがある．ノミの予防と駆除と同様の薬剤が用いられることが多い．

ミミダニと疥癬は寄生部位の皮膚に激しいかゆみをひきおこす．フケなどに混入する病原虫により感染しうるので，床敷やカーペットなどの清掃・消毒を行い，感染猫との接触をできるだけ避ける．治療には殺ダニ剤の薬浴や塗布が必要であるが，最近では注射薬が使用されることもある．治療中は搔傷を防止するための爪きりやエリザベスカラーの使用も有効である．外部寄生虫の駆除剤は薬物によっては中毒様副作用があるので注意すること．

◆体内にみられるおもな寄生虫

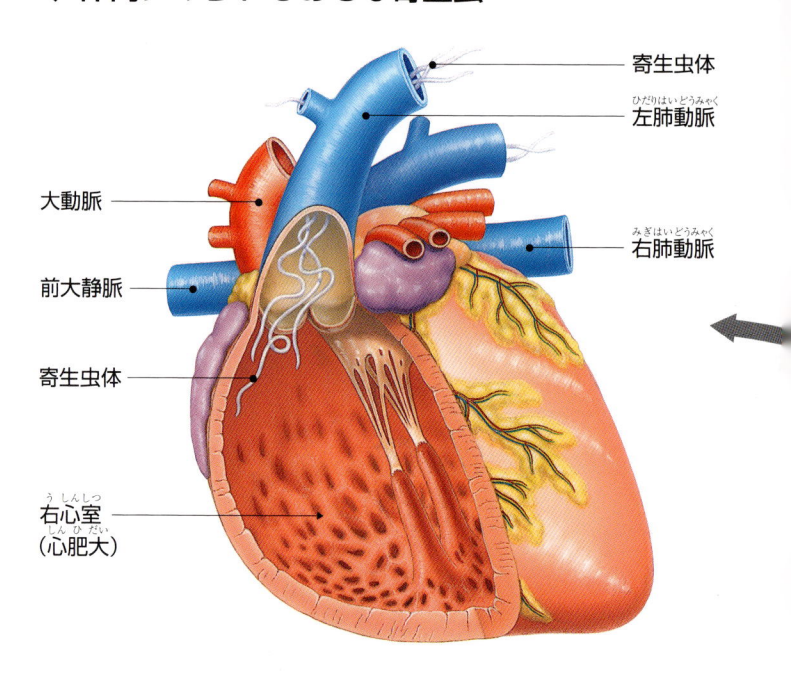

犬糸状虫は猫の場合にも肺動脈に寄生し，その寄生数は犬に比べると少ないが，肺動脈内膜の損傷や肺動脈の閉塞の程度は重篤で，急性または慢性の心臓・肺の症状および嘔吐などの症状がみられることがある．

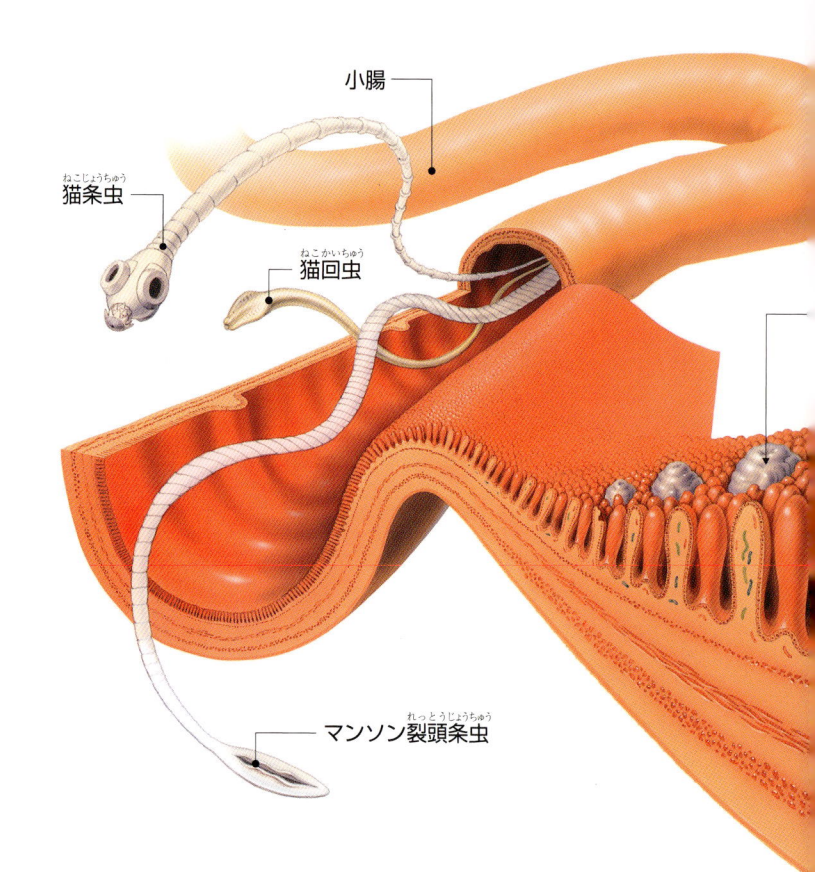

腸管の寄生虫は猫の糞便中に虫卵，オーシスト，片節などを排出するが，それが中間宿主に摂取されて発育していく．

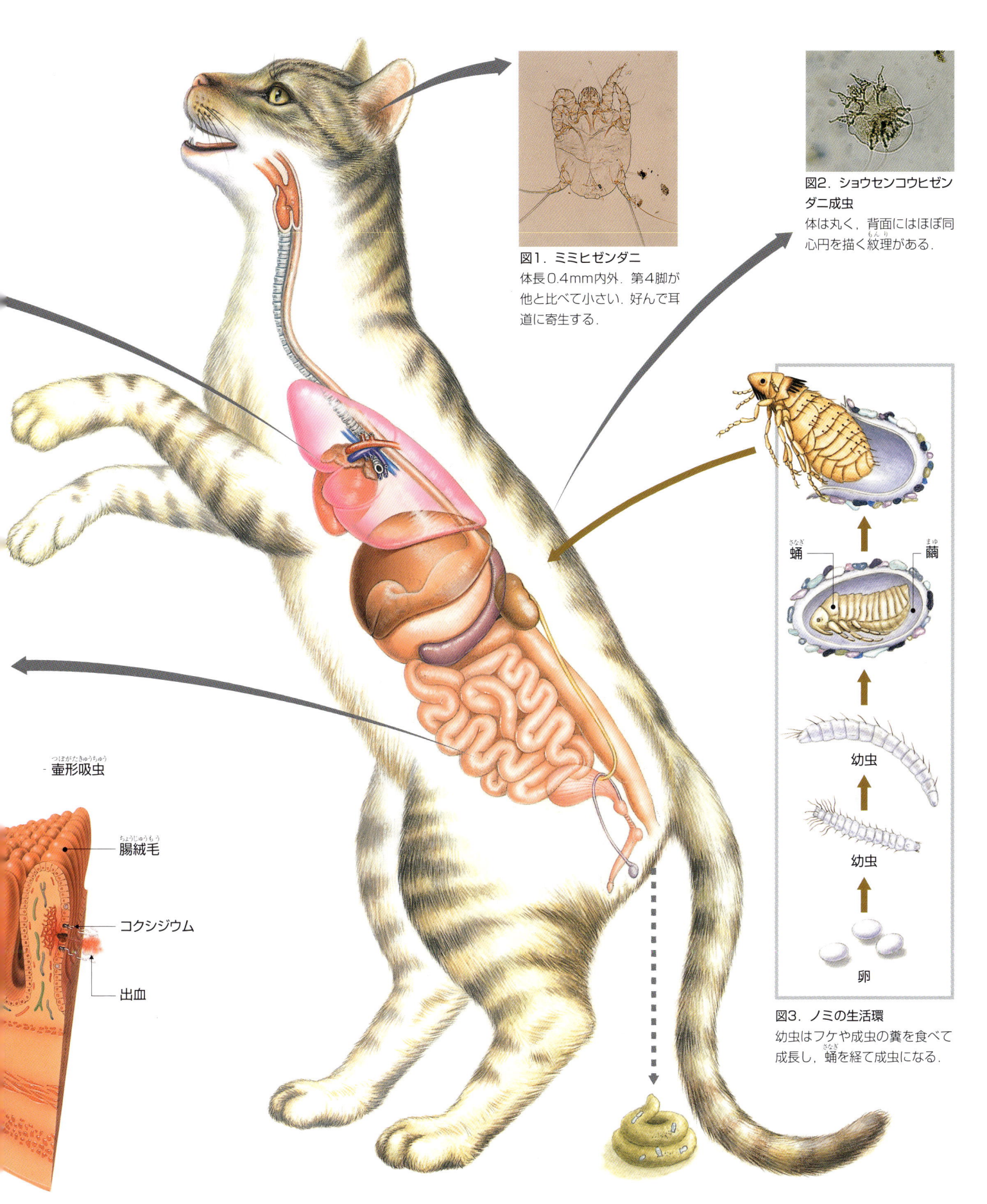

図1. ミミヒゼンダニ
体長0.4mm内外．第4脚が他と比べて小さい．好んで耳道に寄生する．

図2. ショウセンコウヒゼンダニ成虫
体は丸く，背面にはほぼ同心円を描く紋理がある．

壺形吸虫
腸絨毛
コクシジウム
出血

蛹　繭
幼虫
幼虫
卵

図3. ノミの生活環
幼虫はフケや成虫の糞を食べて成長し，蛹を経て成虫になる．

【犬糸状虫】

　本来犬の寄生虫であるが，媒介者であるカの吸血時に猫に感染してごくまれに呼吸器症状（咳，呼吸困難）や嘔吐などの症状をおこすことがある．日本では猫の犬糸状虫陽性率は数％である．超音波画像診断または免疫学的な方法により寄生を確認するが，一般に寄生数が少ないので感染の検出は困難で，また診断がついても治療のリスクが大きい．犬と同様に月1回の予防薬投与により感染成立が阻止できる．投与時期，投与量については獣医師の処方が必要である．

健康管理 81

よくみられる尿石症と膀胱炎

▶膀胱炎（雄）

有痛性の排尿困難と排尿時の血尿や頻尿が認められる．排尿困難のため，頻繁に排尿姿勢をとるようになる．

猫では泌尿器の疾患は比較的多く認められる．とくに尿石症や膀胱炎が複雑に関連しあい，膀胱や尿道に異常をきたして，血尿や排尿困難といった症状をひきおこすため，これらの病態を総称して猫の下部尿路疾患ともよぶ．

【尿石症】

尿石症は，尿が生成される腎臓から，尿の道筋である尿管，膀胱，尿道のいずれかの部位に結石が形成された状態をいう．猫において尿結石が形成される原因としては，尿中に本来は溶けて存在するミネラルが，その濃度が過剰になったり，尿のpHの影響などで結晶化し，析出して結石となる場合がほとんどである．また，膀胱炎で脱落した上皮細胞や炎症に伴い分泌された粘性物質などに結晶や微少結石が付着し，尿道に"栓子"が形成されて排尿ができなくなることも多い．

猫はもともとが砂ばくの生き物であるため，水をあまり飲まず濃縮した尿を産生する．そのため，尿中のミネラル分が過剰となりやすく，結晶化しやすい．また，食餌内容は尿のpHに影響を与えるため，食餌によっては結石を生じやすくすることもある．

形成される尿結石の種類は，そこに含まれる成分により分けられる．もっとも多く認められるものとしては，リン酸アンモニウムマグネシウム（ストラバイト）とシュウ酸カルシウムがあげられる．以前はストラバイト結石がもっとも多かったが，食餌の改善により，近年はストラバイト結石の発生は減ってきた．しかし，代わりにシュウ酸カルシウム結石の発生が増加しているともいわれている．

尿石症の治療の中心となるのは食餌療法であるが，それとともに重要なのは飲水量を増加させて，尿を薄くしてあげることである．ドライフードから缶詰フードに切り替えたり，食餌に水を混ぜたり，水入れの周りをつねに清潔に保つ必要がある．

【膀胱炎】

膀胱炎とはさまざまな原因による膀胱壁の炎症である．犬と異なり，猫では細菌感染によっておこる膀胱炎はほとんど認められない．猫でもっとも多いのは，原因が特定できない特発性の膀胱炎である．特発性の膀胱炎の猫は，排尿時に痛みを伴ったり，尿中に血が混じることが多く，これらの症状が緩解や再発をくりかえすのが特徴である．

特発性の膀胱炎は明らかな原因が不明なため，いまだに確立された効果的な治療法はない．膀胱炎では前述した尿道栓子ができやすい状態となるため，尿石症の場合と同じように飲水量を増やし，尿を薄くすることで尿道栓子の危険性を防ぐ必要がある．また，引っ越しや天候の変化，家族構成の変化（赤ん坊や新しく飼う猫）などの精神的なストレスが引き金となって特発性の膀胱炎になることもあるといわれている．ストレスとなる要因が存在する場合には，その原因をできるかぎり除いたり，あるいは精神安定剤のような薬で治療することもある．

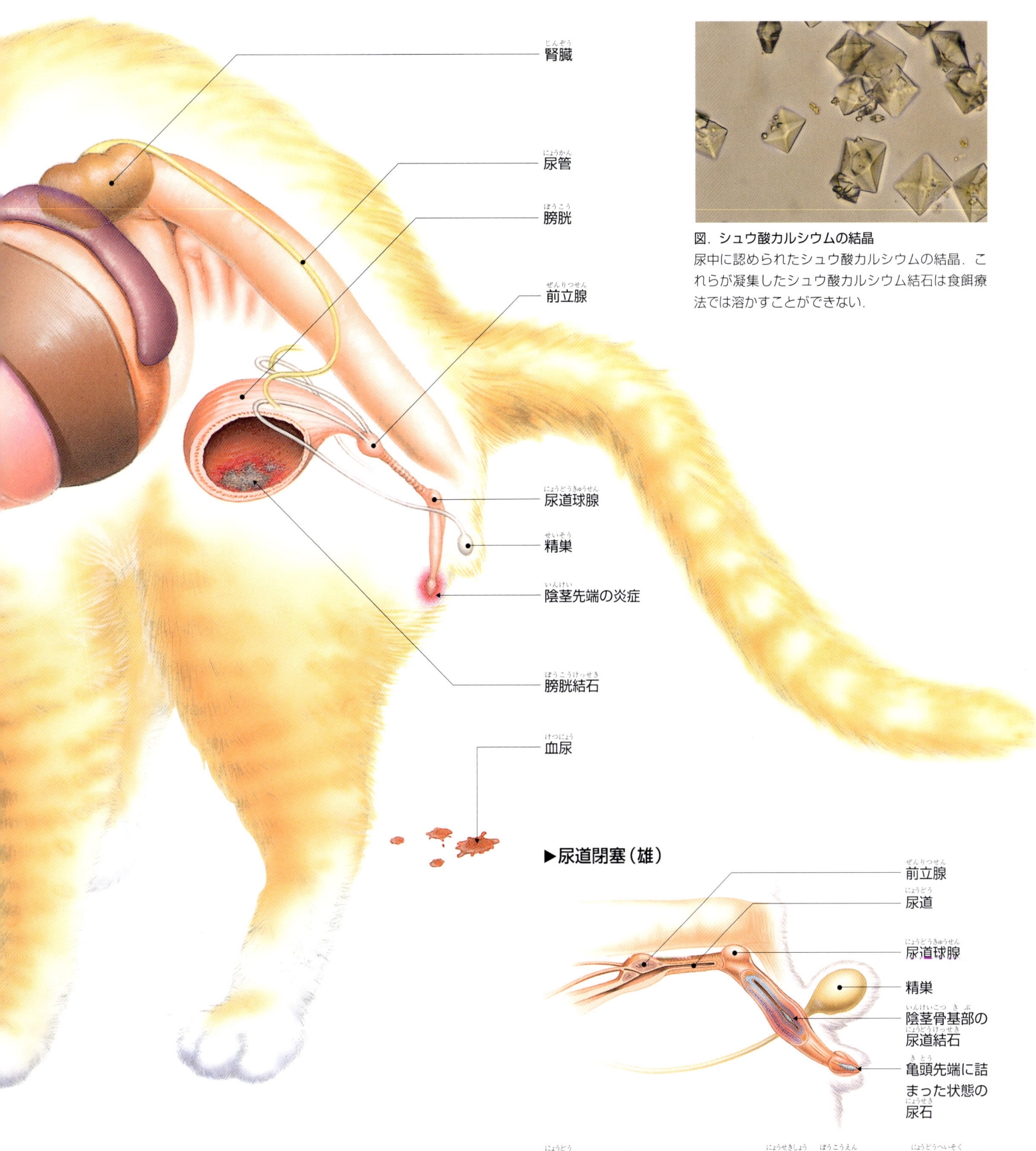

腎臓
尿管
膀胱
前立腺
尿道球腺
精巣
陰茎先端の炎症
膀胱結石
血尿

図．シュウ酸カルシウムの結晶
尿中に認められたシュウ酸カルシウムの結晶．これらが凝集したシュウ酸カルシウム結石は食餌療法では溶かすことができない．

▶尿道閉塞（雄）

前立腺
尿道
尿道球腺
精巣
陰茎骨基部の尿道結石
亀頭先端に詰まった状態の尿石

尿道が長く，先細りしている雄猫は，尿石症や膀胱炎に伴って尿道閉塞を起こしやすい．

【尿道閉塞】
　尿道閉塞とは，尿道に結石や栓子が詰まった状態であり，とくに尿道が細く詰まりやすい雄猫に多い．尿道閉塞では尿がほとんど，あるいはまったく排泄できないため，放っておくと腎臓まで影響が及ぶ腎後性腎不全となり，死亡することもある．
　もともと尿結石や膀胱炎を患っている猫では，適切な治療を受けるとともに，尿がきちんと出ているかどうか，つねに気を配るべきである．尿道閉塞が疑われる場合には，早めに獣医師の治療を受けるべきである．

嘔吐と下痢

嘔吐や下痢という症状は普段の生活においてよく遭遇するものである。このような症状が出たからといってすぐに動物病院に駆け込まなければならないだろうか。嘔吐や下痢の状況をみて，これはすぐに病院に連れていくほうがよい嘔吐，下痢か1日2日待ってもよさそうなものかを判断すべきである。

【嘔吐】

嘔吐に関しては，猫はとくに毛球を吐く動物であるので，吐いたものが何であるかを確認する必要がある。食べた物であるか，毛球なのか，吐いた物のなかに血液などは混じっているかなどである。吐物が食べた物である場合には，消化の状況も観察しておくほうがよい。また，食後どの程度で嘔吐があったかを記録しておくことも診断をするうえで重要となる。

すみやかに治療が必要な嘔吐は，何度もくりかえす嘔吐で，吐物のなかに血液（赤色あるいは黒色の場合もある）などが混じる場合や，吐いたあとに動物がぐったりしているような場合である。よく遭遇するのは，いつもより食事をいっぱい食べ過ぎてしまって，食べたあとにすぐに吐き戻してしまい，その後，吐いたものを再び食べてしまうような場合で，一時的に胃が拡張しすぎてしまったためにおこった反射であると考えられるため，すぐに動物病院へ行く必要はないといえる。

また毛球症の場合は吐いたものがいわゆる毛球であるため判断しやすいが，これが胃内に停留してしまい通過障害や嘔吐の原因にもなりうる。このため長毛種の猫ではできるだけまめなブラッシングを行う必要があり，毛球を溶解させたり排出しやすくする毛球症専用の薬剤の投与などが必要となる場合もある。

嘔吐は食道炎，胃炎，腸炎など消化管の炎症に伴ってみられる場合もあるが，消化管内異物によっても多くみられる症状である。猫では，とくにいわゆる猫のおもちゃなどを誤って食べてしまい，異物として胃内に停留している場合がある。これらは嘔吐がみられる前後で家のなかの物が何かなくなっていないかなど気をつけてみてみる必要がある。このような場合には腹部のX線撮影あるいは消化管造影検査をすることによりはっきりさせられることがある。また小さなものの場合には開腹手術を行わなくても内視鏡的に胃から摘出することができる場合がある。

このほかに消化器系以外の異常によっても嘔吐はみられる。中年齢から高齢の猫では，腎臓の機能低下により嘔吐がみられることが多い。また甲状腺ホルモンが過剰に産生される甲状腺機能亢進症などでも嘔吐する場合が多い。また肝機能の低下や糖尿病などでも嘔吐することがある。

▶胃，十二指腸，膵臓の障害

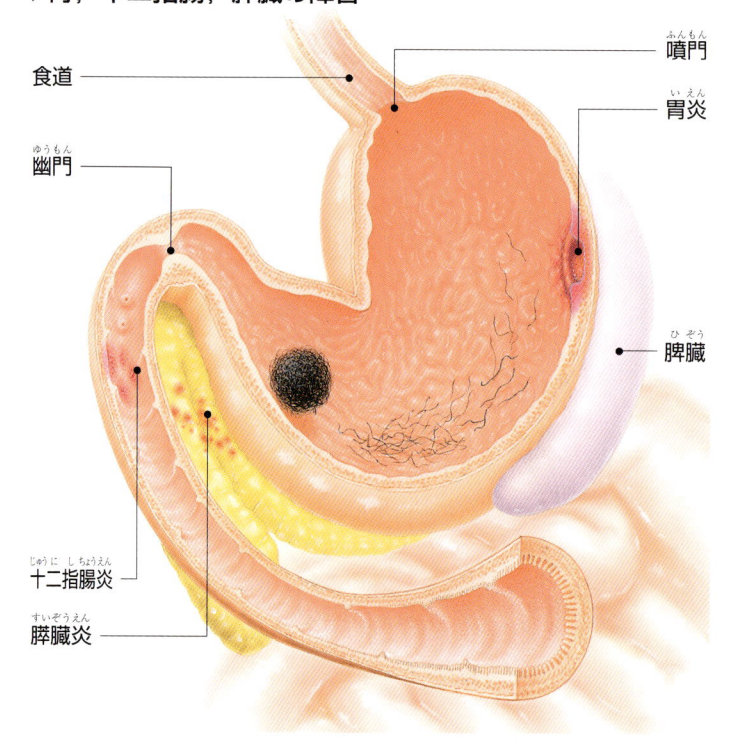

食道 — 噴門 — 胃炎 — 幽門 — 脾臓 — 十二指腸炎 — 膵臓炎

▶腸管に寄生する寄生虫，原虫

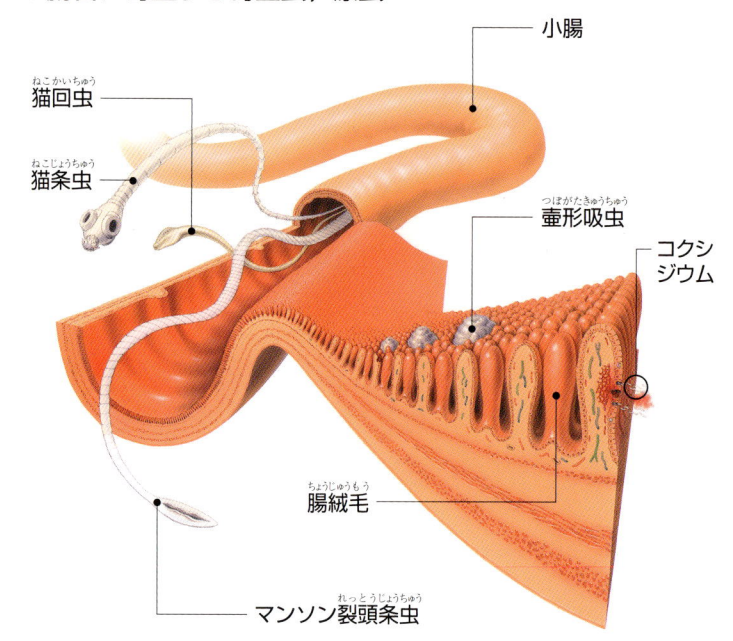

小腸 — 猫回虫 — 猫条虫 — 壷形吸虫 — コクシジウム — 腸絨毛 — マンソン裂頭条虫

消化器以外の病気に伴う嘔吐は，単発ではなく何度もくりかえす嘔吐で食欲低下や元気消失などの症状も同時に出現するため，このような場合には動物病院にて血液検査や尿検査，X線検査および超音波検査などを受ける必要が出てくる。このほかにまれではあるが，消化管に腫瘍が存在する場合にも嘔吐することがある。

【下痢】

下痢も嘔吐と同様によくみられるが，最近食餌内容を変更したかどうかを考慮する必要がある。急な食餌内容の変更が下痢をひきおこすことはよくあることである。また猫の場合，ケージに入れて旅行に行ったり，家の中に新しい動物（人の場合もある）が増えたりすることで下痢をする

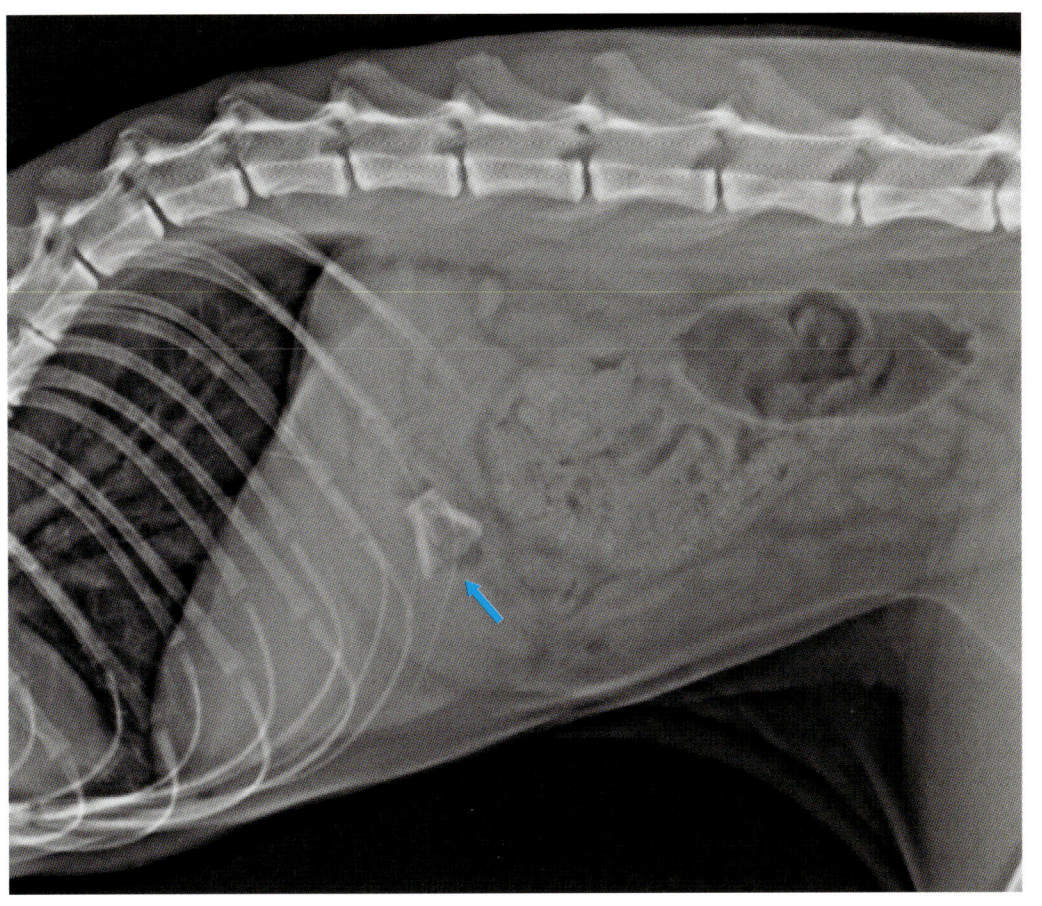

図1. 腹部X線写真
腹部X線検査において胃内に異物が認められる（←印）．

図2. 胃内から取り出した異物
下段右側の三角形をしたもの．およびその異物の本来の形．猫用のおもちゃの一部であった．

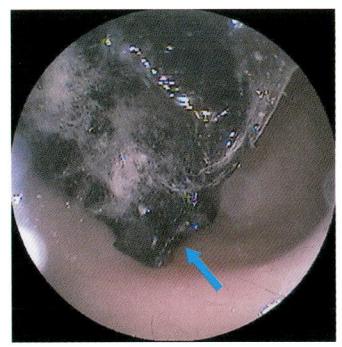

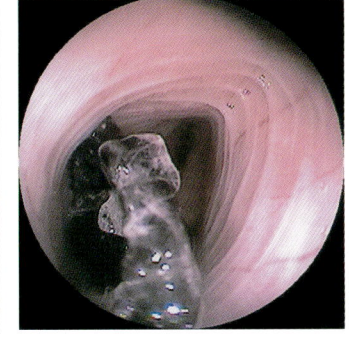

図3. 胃内異物内視鏡画像
内視鏡検査で胃の中に観察された異物（←印）（左），およびその異物を内視鏡下で取り出している画像（右；食道内）．猫の後部食道の粘膜はこの写真のように輪状のヒダが観察される．

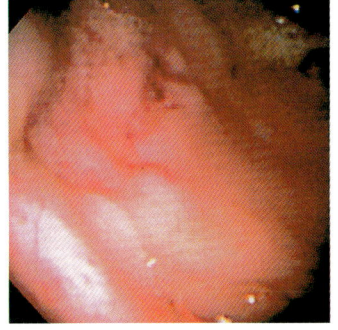

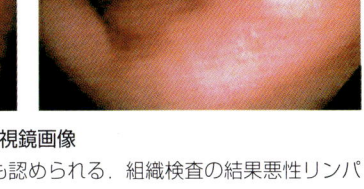

図4. 慢性嘔吐を示した猫の胃の内視鏡画像
粘膜面は不整で一部に潰瘍の形成も認められる．組織検査の結果悪性リンパ腫と診断された．

ので，なんらかのストレスにさらされると下痢という症状をおこしやすいと理解しておく必要がある．このような場合には，一般的な整腸剤の投与のみで症状の改善が期待できる．

猫にみられる病的な下痢には寄生虫や細菌，ウイルスなどの感染症があげられる．なかでもパルボウイルスによる猫汎白血球減少症は急激な嘔吐と下痢をおこす感染症として知られている．この疾患はその症状などから猫ジステンパーとよばれていたが，パルボウイルスによる感染症であることが明らかとなり，また血液検査にて重度の白血球減少を呈することより，この疾患名がつけられている．本疾患は適切なワクチン接種が行われていない場合には，きわめて重篤な症状を呈し，致死的経過をとる場合があるため，生後約2か月で初回ワクチン接種を，その4週後に2回目の接種を受けることが推奨されている．

猫の消化管内寄生虫として重要なものは猫回虫，猫鉤虫およびコクシジウムがあげられる．またノミの寄生している猫には瓜実条虫が寄生していることも多い．消化管内寄生虫感染症の場合，慢性の下痢をはじめ，体重減少や削痩，被毛の光沢がなくなるなどの症状が出現するので，このような症状がみられた場合には検査が必要となる．身体検査に加え，適切な糞便検査により診断し，駆虫薬を投与するが，全身症状が悪化している場合には静脈内点滴や輸血が必要になる場合もある．このほかに抗生物質や消炎鎮痛剤，強心薬であるジギタリス製剤，抗がん剤などの薬剤も下痢をおこす原因となりうる．

老齢期に多い病気

猫において老齢とはどの程度のことを示すのだろうか。一般にヒトでは60歳以上を初老，75歳以上を老人とよぶようであるが，動物においてはその定義は明確ではない。いちがいに何歳以上を老齢期だとひとくくりにしてしまうのは問題があるかもしれないが，多くの場合，猫では8～10歳齢以上を老齢とよぶことに異議はないものと思われる。

これらの時期を過ぎると老年病とよばれる疾患に罹患する割合が増大する。これらには慢性腎不全，がん，甲状腺機能亢進症，炎症性腸疾患，糖尿病，肝リピドーシスなどがあげられる。

【慢性腎不全】

慢性腎不全は猫の腎疾患のうちもっとも一般的な疾患であり，本疾患は原因のいかんにかかわらず，腎臓組織が損傷し萎縮するのが特徴である。これらは徐々に進行し腎機能は数か月から数年かけて低下する。

ある報告によると15歳以上の猫において15％以上が慢性腎不全であるといわれているほど老齢で多く発症する疾患である。また猫の慢性腎不全に関する調査では診断時の平均年齢は7.4歳であり，また別の報告では半数以上が7歳以上であったと報告されている。症状は多飲多渇，食欲不振，削痩，嘔吐などで，ときに高血圧により網膜剥離を呈し盲目になる例もある。身体検査ではいびつに萎縮した腎臓が触知可能で脱水を呈することも一般的である。また貧血を呈したうえ口臭を認めることもある。本疾患は血液検査，尿検査およびX線や超音波検査で診断できるが，診断後は対症療法と食事療法などにより残存している腎機能を保護することを中心とした治療を考えていく必要がある。

【腫瘍】

加齢に伴い腫瘍の患者が増加しているという事実は猫でも犬やヒトと同様，ほぼ間違いないようである。動物の平均寿命が延長するに伴って腫瘍患者の割合はひじょうに多くなっている。猫ではリンパ，造血系の腫瘍がいちばん多く，それに続いて皮膚，乳腺および鼻の腫瘍が多くなっている。このほかにも口腔内，骨関節，耳，腎臓，肝臓，膵臓などにも腫瘍の発生はみられる。

猫のリンパ腫は猫白血病ウイルス（FeLV）に関連したものが多いが，FeLVが陽性の猫では平均3歳，陰性の猫では7歳であるといわれている。このなかでも消化管あるいは腸間膜リンパ節が侵される消化管型リンパ腫はFeLV陰性で老齢の猫に多くみられる。症状は嘔吐や下痢，食欲不振，体重減少などで腹部の触診によって腹腔内の腫瘤を触知できる場合もある。リンパ腫の治療は抗がん剤を用いた化学療法であるが，生存期間中央値は2.6～7.6か月ととても十分であるとはいえない。しかしFeLVが陰性で疾患のステージが低いものでは17.5か月とある程度の効果は期待できるかもしれない。リンパ，造血器系腫瘍以外の固形がんの場合にはできるだけ早期に診断して外科的に摘出することが理想であるが，診断時にはすでに遠隔転移をおこしていたり，腫瘍自体が大きすぎて切除できなかったり，ほかの疾患をもっているため麻酔が危険であったりと手術不適応の症例も数多く存在する。

◆老齢期の猫にみられる病変

老齢期にはさまざまな疾患に伴って痩せたり，被毛の光沢が失われることも多い。皮膚をつまむと，脱水のためにすぐ戻らないこともある。また，体表面に腫瘍がみられることもある。

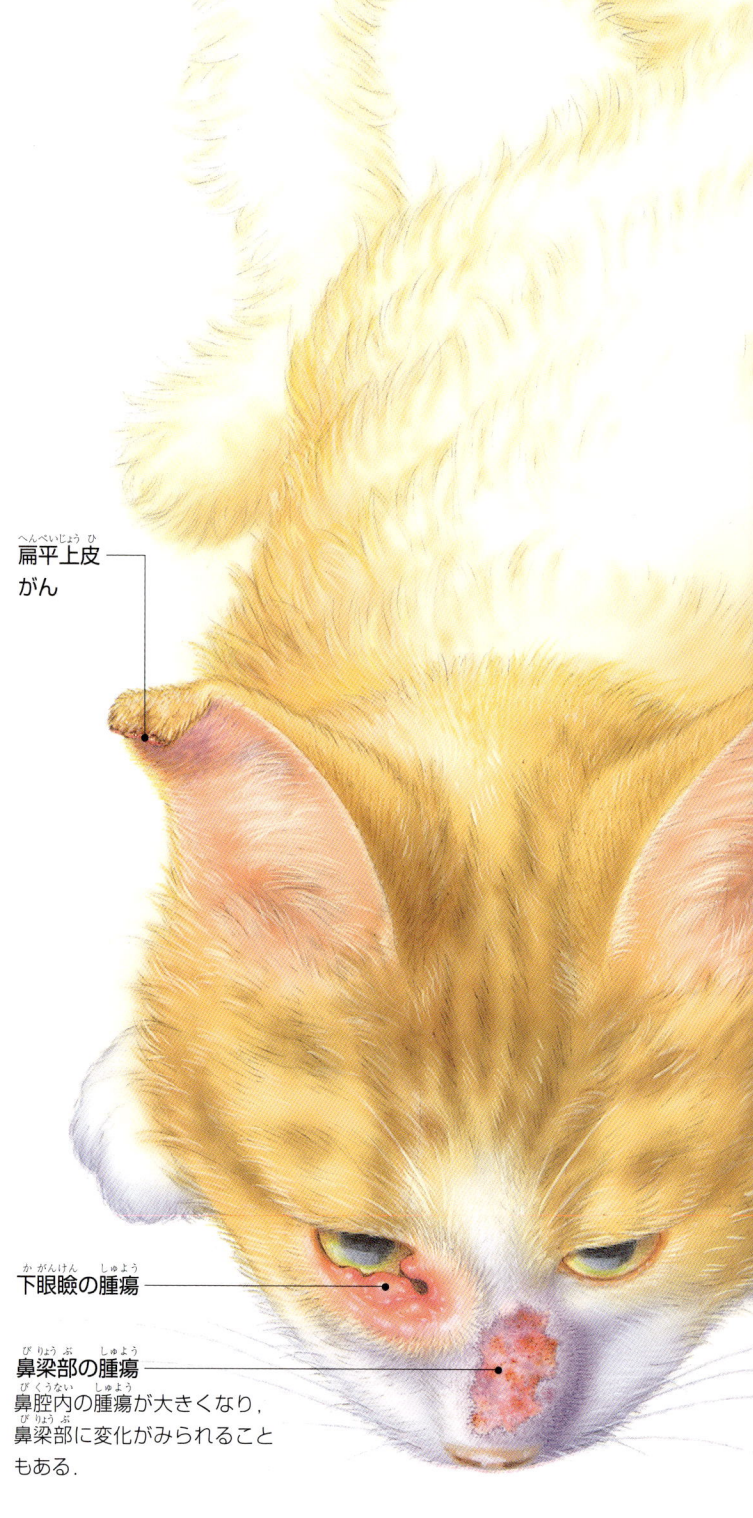

扁平上皮がん

下眼瞼の腫瘍

鼻梁部の腫瘍
鼻腔内の腫瘍が大きくなり，鼻梁部に変化がみられることもある。

▶萎縮腎

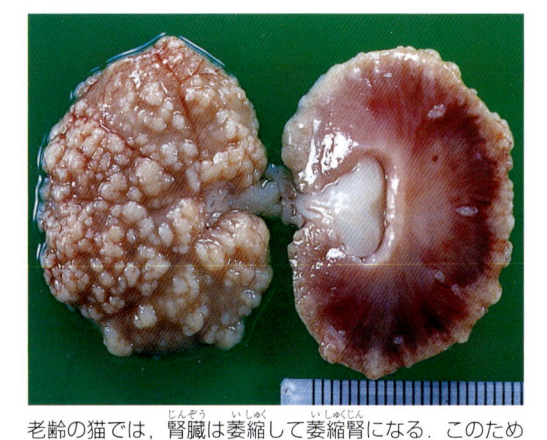

老齢の猫では，腎臓は萎縮して萎縮腎になる．このため腎臓の機能は低下し，慢性腎不全へと変化する．
小野憲一郎ほか編，イラストでみる猫の病気, p.58, 講談社 (1998) より

▶扁平上皮がん

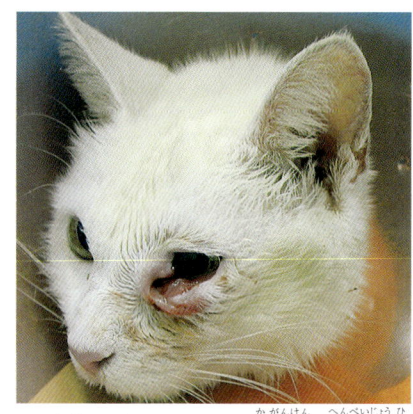

12歳齢の猫に認められた下眼瞼の扁平上皮がん．

▶悪性リンパ腫

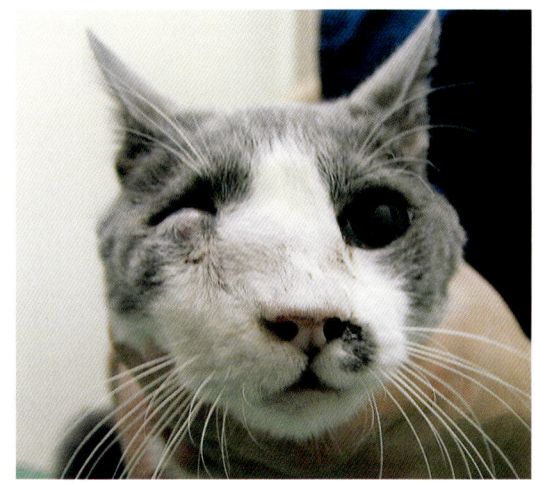

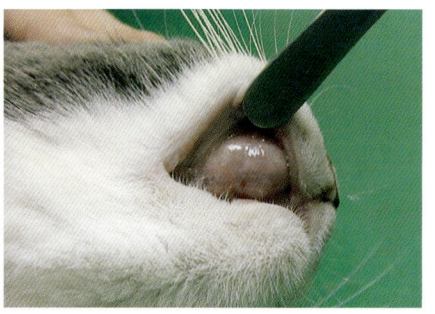

17歳齢の猫に認められた右鼻腔から口腔にかけてできた悪性リンパ腫．鼻腔内の腫瘍により鼻梁部の変形が観察される．化学療法により腫瘤は小さくなり症状の改善が認められた．

▶甲状腺機能亢進症

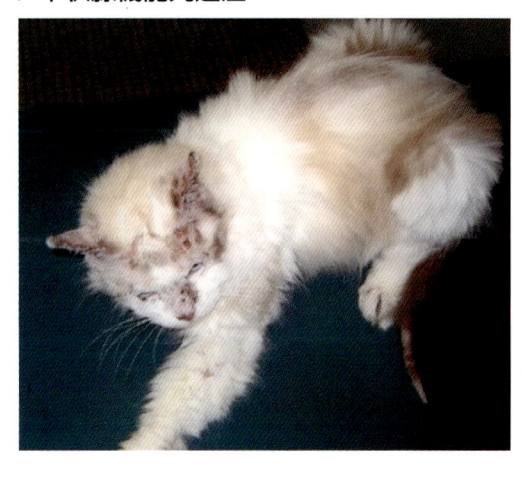

甲状腺機能亢進症の猫の外貌（13歳齢、雑種、雌）
元気消沈・活動性低下，体重減少・削痩，乱れた被毛，呼吸困難などの特徴的な症状を示した．

【甲状腺機能亢進症】

　中年齢後期から老齢期にかけてよくみられる一般的な疾患である．これは甲状腺ホルモンが過剰に産生されることによりひきおこされる疾患で，全身の代謝が亢進した状態になる．病態は甲状腺ホルモン過剰による多くの臓器障害を示すことによる．全身の代謝が亢進することにより多食ではあるが削痩し，体重減少を特徴とする．また，心拍数および呼吸数も増加する．心臓は過剰な甲状腺ホルモンにより，心筋の肥大を呈し高血圧を示す場合もある．消化器系では慢性的な吸収不良と下痢を呈し，腎機能の低下を示すことも多い．この疾患では頸部に腫大した甲状腺を触知できる場合もあり，また血清中の遊離サイロキシン（FT4）を測定することで診断することが可能である．本疾患の治療は抗甲状腺薬による内科療法と甲状腺摘出術による外科療法が選択できる．どちらを選択するかはその症例の全身的な評価および年齢も考慮に入れて決めるべきである．

健康管理 87

猫とヒトの共通感染症

猫に感染する病原体の一部はヒトにも感染する．猫の生活の場がヒトと共通するところから，猫からヒトへ感染する病気に対して注意する必要がある．また，感染が疑われる場合は，医師の診療を受けるようにする．

【猫ひっかき病】

バルトネラ菌（*Bartonella henselae*）やアフィピア菌（*Afipia felis*）は猫の爪，唾液中に存在する細菌である．ヒトが猫にひっかかれたり，かまれたりすると発症する．2週間後に発熱，傷近くのリンパ節がはれるなどの症状がでるが，重篤な症状に至ることは少ない．しかし，全身の倦怠感，頭痛，喉の痛みを伴い，まれに眼病変，脳炎をおこしたりすることがあるので注意が必要である．

【パスツレラ症】

パスツレラ菌（*Pasteurella multocida*）は，猫の口腔内に常在する細菌である．猫にかまれたり，ひっかかれたりしてできた傷が1～2日以内に激しい痛みを伴いながら皮膚がはれ，化膿することもある．猫にかまれたり，ひっかかれたりして感染が疑われる場合は医師の診療を受ける．

【トキソプラズマ症】

トキソプラズマ原虫（*Toxoplasma gondii*）のオーシストは，感染した猫の腸管細胞内で有性生殖が行われて生じ，糞便中に排出される．その感染力は2～3日以降から始まり，1年以上持続する．成猫やヒトが経口摂取して感染しても無症状のことがあるが，子猫は急性感染で死に至ることもある．症状は発熱，食欲不振，下痢，嘔吐，肺炎，黄疸，痙攣などである．ヒトが妊娠中に感染した場合は，胎児に移行し，流産や早産を起こす．感染した胎児は成長に従って視覚障害，運動障害をおこすこともある．また，猫エイズ（猫後天性免疫性不全症候群）を併発していることもある．妊娠中や乳幼児，免疫不全者は，猫，とくに1歳齢以下の子猫との接触は避けたほうがよい．さわったらよく手を洗う．

【トキソカラ感染症】

猫に寄生する猫回虫（*Toxocara cati*）の虫卵を経口摂取することで感染する．猫に寄生しても症状は軽いが，ヒトに感染すると，ときには，回虫の幼虫が内臓幼虫移行症をおこし，発熱，食欲不振，筋肉痛，発咳，喘息様発作，肝臓，脾臓の腫大，肺炎，脳炎の発症を認めることがある．眼に移行すると失明することもあるので注意が必要である．

飼い猫の糞便中に回虫卵が認められたら，薬で駆虫する．また，子どもが砂場で遊んだときや猫をさわったあとには必ず手を洗う．

【皮膚糸状菌症】

猫の皮膚糸状菌の原因菌（*Microsporum canis, Trichophyton mentagrophytes*）がヒトに感染し，皮膚の円形状の発赤，脱毛，鱗屑（ふけのようなもの），水泡などの症状を起こす．猫は皮膚糸状菌に感染していても症状が認められない場合が多い．抜け落ちた被毛を原因菌が栄養源にして増殖するので，予防として，罹患動物の治療や隔離，汚染物の焼却や消毒をする．飼い猫の場合はシャンプーの励行が有効である．猫にさわったらよく手を洗う．

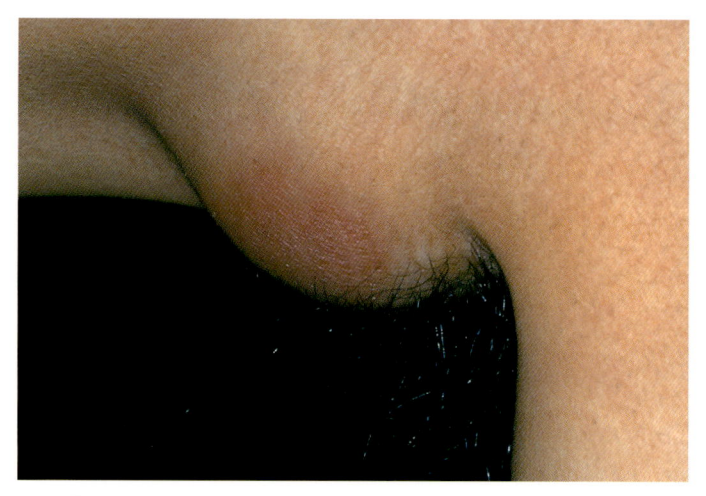

図1. 猫ひっかき病によってはれたわきのしたのリンパ節
写真提供：原　弘之先生（日本大学医学部）

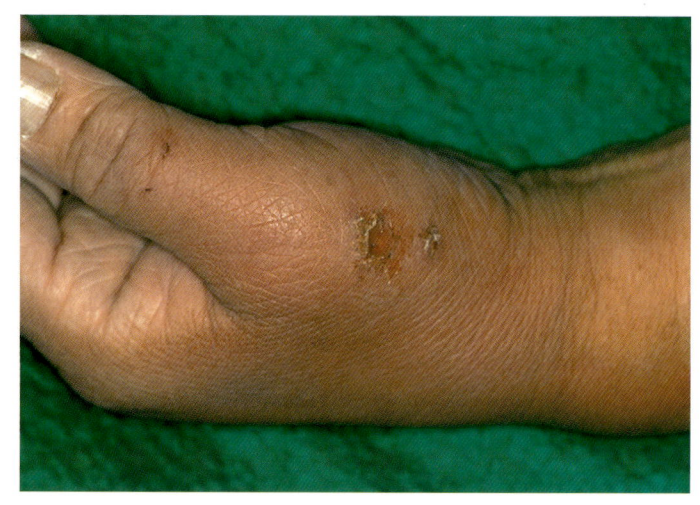

図2. パスツレラ症によってはれた手
写真提供：原　弘之先生（日本大学医学部）

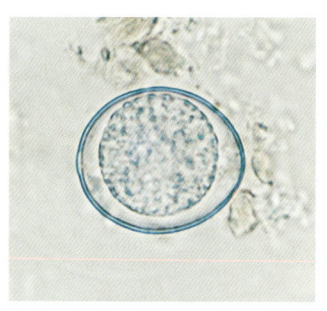

図3. トキソプラズマのオーシスト
写真提供：野上貞雄先生（日本大学生物資源科学部）

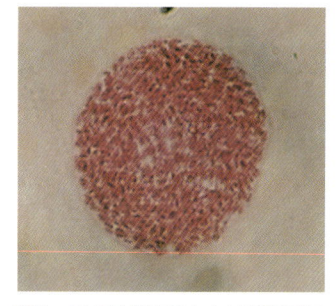

図4. マウス脳内のトキソプラズマのシスト
写真提供：野上貞雄先生（日本大学生物資源科学部）

◆猫回虫の感染経路

猫回虫

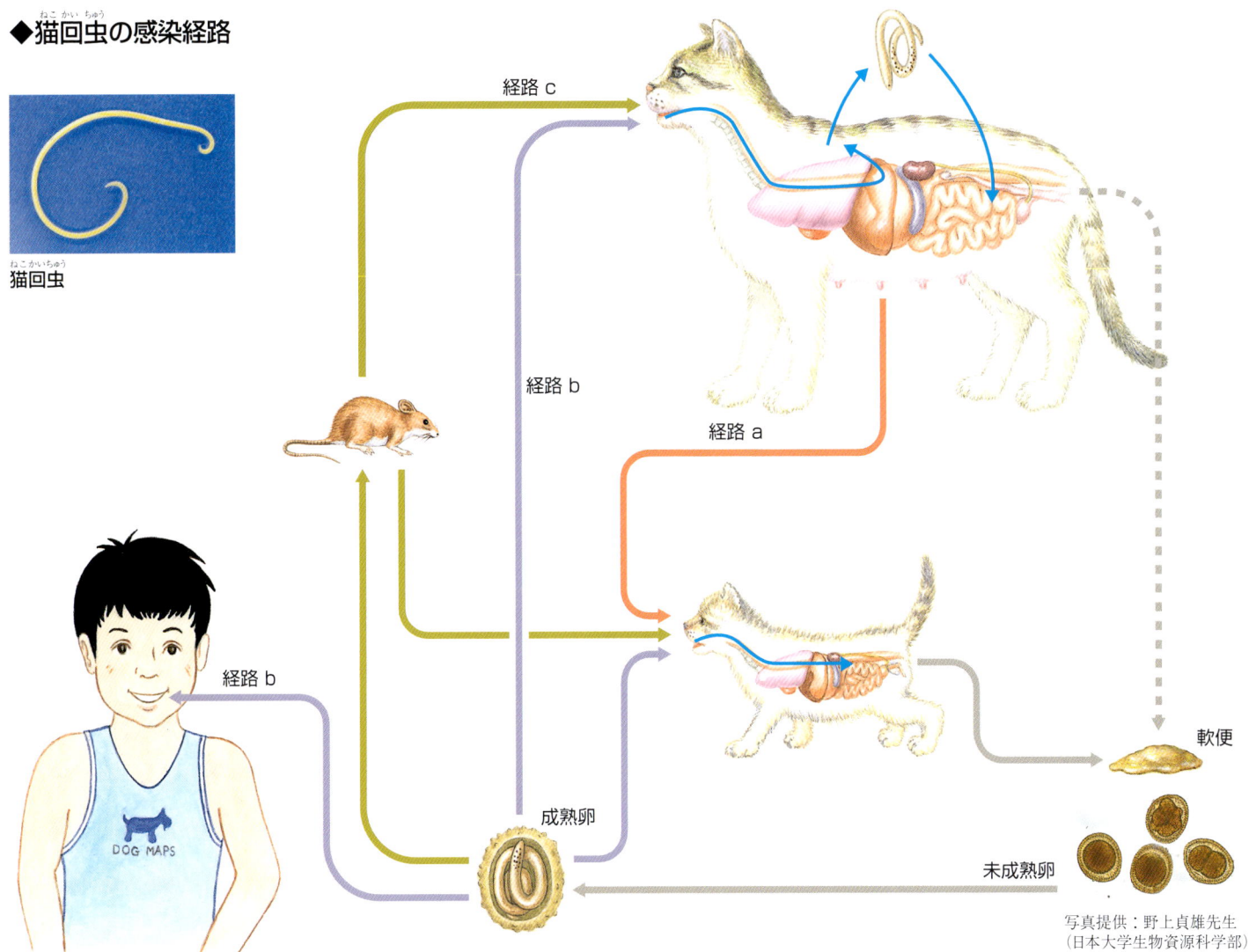

経路 c
経路 b
経路 a
経路 b
成熟卵
未成熟卵
軟便

写真提供：野上貞雄先生
（日本大学生物資源科学部）

感染経路は母乳から幼虫が感染する乳汁感染（経路a）と幼猫の糞便中に排泄された未熟卵が3〜4週間で感染幼虫を含む成熟卵となり、これを猫やヒトが摂取する経口感染（経路b）、成熟卵を摂取したネズミなど（体内に幼虫が潜む）を摂取することによる感染（経路c）がある。猫が感染すると、腸管腔で孵化した幼虫は胃や十二指腸壁に侵入したのち、肝臓、肺をへて気管に移行したのち、再び腸管に戻り成虫に発育する。猫が妊娠するとこの幼虫は胎児に移行する。60〜90日齢以下の子猫が経路a、bあるいはcにより感染すると、90日齢以上の猫と同じ経路で肺に到達したのち、気管支→気管→喉頭→胃→小腸へと移行し、感染後約2か月で産卵をはじめる。

小野憲一郎ほか編、イラストでみる犬の病気、p.118、講談社（1996）を改変

◆皮膚糸状菌症の起因菌

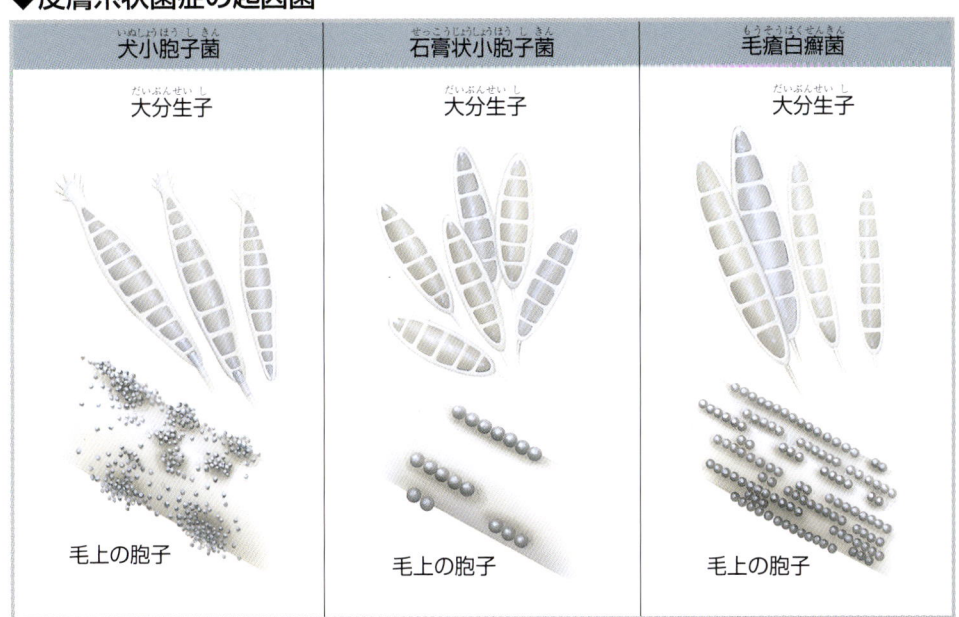

犬小胞子菌	石膏状小胞子菌	毛瘡白癬菌
大分生子	大分生子	大分生子
毛上の胞子	毛上の胞子	毛上の胞子

小野憲一郎ほか編、イラストでみる犬の病気、p.135、講談社（1996）より

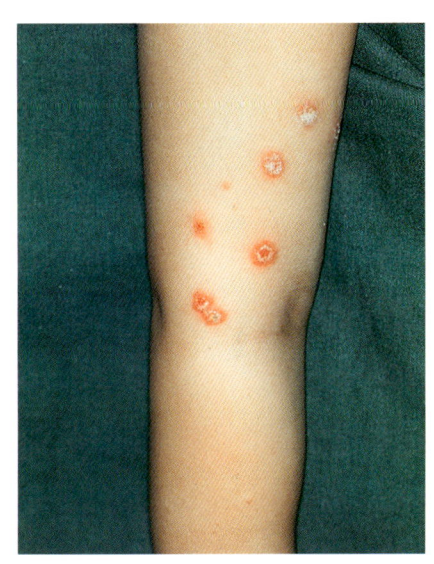

図5．猫の皮膚糸状菌症（*Microsporum canis* 感染症）から感染したヒトの症例
円形の赤くはれた皮膚病変が認められる．
写真提供：中村遊香先生（日本大学生物資源科学部）

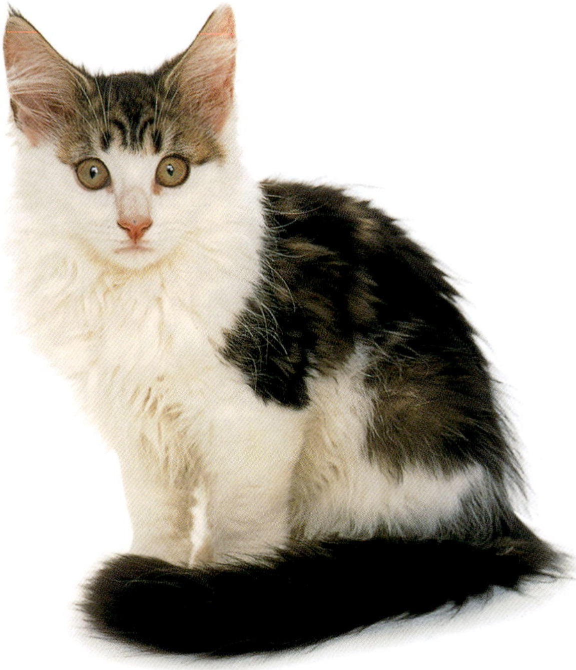

付録

- 猫体名称
- 関連諸団体
- 猫種名の由来
- 動物に関する法律

猫体名称

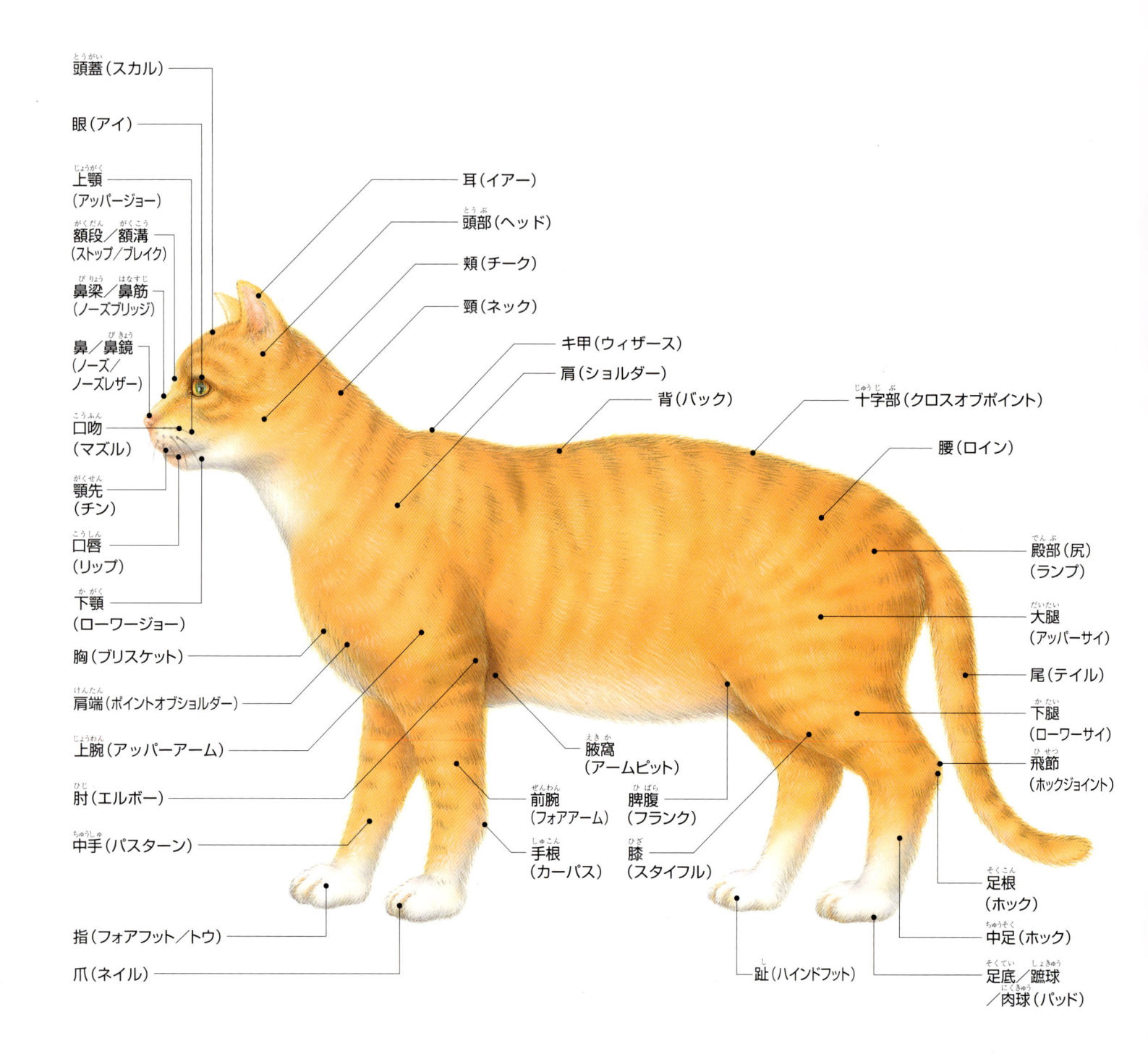

- 頭蓋（スカル）
- 眼（アイ）
- 上顎（アッパージョー）
- 額段／額溝（ストップ／ブレイク）
- 鼻梁／鼻筋（ノーズブリッジ）
- 鼻／鼻鏡（ノーズ／ノーズレザー）
- 口吻（マズル）
- 顎先（チン）
- 口唇（リップ）
- 下顎（ローワージョー）
- 胸（ブリスケット）
- 肩端（ポイントオブショルダー）
- 上腕（アッパーアーム）
- 肘（エルボー）
- 中手（パスターン）
- 指（フォアフット／トウ）
- 爪（ネイル）
- 耳（イアー）
- 頭部（ヘッド）
- 頬（チーク）
- 頸（ネック）
- キ甲（ウィザース）
- 肩（ショルダー）
- 背（バック）
- 腋窩（アームピット）
- 前腕（フォアアーム）
- 脾腹（フランク）
- 手根（カーパス）
- 膝（スタイフル）
- 趾（ハインドフット）
- 十字部（クロスオブポイント）
- 腰（ロイン）
- 殿部（尻）（ランプ）
- 大腿（アッパーサイ）
- 尾（テイル）
- 下腿（ローワーサイ）
- 飛節（ホックジョイント）
- 足根（ホック）
- 中足（ホック）
- 足底／蹠球／肉球（パッド）

（外部形態名称はp.16参照）

関連諸団体

日本の猫に関する団体・協会など

名称（略称）	住所	電話
日本捨猫防止会	〒140-0004 東京都品川区南品川6-8-17 第2甲南荘102	03-3472-8185
（公社）日本愛玩動物協会	〒160-0016 東京都新宿区信濃町8-1	03-3355-7855
特定非営利活動法人（NPO法人）ねこだすけ	〒160-0015 東京都新宿区大京町5-15-203	03-3350-6440
特定非営利活動法人（NPO法人）捨て猫をなくす会	〒417-0056 静岡県富士市日乃出町86	0545-32-9800
インターナショナルキャットクラブ（ICC）	〒101-0041 東京都千代田区神田須田町1-22 大久保ビル3F	03-3235-3733

全国の大学附属動物病院併設（国・公・私立）大学

大学名	住所	電話
【国　立】		
岩手大学動物病院	〒020-8550 岩手県盛岡市上田3-18-8	019-621-6238
帯広畜産大学動物医療センター	〒080-8535 北海道帯広市稲田町西3線14	0155-49-5683
鹿児島大学共同獣医学部附属動物病院	〒890-0065 鹿児島県鹿児島市郡元1-21-24	099-285-8750
岐阜大学応用生物科学部附属動物病院	〒501-1193 岐阜県岐阜市柳戸1-1	058-293-2962/2963
東京大学附属動物医療センター	〒113-8657 東京都文京区弥生1-1-1	03-5841-5420
東京農工大学動物医療センター	〒183-0054 東京都府中市幸町3-5-8	042-367-5785
鳥取大学農学部附属動物医療センター	〒680-8553 鳥取県鳥取市湖山町南4-101	0857-31-5441
北海道大学動物医療センター	〒060-0818 北海道札幌市北区北18条西9丁目	011-706-5239
宮崎大学農学部附属動物病院	〒889-2192 宮崎県宮崎市学園木花台西1-1	0985-58-7286
山口大学動物医療センター	〒753-8515 山口県山口市吉田1677-1	083-933-5931
【公　立】		
大阪府立大学生命環境科学部附属獣医臨床センター	〒598-8531 大阪府泉佐野市りんくう往来北1-58	072-463-5082
【私　立】		
麻布大学附属動物病院	〒229-8501 神奈川県相模原市淵野辺1-17-71	042-769-2363
北里大学獣医学部附属動物病院	〒034-8628 青森県十和田市東23番町35-1	0176-24-9436
日本獣医生命科学大学付属動物医療センター	〒180-8602 東京都武蔵野市境南町1-7-1	0422-31-4151（代）
日本大学生物資源科学部動物病院（ANMEC）	〒252-0813 神奈川県藤沢市亀井野1866	0466-84-3900
酪農学園大学付属動物医療センター	〒069-8501 北海道江別市文京台緑町582	011-386-1213

（2022年3月現在）

猫種名の由来

代表的な猫種名の由来（p.17参照）

猫種名（和名）	猫種名（英名）	由来
バーマン	Birman	原産のビルマ（ミャンマー）の意に由来．
メイン・クーン	Maine Coon	メイン州で，猫とアライグマ（クーン）が交雑して生まれたなどといわれたことに由来．もちろん逸話である．
オシキャット	Ocicat	野生のオセロットに似ていることに由来しているが，意図せず生まれた品種という意味のアクシキャットを合成して命名．
ターキッシュ・バン	Turkish Van	トルコ（ターキッシュ）のバン地方（湖）に多く生息していた土着猫を基礎としたことに由来．
ラグドール	Ragdoll	ラグはぼろ布，ドールは人形の意で，抱かれると身体をグニャグニャに傾け，まるでぬいぐるみを抱いているかのようなところに由来．
アメリカン・ボブテイル	American Bobtail	アメリカ原産で短尾（ボブテイル）に由来．
ピクシー・ボブ	Pixie Bob	ボブテイルを特徴としており，最初の子猫の名がピクシーだったことに由来．
ベンガル	Bengal	作出に使われたアジアンレパードのラテン名に由来．
コーニッシュ・レックス	Cornish Rex	イギリスのコーンウォール地方（コーニッシュ）で誕生し，同じような被毛のウサギをレックスとよぶことに由来．
ロシアン・ブルー	Russian Blue	ロシア原産でブルーの被毛を特徴としていることに由来．
アビシニアン	Abyssinian	土着していたエチオピアの古い名前のアビシニアに由来．
ソマリ	Somali	アビシニアンが土着していたエチオピアに隣接するソマリアに由来．アビシニアンと近い関係にあることを示している．
ターキッシュ・アンゴラ	Turkish Angora	ターキッシュはトルコ，アンゴラは現在のアンカラで，この都市名に由来．
オホースアズーレス	Ojos Azules	オホースは眼，アズーレスは青のことで，ブルーアイを特徴としていることに由来．
ラ・パーマ	La Perm	パーマのかかったような被毛に由来．
アメリカン・カール	American Curl	アメリカ原産で，耳が後ろに反り返って（カール）いることに由来．
デヴォン・レックス	Devon Rex	イギリスのデヴォン地区で発見され，同じような被毛のウサギをレックスとよぶことに由来．
エジプシャン・マウ	Egyptian Mau	マウは古いエジプト語で猫の意で，エジプトの猫という意味に由来．
ハバナ	Havana	赤みを帯びた茶褐色の毛色が，葉巻タバコ（ハバナ）の茶色（ブラウン）に似ていることに由来．
ジャパニーズ・ボブテイル	Japanese Bobtail	日本猫が基になって作出された短尾（ボブテイル）の猫に由来．
トンキニーズ	Tonkinese	「トンク」という名の猫から生まれた猫がルーツだといわれており，この名前に由来．
ペルシャ	Persian	ペルシャ（現在のイラン）の長毛猫によって現在のタイプが作出されたことに由来．
アメリカン・ショートヘアー	American Shorthair	アメリカで自然繁殖によって生まれたショートヘアー（短毛）の猫を固定したことに由来．
アメリカン・ワイヤーヘアー	American Wirehair	アメリカのニューヨーク郊外で発見された猫で，ワイヤーヘアー（剛毛）だったことに由来．
ボンベイ	Bombay	インドの都市の名から命名されており，インドの黒豹に似ていることに由来．
ブリティッシュ・ショートヘアー	British Shorthair	イギリス（ブリティッシュ）原産のショートヘアー（短毛）に由来．
バーミーズ	Burmese	バーミーズとはビルマの意味で，原産のビルマ（ミャンマー）に由来．
マンクス	Manx	イギリスのマン島発祥に由来．
キムリック	Cymric	ウェールズ語のウェールズ地方を意味するクムリーに由来．
ノルウェジャン・フォレスト・キャット	Norwegian Forest Cat	ノルウェーの森（フォレスト）で生活していたことに由来．
スコティッシュ・フォールド	Scottish Fold	スコットランドの農場で発見された耳の折れた（フォールド）猫に由来．
日本猫		日本古来の土着猫に由来．
シャルトリュー	Chartreux	フランスのシャルトリュー派の修道士たちが育成していたことに由来．
コラット	Korat	タイの中央高原のコラット地方にいたことに由来．

猫種名（和名）	猫種名（英名）	由来
シンガプーラ	Singapura	シンガポールで自然固定されたことに由来.
セルカーク・レックス	Selkirk Rex	同じような被毛のウサギをレックスとよび，原産地のアメリカ・ワイオミング州にあるセルカーク山脈に由来.
マンチカン	Munchkin	短縮の意味で，四肢が短いことに由来.
バリニーズ	Balinese	バリ島の意味で，動きがバリ島のダンスをイメージさせることに由来.
カラーポイント・ショートヘアー	Colorpoint Shorthair	短毛のポイントカラーを特徴とした猫の意.
ジャヴァニーズ	Javanese	動きがジャワ島の踊り子をイメージさせることに由来.
オリエンタル・ショートヘアー	Oriental Shorthair	短毛で，オリエンタルタイプの体型に由来.
シャム	Siamese	原産地であるタイの昔の呼び名に由来.
ピーターボールド	Peterbald	原産地であるロシアのセント・ピーターズバーグに由来.

動物に関する法律
(最終改正：二〇二〇年六月一日施行)

第一章　総則
（目的）
第一条　この法律は、動物の虐待及び遺棄の防止、動物の適正な取扱いその他動物の健康及び安全の保持等の動物の愛護に関する事項を定めて国民の間に動物を愛護する気風を招来し、生命尊重、友愛及び平和の情操の涵養に資するとともに、動物の管理に関する事項を定めて動物による人の生命、身体及び財産に対する侵害並びに生活環境の保全上の支障を防止し、もつて人と動物の共生する社会の実現を図ることを目的とする。
（基本原則）
第二条　動物が命あるものであることにかんがみ、何人も、動物をみだりに殺し、傷つけ、又は苦しめることのないようにするのみでなく、人と動物の共生に配慮しつつ、その習性を考慮して適正に取り扱うようにしなければならない。
2　何人も、動物を取り扱う場合には、その飼養又は保管の目的の達成に支障を及ぼさない範囲で、適切な給餌及び給水、必要な健康の管理並びにその動物の種類、習性等を考慮した飼養又は保管を行うための環境の確保を行わなければならない。
（普及啓発）
第三条　国及び地方公共団体は、動物の愛護と適正な飼養に関し、前条の趣旨にのつとり、相互に連携を図りつつ、学校、地域、家庭等における教育活動、広報活動等を通じて普及啓発を図るように努めなければならない。
（動物愛護週間）
第四条　ひろく国民の間に命あるものである動物の愛護と適正な飼養についての関心と理解を深めるようにするため、動物愛護週間を設ける。
2　動物愛護週間は、九月二十日から同月二十六日までとする。
3　国及び地方公共団体は、動物愛護週間には、その趣旨にふさわしい行事が実施されるように努めなければならない。

第二章　基本指針等
（基本指針）
第五条　環境大臣は、動物の愛護及び管理に関する施策を総合的に推進するための基本的な指針（以下「基本指針」という。）を定めなければならない。
2　基本指針には、次の事項を定めるものとする。
　一　動物の愛護及び管理に関する施策の推進に関する基本的な方向
　二　次条第一項に規定する動物愛護管理推進計画の策定に関する基本的な事項
　三　その他動物の愛護及び管理に関する施策の推進に関する重要事項
3　環境大臣は、基本指針を定め、又はこれを変更しようとするときは、あらかじめ、関係行政機関の長に協議しなければならない。
4　環境大臣は、基本指針を定め、又はこれを変更したときは、遅滞なく、これを公表しなければならない。
（動物愛護管理推進計画）
第六条　都道府県は、基本指針に即して、当該都道府県の区域における動物の愛護及び管理に関する施策を推進するための計画（以下「動物愛護管理推進計画」という。）を定めなければならない。
2　動物愛護管理推進計画には、次の事項を定めるものとする。
　一　動物の愛護及び管理に関し実施すべき施策に関する基本的な方針
　二　動物の適正な飼養及び保管を図るための施策に関する事項
　三　災害時における動物の適正な飼養及び保管を図るための施策に関する事項
　四　動物の愛護及び管理に関する施策を実施するために必要な体制の整備（国、関係地方公共団体、民間団体等との連携の確保を含む。）に関する事項
3　動物愛護管理推進計画には、前項各号に掲げる事項のほか、動物の愛護及び管理に関する普及啓発に関する事項その他動物の愛護及び管理に関する施策を推進するために必要な事項を定めるよう努めるものとする。
4　都道府県は、動物愛護管理推進計画を定め、又はこれを変更しようとするときは、あらかじめ、関係市町村の意見を聴かなければならない。
5　都道府県は、動物愛護管理推進計画を定め、又はこれを変更したときは、遅滞なく、これを公表するように努めなければならない。

第三章　動物の適正な取扱い
第一節　総則
（動物の所有者又は占有者の責務等）
第七条　動物の所有者又は占有者は、命あるものである動物の所有者又は占有者として動物の愛護及び管理に関する責任を十分に自覚して、その動物をその種類、習性等に応じて適正に飼養し、又は保管することにより、動物の健康及び安全を保持するように努めるとともに、動物が人の生命、身体若しくは財産に害を加え、生活環境の保全上の支障を生じさせ、又は人に迷惑を及ぼすことのないように努めなければならない。この場合において、その飼養し、又は保管する動物について第七項の基準が定められたときは、動物の飼養及び保管については、当該基準によるものとする。
2　動物の所有者又は占有者は、その所有し、又は占有する動物に起因する感染性の疾病について正しい知識を持ち、その予防のために必要な注意を払うように努めなければならない。
3　動物の所有者又は占有者は、その所有し、又は占有する動物の逸走を防止するために必要な措置を講ずるよう努めなければならない。
4　動物の所有者は、その所有する動物の飼養又は保管の目的等を達する上で支障を及ぼさない範囲で、できる限り、当該動物がその命を終えるまで適切に飼養すること（以下「終生飼養」という。）に努めなければならない。
5　動物の所有者は、その所有する動物がみだりに繁殖して適正に飼養することが困難とならないよう、繁殖に関する適切な措置を講ずるよう努めなければならない。
6　動物の所有者は、その所有する動物が自己の所有に係るものであることを明らかにするための措置として環境大臣が定めるものを講ずるよう努めなければならない。
7　環境大臣は、関係行政機関の長と協議して、動物の飼養及び保管に関しよるべき基準を定めることができる。
（動物販売業者の責務）
第八条　動物の販売を業として行う者は、当該販売に係る動物の購入者に対し、当該動物の種類、習性、供用の目的等に応じて、その適正な飼養又は保管の方法について、必要な説明をしなければならない。
2　動物の販売を業として行う者は、購入者の購入しようとする動物の飼養及び保管に係る知識及び経験に照らして、当該購入者に理解されるために必要な方法及び程度により、前項の説明を行うよう努めなければならない。
（地方公共団体の措置）
第九条　地方公共団体は、動物の健康及び安全を保持するとともに、動物が人に迷惑を及ぼすことのないようにするため、条例で定めるところにより、動物の飼養及び保管について動物の所有者又は占有者に対する指導をすること、多数の動物の飼養及び保管に係る届出をさせることその他の必要な措置を講ずることができる。

第二節　第一種動物取扱業者
（第一種動物取扱業の登録）
第十条　動物（哺乳類、鳥類又は爬虫類に属するものに限り、畜産農業に係るもの及び試験研究用又は生物学的製剤の製造の用その他政令で定める用途に供するために飼養し、又は保管しているものを除く。以下この節から第四節までにおいて同じ。）の取扱業（動物の販売（その取次ぎ又は代理を含む。次項及び第二十一条の四において同じ。）、保管、貸出し、訓練、展示（動物との触れ合いの機会の提供を含む。第二十二条の五を除き、以下同じ。）その他政令で定める取扱いを業として行うことをいう。以下この節、第三十七条の二第二項第一号及び第四十六条第一号において「第一種動物取扱業」という。）を営もうとする者は、当該業を営もうとする事業所の所在地を管轄する都道府県知事（地方自治法（昭和二十二年法律第六十七号）第二百五十二条の十九第一項の指定都市（以下「指定都市」という。）にあつては、その長とする。以下この節から第五節まで（第二十五条第七項を除く。）において同じ。）の登録を受けなければならない。
2　前項の登録を受けようとする者は、次に掲げる事項を記載した申請書に環境省令で定める書類を添えて、これを都道府県知事に提出しなければならない。
　一　氏名又は名称及び住所並びに法人にあつては代表者の氏名
　二　事業所の名称及び所在地
　三　事業所ごとに置かれる動物取扱責任者（第二十二条第一項に規定する者をいう。）の氏名
　四　その営もうとする第一種動物取扱業の種別（販売、保管、貸出し、訓練、展示又は前項の政令で定める取扱いの別をいう。以下この号において同じ。）並びにその種別に応じた業務の内容及び実施の方法
　五　主として取り扱う動物の種類及び数
　六　動物の飼養又は保管のための施設（以下この節から第四節までにおいて「飼養施設」という。）を設置しているときは、次に掲げる事項
　　イ　飼養施設の所在地
　　ロ　飼養施設の構造及び規模
　　ハ　飼養施設の管理の方法
　七　その他環境省令で定める事項
3　第一項の登録の申請をする者は、犬猫等販売業（犬猫等（犬又は猫その他環境省令で定める動物をいう。以下同じ。）の販売を業として行うことをいう。以下同じ。）を営もうとする場合には、前項各号に掲げる事項のほか、同項の申請書に次に掲げる事項を併せて記載しなければならない。
　一　販売の用に供する犬猫等の繁殖を行うかどうかの別
　二　販売の用に供する幼齢の犬猫等（繁殖を併せて行う場合にあつては、幼齢の犬猫等及び繁殖の用に供し、又は供する目的で飼養する犬猫等。第十二条第一項において同じ。）の健康及び安全を保持するための体制の整備、販売の用に供することが困難となつた犬猫等の取扱いその他環境省令で定める事項に関する計画（以下「犬猫等健康安全計画」という。）
（登録の実施）
第十一条　都道府県知事は、前条第二項の規定による登録の申請があつたときは、次条第一項の規定により登録を拒否する場合を除くほか、前条第二項第一号から第三号まで及び第五号に掲げる事項並びに登録年月日及び登録番号を第一種動物取扱業者登録簿に登録しなければならない。
2　都道府県知事は、前項の規定による登録をしたときは、遅滞なく、その旨を申請者に通知しなければならない。
（登録の拒否）
第十二条　都道府県知事は、第十条第一項の登録を受けようとする者が次の各号のいずれかに該当するとき、同条第二項の規定による登録の申請に係る同項第四号に掲げる事項が動物の健康及び安全の保持するため必要なものとして環境省令で定める基準に適合していないと認めるとき、同項の規定による登録の申請に係る同項第六号ロ及びハに掲げる事項が環境省令で定める飼養施設の構造、規模及び管理に関する基準に適合していないと認めるとき、若しくは犬猫等販売業を営もうとする場合にあつては、犬猫等健康安全計画が幼齢の犬猫等の健康及び安全の確保並びに犬猫等の終生飼養の確保を図るため適切なものとして環境省令で定める基準に適合していないと認めるとき、又は申請書若しくは添付書類のうちに重要な事項について虚偽の記載があり、若しくは重要な事実の記載が欠けているときは、その登録を拒否しなければならない。
　一　心身の故障によりその業務を適正に行うことができない者として環境省令で定める者
　二　破産手続開始の決定を受けて復権を得ない者
　三　第十九条第一項の規定により登録を取り消され、その処分のあつた日から五年を経過しない者
　四　第十条第一項の登録を受けた者（以下「第一種動物取扱業者」という。）で法人であるものが第十九条第一項の規定により登録を取り消された場合において、その処分のあつた日前三十日以内にその第一種動物取扱業者の役員であつた者でその処分のあつた日から五年を経過しないもの
　五　第十九条第一項の規定により業務の停止を命ぜられ、その停止の期間が経過しない者
　五の二　禁錮以上の刑に処せられ、その執行を終わり、又は執行を受けることがなくなつた日から五年を経過しない者
　六　この法律の規定、化製場等に関する法律（昭和二十三年法律第百四十号）第十条第二号（同法第九条第五項において準用する同法第七条に係る部分に限る。）若しくは第三号の規定、外国為替及び外国貿易法（昭和二十四年法律第二百二十八号）第六十九条の

七　第一項第四号(動物に係るものに限る。以下この号において同じ。)若しくは第五号(動物に係るものに限る。以下この号において同じ。)、第七十条第一項第三十六号(同法第四十八条第三項又は第五十二条の規定に基づく命令の規定による承認(動物の輸入又は輸入に係るものに限る。)に係る部分に限る。以下この号において同じ。)若しくは第七十二条第一項第三号(同法第六十九条の七第一項第四号及び第五号に係る部分に限る。)若しくは第五号(同法第七十条第一項第三十六号に係る部分に限る。)の規定、狂犬病予防法(昭和二十五年法律第二百四十七号)第二十七条第一号若しくは第二号の規定、絶滅のおそれのある野生動植物の種の保存に関する法律(平成四年法律第七十五号)の規定、鳥獣の保護及び管理並びに狩猟の適正化に関する法律(平成十四年法律第八十八号)の規定又は特定外来生物による生態系等に係る被害の防止に関する法律(平成十六年法律第七十八号)の規定により罰金以上の刑に処せられ、その執行を終わり、又は執行を受けることがなくなつた日から五年を経過しない者

七　暴力団員による不当な行為の防止等に関する法律(平成三年法律第七十七号)第二条第六号に規定する暴力団員又は同号に規定する暴力団員でなくなつた日から五年を経過しない者

七の二　第一種動物取扱業に関し不正又は不誠実な行為をするおそれがあると認めるに足りる相当の理由がある者として環境省令で定める者

八　法人であつて、その役員又は環境省令で定める使用人のうちに前各号のいずれかに該当する者があるもの

九　個人であつて、その環境省令で定める使用人のうちに第一号から第七号の二までのいずれかに該当する者があるもの

2　都道府県知事は、前項の規定により登録を拒否したときは、遅滞なく、その理由を示して、その旨を申請者に通知しなければならない。

(登録の更新)
第十三条　第十条第一項の登録は、五年ごとにその更新を受けなければ、その期間の経過によつて、その効力を失う。
2　第九条第二項及び第三項並びに前二条の規定は、前項の更新について準用する。
3　第一項の更新の申請があつた場合において、同項の期間(以下この条において「登録の有効期間」という。)の満了の日までにその申請に対する処分がされないときは、従前の登録は、登録の有効期間の満了後もその処分がされるまでの間は、なおその効力を有する。
4　前項の場合において、登録の更新がされたときは、その登録の有効期間は、従前の登録の有効期間の満了の日の翌日から起算するものとする。

(変更の届出)
第十四条　第一種動物取扱業者は、第十条第二項第四号若しくは第三項第一号に掲げる事項の変更(環境省令で定める軽微なものを除く。)をし、飼養施設を設置しようとし、又は犬猫等販売業を営もうとする場合には、あらかじめ、環境省令で定めるところにより、都道府県知事に届け出なければならない。
2　第一種動物取扱業者は、前項の環境省令で定める軽微な変更があつた場合又は第十条第二項各号(第四号を除く。)若しくは第三項第二号に掲げる事項に変更(環境省令で定める軽微なものを除く。)があつた場合には、前項の場合を除き、その日から三十日以内に、環境省令で定める書類を添えて、その旨を都道府県知事に届け出なければならない。
3　第十条第一項の登録を受けて犬猫等販売業を営む者(以下「犬猫等販売業者」という。)は、犬猫等販売業を営むことをやめた場合には、第十六条第一項に規定する場合を除き、その日から三十日以内に、環境省令で定める書類を添えて、その旨を都道府県知事に届け出なければならない。
4　第十一条及び第十二条の規定は、前三項の規定による届出があつた場合に準用する。

(第一種動物取扱業者登録簿の閲覧)
第十五条　都道府県知事は、第一種動物取扱業者登録簿を一般の閲覧に供しなければならない。

(廃業等の届出)
第十六条　第一種動物取扱業者が次の各号のいずれかに該当することとなつた場合においては、当該各号に定める者は、その日から三十日以内に、その旨を都道府県知事に届け出なければならない。
一　死亡した場合　その相続人
二　法人が合併により消滅した場合　その法人を代表する役員であつた者
三　法人が破産手続開始の決定により解散した場合　その破産管財人
四　法人が合併及び破産手続開始の決定以外の理由により解散した場合　その清算人
五　その登録に係る第一種動物取扱業を廃止した場合　第一種動物取扱業者であつた個人又は第一種動物取扱業者であつた法人を代表する役員
2　第一種動物取扱業者が前項各号のいずれかに該当するに至つたときは、第一種動物取扱業者の登録は、その効力を失う。

(登録の抹消)
第十七条　都道府県知事は、第十三条第一項若しくは前条第二項の規定により登録がその効力を失つたとき、又は第十九条第一項の規定により登録を取り消したときは、当該第一種動物取扱業者の登録を抹消しなければならない。

(標識の掲示)
第十八条　第一種動物取扱業者は、環境省令で定めるところにより、その事業所ごとに、公衆の見やすい場所に、氏名又は名称、登録番号その他の環境省令で定める事項を記載した標識を掲げなければならない。

(登録の取消し等)
第十九条　都道府県知事は、第一種動物取扱業者が次の各号のいずれかに該当するときは、その登録を取り消し、又は六月以内の期間を定めてその業務の全部若しくは一部の停止を命ずることができる。
一　不正の手段により第一種動物取扱業者の登録を受けたとき。
二　その者が行う業務の内容及び実施の方法が第十二条第一項に規定する動物の健康及び安全の保持その他動物の適正な取扱いを確保するため必要なものとして環境省令で定める基準に適合しなくなつたとき。
三　飼養施設を設置している場合において、その者の飼養施設の構造、規模及び管理の方法が第十二条第一項に規定する飼養施設の構造、規模及び管理に関する基準に適合しなくなつたとき。
四　犬猫等販売業を営んでいる場合において、犬猫等健康安全計画が第十二条第一項に規定する幼齢の犬猫等の健康及び安全の確保並びに犬猫等の終生飼養の確保を図るため適切なものとして環境省令で定める基準に適合しなくなつたとき。
五　第十二条第一項第一号、第二号、第四号又は第五号の二から第九号までのいずれかに該当することとなつたとき。

六　この法律若しくはこの法律に基づく命令又はこの法律に基づく処分に違反したとき。
2　第十二条第二項の規定は、前項の規定による処分をした場合に準用する。

(環境省令への委任)
第二十条　第十条から前条までに定めるもののほか、第一種動物取扱業者の登録に関し必要な事項については、環境省令で定める。

(基準遵守義務)
第二十一条　第一種動物取扱業者は、動物の健康及び安全を保持するとともに、生活環境の保全上の支障が生ずることを防止するため、その取り扱う動物の管理の方法等に関し環境省令で定める基準を遵守しなければならない。
2　都道府県又は指定都市は、動物の健康及び安全を保持するとともに、生活環境の保全上の支障が生ずることを防止するため、その自然的、社会的条件から判断して必要があると認めるときは、条例で、前項の基準に代えて第一種動物取扱業者が遵守すべき基準を定めることができる。

(感染性の疾病の予防)
第二十一条の二　第一種動物取扱業者は、その取り扱う動物の健康状態を日常的に確認すること、必要に応じて獣医師による診療を受けさせることその他の取り扱う動物の感染性の疾病の予防のために必要な措置を適切に実施するよう努めなければならない。

(動物を取り扱うことが困難になつた場合の譲渡し等)
第二十一条の三　第一種動物取扱業者は、第一種動物取扱業を廃止する場合その他の業として動物を取り扱うことが困難になつた場合には、当該動物の譲渡しその他の適切な措置を講ずるよう努めなければならない。

(販売に際しての情報提供の方法等)
第二十一条の四　第一種動物取扱業者のうち犬、猫その他の環境省令で定める動物の販売を業として営む者は、当該動物を販売する場合には、あらかじめ、当該動物を購入しようとする者(第一種動物取扱業者を除く。)に対し、その事業所において、当該販売に係る動物の現在の状態を直接見せるとともに、対面(対面によることが困難な場合として環境省令で定める場合には、対面に相当する方法として環境省令で定めるものを含む。)により書面又は電磁的記録(電子的方式、磁気的方式その他の人の知覚によつては認識することができない方式で作られる記録であつて、電子計算機による情報処理の用に供されるものをいう。)を用いて当該動物の飼養又は保管の方法、生年月日、当該動物に係る繁殖を行つた者の氏名その他の適正な飼養又は保管のために必要な情報として環境省令で定めるものを提供しなければならない。

(動物に関する帳簿の備付け等)
第二十一条の五　第一種動物取扱業者のうち動物の販売、貸出し、展示その他政令で定める取扱いを業として営む者(次項において「動物販売業者等」という。)は、環境省令で定めるところにより、帳簿を備え、その所有し、又は占有する動物について、その所有し、若しくは占有した日、その販売若しくは引渡しをした日又は死亡した日その他の環境省令で定める事項を記載し、これを保存しなければならない。
2　動物販売業者等は、環境省令で定めるところにより、環境省令で定める期間ごとに、次に掲げる事項を都道府県知事に届け出なければならない。
一　当該期間が開始した日に所有し、又は占有していた動物の種類ごとの数
二　当該期間中に新たに所有し、又は占有した動物の種類ごとの数
三　当該期間中に販売若しくは引渡し又は死亡の事実が生じた動物の当該事実の区分ごと及び種類ごとの数
四　当該期間が終了した日に所有し、又は占有していた動物の種類ごとの数
五　その他環境省令で定める事項

(動物取扱責任者)
第二十二条　第一種動物取扱業者は、事業所ごとに、環境省令で定めるところにより、当該事業所に係る業務を適正に実施するため、十分な技術的能力及び専門的な知識経験を有する者のうちから、動物取扱責任者を選任しなければならない。
2　動物取扱責任者は、第十二条第一項第一号から第七号の二までに該当する者以外の者でなければならない。
3　第一種動物取扱業者は、環境省令で定めるところにより、動物取扱責任者に動物取扱責任者研修(都道府県知事が行う動物取扱責任者の業務に必要な知識及び能力に関する研修をいう。次項において同じ。)を受けさせなければならない。
4　都道府県知事は、動物取扱責任者研修の全部又は一部について、適当と認める者に、その実施を委託することができる。

(犬猫等健康安全計画の遵守)
第二十二条の二　犬猫等販売業者は、犬猫等健康安全計画の定めるところに従い、その業務を行わなければならない。

(獣医師等との連携の確保)
第二十二条の三　犬猫等販売業者は、その飼養又は保管をする犬猫等の健康及び安全を確保するため、獣医師等との適切な連携の確保を図らなければならない。

(終生飼養の確保)
第二十二条の四　犬猫等販売業者は、やむを得ない場合を除き、販売の用に供することが困難となつた犬猫等についても、引き続き、当該犬猫等の終生飼養の確保を図らなければならない。

(幼齢の犬又は猫に係る販売等の制限)
第二十二条の五　犬猫等販売業者(販売の用に供する犬又は猫の繁殖を行う者に限る。)は、その繁殖を行つた犬又は猫であつて出生後五十六日を経過しないものについて、販売のため又は販売の用に供するために引渡し又は展示をしてはならない。

(犬猫等の検案)
第二十二条の六　都道府県知事は、犬猫等販売業者の所有する犬猫等に係る死亡の事実の発生の状況に照らして必要があると認めるときは、環境省令で定めるところにより、犬猫等販売業者に対して、期間を指定して、当該指定期間内にその所有する犬猫等に係る死亡の事実が発生した場合には獣医師による診療中に死亡したときを除き獣医師による検案を受け、当該指定期間が満了した日から三十日以内に当該指定期間内に死亡の事実が発生した全ての犬猫等の検案書又は死亡診断書を提出すべきことを命ずることができる。

(勧告及び命令)
第二十三条　都道府県知事は、第一種動物取扱業者が第二十一条第一項又は第二項の基準を遵守していないと認めるときは、その者に対し、期限を定めて、その取り扱う動物の管理の方法等を改善すべきことを勧告することができる。
2　都道府県知事は、第一種動物取扱業者が第二十一条の四若しくは第二十二条第三項の規定を遵守していないと認めるとき、又は犬猫等販売業者が第二十二条の五の規定を遵守していないと認めるときは、その者に対し、期限を定めて、必要な措置をとるべきことを勧

3　都道府県知事は、前二項の規定による勧告を受けた者が前二項の期限内にこれに従わなかつたときは、その旨を公表することができる。
　4　都道府県知事は、第一項又は第二項の規定による勧告を受けた者が正当な理由がなくてその勧告に係る措置をとらなかつたときは、その者に対し、期限を定めて、その勧告に係る措置をとるべきことを命ずることができる。
　5　第一項、第二項及び前項の期限は、三月以内とする。ただし、特別の事情がある場合は、この限りでない。
（報告及び検査）
第二十四条　都道府県知事は、第十条から第十九条まで及び第二十一条から前条までの規定の施行に必要な限度において、第一種動物取扱業者に対し、飼養施設の状況、その取り扱う動物の管理の方法その他必要な事項に関し報告を求め、又はその職員に、当該第一種動物取扱業者の事業所その他関係のある場所に立ち入り、飼養施設その他の物件を検査させることができる。
　2　前項の規定により立入検査をする職員は、その身分を示す証明書を携帯し、関係人に提示しなければならない。
　3　第一項の規定による立入検査の権限は、犯罪捜査のために認められたものと解釈してはならない。
（第一種動物取扱業者であつた者に対する勧告等）
第二十四条の二　都道府県知事は、第一種動物取扱業者について、第十三条第一項若しくは第十六条第二項の規定により登録がその効力を失つたとき又は第十九条第一項の規定により登録を取り消したときは、その者に対し、これらの事由が生じた日から二年間は、期限を定めて、動物の不適正な飼養又は保管により動物の健康及び安全が害されること並びに周辺の生活環境の保全上の支障が生ずることを防止するため必要な勧告をすることができる。
　2　都道府県知事は、前項の規定による勧告を受けた者が正当な理由がなくてその勧告に係る措置をとらなかつたときは、その者に対し、期限を定めて、その勧告に係る措置をとるべきことを命ずることができる。
　3　都道府県知事は、前二項の規定の施行に必要な限度において、第十三条第一項若しくは第十六条第二項の規定により登録がその効力を失い、又は第十九条第一項の規定により登録を取り消された者に対し、飼養施設の状況、その飼養若しくは保管をする動物の管理の方法その他必要な事項に関し報告を求め、又はその職員に、当該者の飼養施設を設置する場所その他関係のある場所に立ち入り、飼養施設その他の物件を検査させることができる。
　4　前条第二項及び第三項の規定は、前項の規定による立入検査について準用する。

　　　第三節　第二種動物取扱業者
（第二種動物取扱業の届出）
第二十四条の二の二　飼養施設（環境省令で定めるものに限る。以下この節において同じ。）を設置して動物の取扱業（動物の譲渡し、保管、貸出し、訓練、展示その他第十条第一項の政令で定める取扱いに類する取扱いとして環境省令で定めるもの（以下この条において「その他の取扱い」という。）を業として行うことをいう。以下この条及び第三十七条の二第二項第一号において「第二種動物取扱業」という。）を行おうとする者（第十条第一項の登録を受けるべき者及びその取り扱おうとする動物の数が環境省令で定める数に満たない者を除く。）は、第三十五条の規定に基づき同条第一項に規定する都道府県等が犬又は猫の譲渡しを行う場合その他環境省令で定める場合を除き、飼養施設を設置する場所ごとに、環境省令で定めるところにより、環境省令で定める書類を添えて、次の事項を都道府県知事に届け出なければならない。
　一　氏名又は名称及び住所並びに法人にあつては代表者の氏名
　二　飼養施設の所在地
　三　その行おうとする第二種動物取扱業の種別（譲渡し、保管、貸出し、訓練、展示又はその他の取扱いの別をいう。以下この号において同じ。）並びにその種別に応じた事業の内容及び実施の方法
　四　主として取り扱う動物の種類及び数
　五　飼養施設の構造及び規模
　六　飼養施設の管理の方法
　七　その他環境省令で定める事項
（変更の届出）
第二十四条の三　前条の規定による届出をした者（以下「第二種動物取扱業者」という。）は、同条第三号から第七号までに掲げる事項の変更をしようとするときは、環境省令で定めるところにより、その旨を都道府県知事に届け出なければならない。ただし、その変更が環境省令で定める軽微なものであるときは、この限りでない。
　2　第二種動物取扱業者は、前条第一号若しくは第二号に掲げる事項に変更があつたとき、又は届出に係る飼養施設の使用を廃止したときは、その日から三十日以内に、その旨を都道府県知事に届け出なければならない。
（準用規定）
第二十四条の四　第十六条第一項（第五号に係る部分を除く。）、第二十条、第二十一条、第二十三条（第二項を除く。）及び第二十四条の規定は、第二種動物取扱業者について準用する。この場合において、第二十条中「第十条から前条まで」とあるのは「第二十四条の二の二、第二十四条の三及び第二十四条の四第一項において準用する第十六条第一項（第五号に係る部分を除く。）」と、「登録」とあるのは「届出」と、第二十三条第一項中「第二十一条第一項又は第二項」とあるのは「第二十四条の四第一項において準用する第二十一条第一項又は第二項」と、同条第三項中「前二項」とあるのは「第一項」と、同条第四項中「第一項又は第二項」とあるのは「第一項」と、同条第五項中「第一項、第二項及び前項」とあるのは「第一項及び前項」と、第二十四条第一項中「第十条から第十九条まで及び第二十一条から前条まで」とあるのは「第二十四条の二の二、第二十四条の三並びに第二十四条の四第一項において準用する第十六条第一項（第五号に係る部分を除く。）、第二十一条及び第二十三条（第二項を除く。）」と、「事業所」とあるのは「飼養施設を設置する場所」と読み替えるものとするほか、必要な技術的読替えは、政令で定める。
　2　前項に規定するもののほか、犬猫等の譲渡しを業として行う第二種動物取扱業者については、第二十一条の五第一項の規定を準用する。この場合において、同項中「所有し、又は占有する」とあるのは「所有する」と、「所有し、若しくは占有した」とあるのは「所有した」と、「販売若しくは引渡し」とあるのは「譲渡し」と読み替えるものとする。

　　　第四節　周辺の生活環境の保全等に係る措置
第二十五条　都道府県知事は、動物の飼養、保管又は給餌若しくは給水に起因した騒音又は悪臭の発生、動物の毛の飛散、多数の昆虫の発生等によつて周辺の生活環境が損なわれている事態として環境省令で定める事態が生じていると認めるときは、当該事態を生じさせている者に対し、必要な指導又は助言をすることができる。
　2　都道府県知事は、前項の環境省令で定める事態が生じていると認めるときは、当該事態を生じさせている者に対し、期限を定めて、その事態を除去するために必要な措置をとるべきことを勧告することができる。
　3　都道府県知事は、前項の規定による勧告を受けた者がその勧告に係る措置をとらなかつた場合において、特に必要があると認めるときは、その者に対し、期限を定めて、その勧告に係る措置をとるべきことを命ずることができる。
　4　都道府県知事は、動物の飼養又は保管が適正でないことに起因して動物が衰弱する等の虐待を受けるおそれがある事態として環境省令で定める事態が生じていると認めるときは、当該事態を生じさせている者に対し、期限を定めて、当該事態を改善するために必要な措置をとるべきことを命じ、又は勧告することができる。
　5　都道府県知事は、前三項の規定の施行に必要な限度において、動物の飼養又は保管をしている者に対し、飼養若しくは保管の状況その他必要な事項に関し報告を求め、又はその職員に、当該動物の飼養若しくは保管をしている者の動物の飼養若しくは保管に関係のある場所に立ち入り、飼養施設その他の物件を検査させることができる。
　6　第二十四条第二項及び第三項の規定は、前項の規定による立入検査について準用する。
　7　都道府県知事は、市町村（特別区を含む。）の長（指定都市の長を除く。）に対し、第二項から第五項までの規定による勧告、命令、報告の徴収又は立入検査に関し、必要な協力を求めることができる。

　　　第五節　動物による人の生命等に対する侵害を防止するための措置
（特定動物の飼養及び保管の禁止）
第二十五条の二　人の生命、身体又は財産に害を加えるおそれがある動物として政令で定める動物（その動物が交雑することにより生じた動物を含む。以下「特定動物」という。）は、飼養又は保管をしてはならない。ただし、次条第一項の許可（第二十八条第一項の規定による変更の許可があつたときは、その変更後のもの）を受けてその許可に係る飼養又は保管をする場合、診療施設（獣医療法（平成四年法律第四十六号）第二条第二項に規定する診療施設をいう。）において獣医師が診療のために特定動物の飼養又は保管をする場合その他の環境省令で定める場合は、この限りでない。
（特定動物の飼養及び保管の許可）
第二十六条　動物園その他これに類する施設における展示その他の環境省令で定める目的で特定動物の飼養又は保管を行おうとする者は、環境省令で定めるところにより、特定動物の種類ごとに、特定動物の飼養又は保管のための施設（以下この節において「特定飼養施設」という。）の所在地を管轄する都道府県知事の許可を受けなければならない。
　2　前項の許可を受けようとする者は、環境省令で定めるところにより、次に掲げる事項を記載した申請書に環境省令で定める書類を添えて、これを都道府県知事に提出しなければならない。
　一　氏名又は名称及び住所並びに法人にあつては代表者の氏名
　二　特定動物の種類及び数
　三　飼養又は保管の目的
　四　特定飼養施設の所在地
　五　特定飼養施設の構造及び規模
　六　特定動物の飼養又は保管の方法
　七　特定動物の飼養又は保管が困難になつた場合における措置に関する事項
　八　その他環境省令で定める事項
（許可の基準）
第二十七条　都道府県知事は、前条第一項の許可の申請が次の各号に適合していると認めるときでなければ、同項の許可をしてはならない。
　一　飼養又は保管の目的が前条第一項に規定する目的に適合するものであること。
　二　その申請に係る前条第二項第五号から第七号までに掲げる事項が、特定動物の性質に応じて環境省令で定める特定飼養施設の構造及び規模、特定動物の飼養又は保管の方法並びに特定動物の飼養又は保管が困難になつた場合における措置に関する基準に適合するものであること。
　三　申請者が次のいずれにも該当しないこと。
　　イ　この法律又はこの法律に基づく処分に違反して罰金以上の刑に処せられ、その執行を終わり、又は執行を受けることがなくなつた日から二年を経過しない者
　　ロ　第二十九条の規定により許可を取り消され、その処分のあつた日から二年を経過しない者
　　ハ　法人であつて、その役員のうちにイ又はロのいずれかに該当する者があるもの
　2　都道府県知事は、前条第一項の許可をする場合において、特定動物による人の生命、身体又は財産に対する侵害の防止のため必要があると認めるときは、その必要の限度において、その許可に条件を付することができる。
（変更の許可等）
第二十八条　第二十六条第一項の許可（この項の規定による許可を含む。）を受けた者（以下「特定動物飼養者」という。）は、同条第二項第二号から第七号までに掲げる事項を変更しようとするときは、環境省令で定めるところにより都道府県知事の許可を受けなければならない。ただし、その変更が環境省令で定める軽微なものであるときは、この限りでない。
　2　前条の規定は、前項の許可について準用する。
　3　特定動物飼養者は、第一項ただし書の環境省令で定める軽微な変更があつたとき、又は第二十六条第二項第一号に掲げる事項その他環境省令で定める事項に変更があつたときは、その日から三十日以内に、その旨を都道府県知事に届け出なければならない。
（許可の取消し）
第二十九条　都道府県知事は、特定動物飼養者が次の各号のいずれかに該当するときは、その許可を取り消すことができる。
　一　不正の手段により特定動物飼養者の許可を受けたとき。
　一の二　飼養又は保管の目的が第二十六条第一項に規定する目的に適合するものでなくなつたとき。
　二　その者の特定飼養施設の構造及び規模並びに特定動物の飼養又は保管の方法が第二十七条第一項第二号に規定する基準に適合しなくなつたとき。
　三　第二十七条第一項第三号ハに該当することとなつたとき。
　四　この法律若しくはこの法律に基づく命令又はこの法律に基づく処分に違反したとき。
（環境省令への委任）

第三十条　第二十六条から前条までに定めるもののほか、特定動物の飼養又は保管の許可に関し必要な事項については、環境省令で定める。
（飼養又は保管の方法）
第三十一条　特定動物飼養者は、その許可に係る飼養又は保管をするには、当該特定動物に係る特定飼養施設の点検を定期的に行うこと、当該特定動物についてその許可を受けていることを明らかにすることその他の環境省令で定める方法によらなければならない。
（特定動物飼養者に対する措置命令等）
第三十二条　都道府県知事は、特定動物飼養者が前条の規定に違反し、又は第二十七条第二項（第二十八条第二項において準用する場合を含む。）の規定により付された条件に違反した場合において、特定動物による人の生命、身体又は財産に対する侵害の防止のため必要があると認めるときは、当該特定動物に係る飼養又は保管の方法の改善その他の必要な措置をとるべきことを命ずることができる。
（報告及び検査）
第三十三条　都道府県知事は、第二十六条から第二十九条まで及び前二条の規定の施行に必要な限度において、特定動物飼養者に対し、特定飼養施設の状況、特定動物の飼養又は保管の方法その他の必要な事項に関し報告を求め、又はその職員に、当該特定動物飼養者の特定飼養施設を設置する場所その他関係のある場所に立ち入り、特定飼養施設その他の物件を検査させることができる。
2　第二十四条第二項及び第三項の規定は、前項の規定による立入検査について準用する。
第三十四条　削除

第四章　都道府県等の措置等
（犬及び猫の引取り）
第三十五条　都道府県等（都道府県及び指定都市、地方自治法第二百五十二条の二十二第一項の中核市（以下「中核市」という。）その他政令で定める市（特別区を含む。以下同じ。）をいう。以下同じ。）は、犬又は猫の引取りをその所有者から求められたときは、これを引き取らなければならない。ただし、犬猫等販売業者から引取りを求められた場合その他の第七条第四項の規定の趣旨に照らして引取りを求める相当の事由がないと認められる場合として環境省令で定める場合には、その引取りを拒否することができる。
2　前項本文の規定により都道府県等が犬又は猫を引き取る場合には、都道府県知事等（都道府県等の長をいう。以下同じ。）は、その犬又は猫を引き取るべき場所を指定することができる。
3　前二項の規定は、都道府県等が所有者の判明しない犬又は猫の引取りをその拾得者その他の者から求められた場合に準用する。この場合において、第一項ただし書中「犬猫等販売業者から引取りを求められた場合その他の第七条第四項の規定の趣旨に照らして」とあるのは、「周辺の生活環境が損なわれる事態が生ずるおそれがないと認められる場合その他の」と読み替えるものとする。
4　都道府県知事等は、第一項本文（前項において準用する場合を含む。次項、第七項及び第八項において同じ。）の規定により引取りを行つた犬又は猫について、殺処分がなくなることを目指して、所有者がいると推測されるものについてはその所有者を発見し、当該所有者に返還するよう努めるとともに、所有者がいないと推測されるもの、所有者から引取りを求められたもの又は所有者の発見ができないものについてはその飼養を希望する者を募集し、当該希望する者に譲り渡すよう努めるものとする。
5　都道府県知事は、市町村（特別区を含む。）の長（指定都市、中核市及び第一項の政令で定める市の長を除く。）に対し、第一項本文の規定による犬又は猫の引取りに関し、必要な協力を求めることができる。
6　都道府県知事等は、動物の愛護を目的とする団体その他の者に犬及び猫の引取り又は譲渡しを委託することができる。
7　環境大臣は、関係行政機関の長と協議して、第一項本文の規定により引き取る場合の措置に関し必要な事項を定めることができる。
8　国は、都道府県等に対し、予算の範囲内において、政令で定めるところにより、第一項本文の引取りに関し、費用の一部を補助することができる。
（負傷動物等の発見者の通報措置）
第三十六条　道路、公園、広場その他の公共の場所において、疾病にかかり、若しくは負傷した犬、猫等の動物又は犬、猫等の動物の死体を発見した者は、速やかに、その所有者が判明しているときは所有者に、その所有者が判明しないときは都道府県知事等に通報するように努めなければならない。
2　都道府県等は、前項の規定による通報があつたときは、その動物又はその動物の死体を収容しなければならない。
3　前条第七項の規定は、前項の規定により動物を収容する場合に準用する。
（犬及び猫の繁殖制限）
第三十七条　犬又は猫の所有者は、これらの動物がみだりに繁殖してこれに適正な飼養を受ける機会を与えることが困難となるようなおそれがあると認める場合には、その繁殖を防止するため、生殖を不能にする手術その他の措置を講じなければならない。
2　都道府県等は、第三十五条第一項本文の規定による犬又は猫の引取り等に際して、前項に規定する措置が適切になされるよう、必要な指導及び助言を行うように努めなければならない。

第四章の二　動物愛護管理センター等
（動物愛護管理センター）
第三十七条の二　都道府県等は、動物の愛護及び管理に関する事務を所掌する部局又は当該都道府県等が設置する施設において、当該部局又は施設が動物愛護管理センターとしての機能を果たすようにするものとする。
2　動物愛護管理センターは、次に掲げる業務（中核市及び第三十五条第一項の政令で定める市にあつては、第四号から第六号までに掲げる業務に限る。）を行うものとする。
　一　第一種動物取扱業の登録、第二種動物取扱業の届出並びに第一種動物取扱業及び第二種動物取扱業の監督に関すること。
　二　動物の飼養又は保管をする者に対する指導、助言、勧告、命令、報告の徴収及び立入検査に関すること。
　三　特定動物の飼養又は保管の許可及び監督に関すること。
　四　犬及び猫の引取り、譲渡し等に関すること。
　五　動物の愛護及び管理に関する広報その他の啓発活動を行うこと。
　六　その他動物の愛護及び適正な飼養のために必要な業務を行うこと。
（動物愛護管理担当職員）
第三十七条の三　都道府県等は、条例で定めるところにより、動物の愛護及び管理に関する事務を行わせるため、動物愛護管理員等の職名を有する職員（次項及び第三項並びに第四十一条の四において「動物愛護管理担当職員」という。）を置く。
2　指定都市、中核市及び第三十五条第一項の政令で定める市以外の市町村（特別区を含む。）は、条例で定めるところにより、動物の愛護及び管理に関する事務を行わせるため、動物愛護管理担当職員を置くよう努めるものとする。
3　動物愛護管理担当職員は、その地方公共団体の職員であつて獣医師等動物の適正な飼養及び保管に関し専門的な知識を有するものをもつて充てる。
（動物愛護推進員）
第三十八条　都道府県知事等は、地域における犬、猫等の動物の愛護の推進に熱意と識見を有する者のうちから、動物愛護推進員を委嘱するよう努めるものとする。
2　動物愛護推進員は、次に掲げる活動を行う。
　一　犬、猫等の動物の愛護と適正な飼養の重要性について住民の理解を深めること。
　二　住民に対し、その求めに応じて、犬、猫等の動物がみだりに繁殖することを防止するための生殖を不能にする手術その他の措置に関する必要な助言をすること。
　三　犬、猫等の動物の所有者等に対し、その求めに応じて、これらの動物に適正な飼養を受ける機会を与えるために譲渡のあつせんその他の必要な支援をすること。
　四　犬、猫等の動物の愛護と適正な飼養の推進のために国又は都道府県等が行う施策に必要な協力をすること。
　五　災害時において、国又は都道府県等が行う犬、猫等の動物の避難、保護等に関する施策に必要な協力をすること。
（協議会）
第三十九条　都道府県等、動物の愛護を目的とする一般社団法人又は一般財団法人、獣医師の団体その他の動物の愛護と適正な飼養について普及啓発を行つている団体等は、当該都道府県等における動物愛護推進員の委嘱の推進、動物愛護推進員の活動に対する支援等に関し必要な協議を行うための協議会を組織することができる。

第五章　雑則
（動物を殺す場合の方法）
第四十条　動物を殺さなければならない場合には、できる限りその動物に苦痛を与えない方法によつてしなければならない。
2　環境大臣は、関係行政機関の長と協議して、前項の方法に関し必要な事項を定めることができる。
3　前項の必要な事項を定めるに当たつては、第一項の方法についての国際的動向に十分配慮するよう努めなければならない。
（動物を科学上の利用に供する場合の方法、事後措置等）
第四十一条　動物を教育、試験研究又は生物学的製剤の製造の用その他の科学上の利用に供する場合には、科学上の利用の目的を達することができる範囲において、できる限り動物を供する方法に代わり得るものを利用すること、できる限りその利用に供される動物の数を少なくすること等により動物を適切に利用することに配慮するものとする。
2　動物を科学上の利用に供する場合には、その利用に必要な限度において、できる限りその動物に苦痛を与えない方法によつてしなければならない。
3　動物が科学上の利用に供された後において回復の見込みのない状態に陥つている場合には、その科学上の利用に供した者は、直ちに、できる限り苦痛を与えない方法によつてその動物を処分しなければならない。
4　環境大臣は、関係行政機関の長と協議して、第二項の方法及び前項の措置に関しよるべき基準を定めることができる。
（獣医師による通報）
第四十一条の二　獣医師は、その業務を行うに当たり、みだりに殺されたと思われる動物の死体又はみだりに傷つけられ、若しくは虐待を受けたと思われる動物を発見したときは、遅滞なく、都道府県知事その他の関係機関に通報しなければならない。
（表彰）
第四十一条の三　環境大臣は、動物の愛護及び適正な管理の推進に関し特に顕著な功績があると認められる者に対し、表彰を行うことができる。
（地方公共団体への情報提供等）
第四十一条の四　国は、動物の愛護及び管理に関する施策の適切かつ円滑な実施に資するよう、動物愛護管理担当職員の設置、動物愛護管理担当職員に対する動物の愛護及び管理に関する研修の実施、動物の愛護及び管理に関する業務を担当する地方公共団体の部局と畜産、公衆衛生又は福祉に関する業務を担当する地方公共団体の部局、都道府県警察及び民間団体との連携の強化、動物愛護推進員の委嘱及び資質の向上に資する研修の実施、地域における犬、猫等の動物の適切な管理等に関し、地方公共団体に対する情報の提供、技術的な助言その他の必要な施策を講ずるよう努めるものとする。
（地方公共団体に対する財政上の措置）
第四十一条の五　国は、第三十五条第八項に定めるもののほか、地方公共団体が動物の愛護及び適正な飼養の推進に関する施策を策定し、及び実施するための費用について、必要な財政上の措置その他の措置を講ずるよう努めるものとする。
（経過措置）
第四十二条　この法律の規定に基づき命令を制定し、又は改廃する場合においては、その命令で、その制定又は改廃に伴い合理的に必要と判断される範囲内において、所要の経過措置（罰則に関する経過措置を含む。）を定めることができる。
（審議会の意見の聴取）
第四十三条　環境大臣は、基本指針の策定、第七条第七項、第十二条第一項、第二十一条第一項（第二十四条の四第一項において準用する場合を含む。）、第二十七条第一項第二号若しくは第四十一条第四項の基準の設定、第二十五条第一項若しくは第四項の事態の設定又は第三十五条第七項（第三十六条第三項において準用する場合を含む。）若しくは第四十条第二項の定めをしようとするときは、中央環境審議会の意見を聴かなければならない。これらの基本指針、基準、事態又は定めを変更し、又は廃止しようとするときも、同様とする。

第六章　罰則
第四十四条　愛護動物をみだりに殺し、又は傷つけた者は、五年以下の懲役又は五百万円以下の罰金に処する。
2　愛護動物に対し、みだりに、その身体に外傷が生ずるおそれのある暴行を加え、又はそのおそれのある行為をさせること、みだりに、給餌若しくは給水をやめ、酷使し、その健康及び安全を保持することが困難な場所に拘束し、又は飼養密度が著しく適正を欠いた状態で愛護動物を飼養し若しくは保管することにより衰弱させること、自己の飼養し、又は

保管する愛護動物であつて疾病にかかり、又は負傷したものの適切な保護を行わないこと、排せつ物の堆積した施設又は他の愛護動物の死体が放置された施設であつて自己の管理するものにおいて飼養し、又は保管することその他の虐待を行つた者は、一年以下の懲役又は百万円以下の罰金に処する。
3　愛護動物を遺棄した者は、一年以下の懲役又は百万円以下の罰金に処する。
4　前三項において「愛護動物」とは、次の各号に掲げる動物をいう。
　一　牛、馬、豚、めん羊、山羊、犬、猫、いえうさぎ、鶏、いえばと及びあひる
　二　前号に掲げるものを除くほか、人が占有している動物で哺乳類、鳥類又は爬虫類に属するもの
第四十五条　次の各号のいずれかに該当する者は、六月以下の懲役又は百万円以下の罰金に処する。
　一　第二十五条の二の規定に違反して特定動物を飼養し、又は保管した者
　二　不正の手段によつて第二十六条第一項の許可を受けた者
　三　第二十八条第一項の規定に違反して第二十六条第二項第二号から第七号までに掲げる事項を変更した者
第四十六条　次の各号のいずれかに該当する者は、百万円以下の罰金に処する。
　一　第十条第一項の規定に違反して登録を受けないで第一種動物取扱業を営んだ者
　二　不正の手段によつて第十条第一項の登録（第十三条第一項の登録の更新を含む。）を受けた者
　三　第十九条第一項の規定による業務の停止の命令に違反した者
　四　第二十三条第四項、第二十四条の二第二項又は第三十二条の規定による命令に違反した者
第四十六条の二　第二十五条第三項又は第四項の規定による命令に違反した者は、五十万円以下の罰金に処する。
第四十七条　次の各号のいずれかに該当する者は、三十万円以下の罰金に処する。
　一　第十四条第一項から第三項まで、第二十四条の二の二、第二十四条の三第一項又は第二十八条第三項の規定による届出をせず、又は虚偽の届出をした者
　二　第二十二条の六の規定による命令に違反して、検案書又は死亡診断書を提出しなかつた者
　三　第二十四条第一項（第二十四条の四第一項において読み替えて準用する場合を含む。）、第二十四条の二第三項若しくは第三十三条第一項の規定による報告をせず、若しくは虚偽の報告をし、又はこれらの規定による検査を拒み、妨げ、若しくは忌避した者
　四　第二十四条の四第一項において読み替えて準用する第二十三条第四項の規定による命令に違反した者
第四十七条の二　第二十五条第五項の規定による報告をせず、若しくは虚偽の報告をし、又は同項の規定による検査を拒み、妨げ、若しくは忌避した者は、二十万円以下の罰金に処する。
第四十八条　法人の代表者又は法人若しくは人の代理人、使用人その他の従業者が、その法人又は人の業務に関し、次の各号の違反行為をしたときは、行為者を罰するほか、その法人に対して当該各号に定める罰金刑を、その人に対して各本条の罰金刑を科する。
　一　第四十五条　五千万円以下の罰金刑
　二　第四十四条又は第四十六条から前条まで　各本条の罰金刑
第四十九条　次の各号のいずれかに該当する者は、二十万円以下の過料に処する。
　一　第十六条第一項（第二十四条の四第一項において準用する場合を含む。）、第二十一条の五第二項又は第二十四条の三第二項の規定による届出をせず、又は虚偽の届出をした者
　二　第二十一条の五第一項（第二十四条の四第二項において読み替えて準用する場合を含む。）の規定に違反して、帳簿を備えず、帳簿に記載せず、若しくは虚偽の記載をし、又は帳簿を保存しなかつた者
第五十条　第十八条の規定による標識を掲げない者は、十万円以下の過料に処する。

　　　附　則　抄
（施行期日）
1　この法律は、公布の日から起算して六月を経過した日から施行する。
（指定犬に係る特例）
2　専ら文化財保護法（昭和二十五年法律第二百十四号）第百九条第一項の規定により天然記念物として指定された犬（以下この項において「指定犬」という。）の繁殖を行う第二十二条の五に規定する犬猫等販売業者（以下この項において「指定犬繁殖販売業者」という。）が、犬猫等販売業者以外の者に指定犬を販売する場合における当該指定犬繁殖販売業者に対する同条の規定の適用については、同条中「五十六日」とあるのは、「四十九日」とする。
（総理府設置法の一部改正）
3　総理府設置法（昭和二十四年法律第百二十七号）の一部を次のように改正する。
第六条中第十六号の三の次に次の一号を加える。
十六の四　動物の保護及び管理に関する法律（昭和四十八年法律第百五号）の施行に関すること。
第十五条第一項の表中央交通安全対策会議の項の次に次のように加える。
動物保護審議会　動物の保護及び管理に関する法律の規定によりその権限　に属せしめられた事項を行うこと。
（狂犬病予防法の一部改正）
4　狂犬病予防法（昭和二十五年法律第二百四十七号）の一部を次のように改正する。第五条の二を削る。
（罰則に関する経過措置）
5　この法律の施行前にした行為に対する罰則の適用については、なお従前の例による。

　　　附　則（令和元年六月十九日法律第三十九号）
（施行期日）
第一条　この法律は、公布の日から起算して一年を超えない範囲内において政令で定める日から施行する。ただし、次の各号に掲げる規定は、当該各号に定める日から施行する。
　一　第一条中動物の愛護及び管理に関する法律第二十一条の改正規定、同法第二十三条第一項の改正規定、同法第二十四条の四の改正規定（「、第二十一条」の下に「（第三項を除く。）」を加える部分及び「又は第二項」を「又は第四項」に改める部分に限る。）及び同法附則第二項の改正規定並びに第三条の規定　公布の日から起算して二年を超えない範囲内において政令で定める日
　二　第二条並びに附則第五条（第四項及び第五項を除く。）及び第十条の規定　公布の日から起算して三年を超えない範囲内において政令で定める日
（経過措置）
第二条　この法律の施行の日前に第一条の規定による改正前の動物の愛護及び管理に関する法律（以下「旧法」という。）第十条第一項の登録（旧法第十三条第一項の登録の更新を含む。）の申請をした者（登録の更新にあっては、この法律の施行後に旧法第十三条第三項に規定する登録の有効期間が満了する者を除く。）の当該申請に係る登録の基準については、なお従前の例による。
第三条　この法律の施行の際現に旧法第十条第一項の登録を受けている者又はこの法律の施行前にした同項の登録（旧法第十三条第一項の登録の更新を含む。）の申請に基づきこの法律の施行後に第一条の規定による改正後の動物の愛護及び管理に関する法律（以下「第一条による改正後の法」という。）の第十条第一項の登録を受けた者（登録の更新にあっては、この法律の施行後に旧法第十三条第三項に規定する登録の有効期間が満了する者を除く。）に対する登録の取消し又は業務の停止の命令に関しては、この法律の施行前に生じた事由については、なお従前の例による。
第四条　この法律の施行の際現に旧法第二十六条第一項の許可（同条第二項第三号の目的が第一条による改正後の法第二十六条第一項に規定する目的（以下この条において「特定目的」という。）であるものを除く。）を受けて行われている特定動物（旧法第二十六条第一項に規定する特定動物をいう。次項において同じ。）の飼養又は保管については、旧法第三章第五節の規定（これらの規定に係る罰則を含む。）は、この法律の施行後も、なおその効力を有する。
2　この法律の施行の際現に旧法第二十六条第一項の許可を受けている者は、特定目的で特定動物の飼養又は保管をする場合に限り、この法律の施行の日に第一条による改正後の法第二十六条第一項の許可を受けたものとみなす。
3　この法律の施行前にされた旧法第二十六条第二項の申請（同項第三号の目的が特定目的であるものに限る。）は、第一条による改正後の法第二十六条第二項の許可の申請とみなす。
第五条　附則第一条第二号に掲げる規定の施行前にマイクロチップ（第二条の規定による改正後の動物の愛護及び管理に関する法律（以下この条において「第二条による改正後の法」という。）第三十九条の二第一項に規定するマイクロチップをいう。次項及び附則第十条において同じ。）が装着された犬又は猫を所有している犬猫等販売業者（第二条による改正後の法第十四条第三項に規定する犬猫等販売業者をいう。次項において同じ。）は、当該犬又は猫について、同号に掲げる規定の施行の日から三十日を経過する日（その日までに当該犬又は猫の譲渡しをする場合にあっては、その譲渡しの日）までに、環境大臣の登録を受けなければならない。
2　附則第一条第二号に掲げる規定の施行前にマイクロチップが装着された犬又は猫の所有者（犬猫等販売業者を除く。）は、環境省令で定めるところにより、当該犬又は猫について、環境大臣の登録を受けることができる。
3　前二項の登録は、第二条による改正後の法第三十九条の五第一項の登録（附則第十条において「登録」という。）とみなす。
4　第二条による改正後の法第三十九条の十第一項の指定及びこれに関し必要な手続その他の行為は、附則第一条第二号に掲げる規定の施行前においても、第二条による改正後の法第三十九条の十第二項から第五項まで、第三十九条の十一第一項、第三十九条の十二第一項、第三十九条の十三第一項及び第二項並びに第三十九条の二十四第一号の例により行うことができる。
5　前項の規定により行った行為は、附則第一条第二号に掲げる規定の施行の日において、同項に規定する規定により行われたものとみなす。
第六条　この法律の施行前にした行為に対する罰則の適用については、なお従前の例による。
第七条　附則第二条から前条までに定めるもののほか、この法律の施行に関して必要な経過措置（罰則に関する経過措置を含む。）は、政令で定める。
（検討）
第八条　国は、動物を取り扱う学校、試験研究又は生物学的製剤の製造の用その他の科学上の利用に供する動物を取り扱う者等による動物の飼養又は保管の状況を勘案し、これらの者を動物取扱業者（第一条による改正後の法第十条第一項に規定する第一種動物取扱業者及び第一条による改正後の法第二十四条の二に規定する第二種動物取扱業者をいう。第三項において同じ。）に追加することその他これらの者による適正な動物の飼養又は保管のための施策の在り方について検討を加え、必要があると認めるときは、その結果に基づいて所要の措置を講ずるものとする。
2　国は、両生類の販売、展示等の業務の実態等を勘案し、両生類を取り扱う事業に関する規制の在り方について検討を加え、必要があると認めるときは、その結果に基づいて所要の措置を講ずるものとする。
3　前二項に定めるもののほか、国は、動物取扱業者による動物の飼養又は保管の状況を勘案し、動物取扱業者についての規制の在り方全般について検討を加え、必要があると認めるときは、その結果に基づいて所要の措置を講ずるものとする。
第九条　国は、多数の動物の飼養又は保管が行われている場におけるその状況を勘案し、周辺の生活環境の保全等に係る措置の在り方について検討を加え、必要があると認めるときは、その結果に基づいて所要の措置を講ずるものとする。
2　国は、愛護動物（第一条による改正後の法第四十四条第四項に規定する愛護動物をいう。）の範囲について検討を加え、必要があると認めるときは、その結果に基づいて所要の措置を講ずるものとする。
3　国は、動物が科学上の利用に供される場合における動物を供する方法に代わり得るものを利用すること、その利用に供される動物の数を少なくすること等による動物の適切な利用の在り方について検討を加え、必要があると認めるときは、その結果に基づいて所要の措置を講ずるものとする。
第十条　国は、マイクロチップの装着を義務付ける対象及び登録を受けることを義務付ける対象の拡大並びにマイクロチップが装着されている犬及び猫であってその所有者が判明しないものの所有権の扱いについて検討を加え、その結果に基づいて必要な措置を講ずるものとする。
第十一条　前三条に定めるもののほか、政府は、この法律の施行後五年を目途として、この法律による改正後の動物の愛護及び管理に関する法律の施行の状況について検討を加え、必要があると認めるときは、その結果に基づいて所要の措置を講ずるものとする。

索 引

《あ》行

愛玩動物　8
愛着　55
悪性リンパ腫　87
アクチンフィラメント　22
アセチルコリン　42
遊び攻撃　64
アドレナリン　37
アフィピア菌　88
アフリカゴールデンキャット　5
アミノ酸　26
アルギニン　70
アルビノ　12
アンギオテンシン系　35

イエネコ　2
萎縮腎　87
遺伝子　12
犬糸状虫　81
イリオモテヤマネコ　4
陰窩細胞　24
陰茎骨　30
インスリン　36
咽頭　28

瓜実条虫　80
ウンピョウ　5

永久歯　24
AIDS　78
栄養要求量　74
エジプトの猫　2
エストロゲン　31
LHサージ　30, 31
塩酸　26
炎症性腸疾患　86
延髄　40
エンドペプチダーゼ　26

横隔膜　28
黄色脂肪蓄積症　75
黄体ホルモン　31
嘔吐　84
横紋筋　22

オオヤマネコ　4
オキシトシン　33
オセロット　5
オッド・アイ（odd eyed）　16

《か》行

外耳　46
外耳道　46
回虫　80
回転駆歩　21
解糖　22
外部寄生虫　80
蝸牛　46
下垂体　36
下垂体前葉　30
ガス交換　29
家畜化　2, 53
カラカル　5
カルシウム　36
眼球　48
桿状体細胞　48
汗腺　18
完全自由摂取方式　74
肝リピドーシス　86
含硫アミノ酸　71

気管支　28
キモシノーゲン　26
嗅覚　44
嗅覚野　44
嗅細胞　44
臼歯　24
急性アナフィラキシーショック　76
橋　40
胸郭　28
協同育児　7
共同生活体　54
強膜　48
筋肉　22

グルーミング　19, 57, 63
グルカゴン　36

血圧　39
血漿　38

血中グルコース　43
結腸　24
ケナガイタチ　8
下痢　84
嫌悪刺激　67
犬歯　24
原虫　80

交感神経系　28
虹彩　16, 48
甲状腺　36
甲状腺機能亢進症　84, 86, 87
甲状腺ホルモン　36
鉤虫　80
喉頭　28
行動カウンセリング　66
行動修正　64
行動ニーズ　63
行動パターン　60
行動範囲　54
行動療法　66
交尾　31
交尾排卵　31
肛門嚢　31
呼吸運動　28
呼吸中枢　28
こすりつけ　55, 57
骨格筋　22
コミュニケーション　58
コロニー　54
子別れ　6
コンパニオンアニマル　2

《さ》行

細気管支　28
鎖骨　20
雑種　61
サーバル　5
三種混合ワクチン　77
三半規管　46

視覚シグナル　54
時間制限給与法　74
子宮　32
糸球体　34

嗜好性　74	水晶体　48	中耳　46
脂質(脂肪)　26, 71	錐状体細胞　48	中枢神経系　40
視床　40	膵臓　36	中脳　40
視床下部　40	ストラバイト結石　82	調節中枢　40
耳小骨　46	スナドリネコ　5	直腸　24
自然淘汰　11		
質的制限給与法　74		追加接種　76
シナプス　42	精子　30	壺型吸虫　80
脂肪　71	正常行動　52	爪　21
ジャガー　5	性成熟　30	爪とぎ　57, 63
社会化期　62	性染色体　13	
社会関係　6	精巣　30	デシベル(dB)　46
社会性　52	成長ホルモン　36	テストステロン　30
社会生活　6	生得的な行動　56	転嫁攻撃　65
ジャガランディ　5	性フェロモン　32	
ジャングルキャット　2, 5	生理学的ニーズ　63	頭蓋骨　20
シュウ酸カルシウム結石　82	脊髄　22	瞳孔　10, 48
自由生活　54	脊椎骨　22	動体視力　48
十二指腸　25	赤筋　22	糖尿病　75, 84
絨毛　24	染色体数　10	動物行動学　2
絨毛細胞　24	選択的育種　53	洞房結節　38
出産　32	線虫　80	トキソプラズマ　80
種特異的行動　52	前庭器官　46	突然変異　14
腫瘍　86	蠕動運動　25	トラ　5
純血種　61		トリグリセリド　26
消化管ホルモン　24	《た》行	
硝子体　48		《な》行
常染色体　13	胎児　32	
条虫　80	体脂肪組織　75	内耳　46
小腸　24, 25	代謝経路　70	内分泌撹乱物質　37
上皮小体　36	体循環　38	内分泌系　36
触毛　19	大腸　24	なわばり　6, 7, 54
鋤鼻器　44, 57	大動脈弓　28	
自律神経系　24, 42	大脳皮質　40	乳歯　24
心筋　22	大脳辺縁系　40	乳腺　33
腎後性腎不全　83	胎盤　32	乳糖　26
腎疾患　34	体毛　18	尿細管　34
腎小体　34	タウリン　71	尿スプレー　57
真性肉食動物　70	多様化　53	尿石症　82
腎臓　34	胆汁酸　26	尿素　34
腎単位　34	炭水化物　26, 71	尿道閉塞　83
浸透圧　38	単独性　55	妊娠黄体　31
心拍数　38	タンパク質　26, 70	
心房中隔　38		猫エイズ　78, 88
蕁麻疹　76	チーター　5	猫条虫　80
	着床　32	猫伝染性腸炎　78

猫伝染性腹膜炎　78
猫白血病ウイルスワクチン　77
猫汎白血球減少症　85
ネズミ退治　2
熱エネルギー　72
ネフロン　34

脳幹　40
脳幹網様体　41
野良猫　7
ノルアドレナリン　37

《は》行

徘徊　54
肺循環　38
排泄行動　56, 63
白内障　48
パスツレラ菌　88
バソプレッシン　35
白筋　22
バルトネラ菌　88
反射中枢　40

鼻腔　28
皮脂腺　18
ビタミン　72
皮膚糸状菌　88
ピューマ　5
ヒョウ　4
品種　10
品種改良　18

フェレット　8
フェロモン　56
副交感神経　28
服従　52
副腎　36
副反応　76
負のフィードバック機構　36
ブリーダー　61

フレーメン(Flehmen)　44, 57
プロゲステロン　31
プロラクチン　33
糞線虫　80
分娩　32

平滑筋　22
ペプシノーゲン　26
ヘモグロビン　29
ヘルツ(Hz)　46
ベンガルヤマネコ　5
扁平上皮がん　87

膀胱炎　82
房室弁　38
母系の血縁　6
ボーマン嚢　34
捕食性行動　52
ボブキャット　4
ホルモン　36
ホルモン療法　66

《ま》行

マーキング行動　56
マーゲイ　5
末梢神経系　40
マヌルネコ　5
マーブルキャット　5
慢性腎不全　86
マンソン裂頭条虫　80

ミイラ(猫の)　2
ミオシンフィラメント　22
三毛猫　13
味細胞　44, 50
身づくろい(グルーミング)　4, 19, 57, 63
ミトコンドリア　22
ミネラル　72
脈絡膜　48

味蕾　50

ムスカリン　42

メラニン色素　16
免疫異常　79
免疫不全症状　78

毛球症　84
盲腸　24
網膜　48
門歯　24
問題行動　61

《や》行

薬物療法　66
ヤコブソン器官　44
野生のネコ科動物　2, 4

優位　52
優性の白色　12
有毛細胞　46
遊離脂肪酸　43
ユキヒョウ　5

ヨーロッパヤマネコ　3, 4

《ら》行

ライオン　4, 7
ラクトース　26
卵円窓　46
ランゲルハンス島　36
卵巣　31
卵胞　31, 32
卵胞ホルモン　31

リビアヤマネコ　2, 4, 11

劣性の白色　12
レニン　35

監修者紹介

林　良博（農学博士）
　　1975年　東京大学大学院農学系研究科獣医学専攻博士課程修了
　　　　　　東京大学名誉教授

編集委員紹介（五十音順）

猪熊　壽（獣医学博士）
　　1986年　東京大学大学院農学系研究科畜産獣医学専攻修士課程修了
　　現　在　東京大学大学院農学生命科学研究科教授

太田　光明（農学博士）
　　1977年　東京大学大学院農学系研究科獣医学専攻修士課程修了
　　　　　　麻布大学名誉教授

酒井　仙吉（農学博士）
　　1976年　東京大学大学院農学系研究科畜産学専攻博士課程修了
　　　　　　東京大学名誉教授

工　亜紀（農学博士）
　　1988年　東京大学大学院農学系研究科畜産獣医学専攻修士課程修了
　　　　　　さつきペット行動カウンセリング代表

新妻　昭夫（理学博士）
　　1987年　京都大学大学院理学研究科博士課程修了
　　　　　　元　恵泉女学園大学人文学部教授

NDC649　111p　30cm

イラストでみる猫学

2003年11月20日　第1刷発行
2022年4月21日　第3刷発行

監修者　林　良博
編集委員　猪熊　壽，太田光明，酒井仙吉，
　　　　　工　亜紀，新妻昭夫
発行者　髙橋明男
発行所　株式会社　講談社
　　　　〒112-8001　東京都文京区音羽2-12-21
　　　　　販　売　(03) 5395-3622
　　　　　業　務　(03) 5395-3615
編　集　株式会社　講談社サイエンティフィク
　　　　代表　堀越俊一
　　　　〒162-0825　東京都新宿区神楽坂2-14　ノービィビル
　　　　　編　集　(03) 3235-3701
印刷所　凸版印刷株式会社
製本所　大口製本印刷株式会社

落丁本・乱丁本は購入書店名を明記のうえ，講談社書籍業務宛にお送り下さい．送料小社負担にてお取替えします．なお，この本の内容についてのお問い合わせは講談社サイエンティフィク宛にお願いいたします．定価はカバーに表示してあります．

© Y. Hayashi, H. Inokuma, M. Ohta, S. Sakai,
A. Takumi and A. Niizuma, 2003

本書のコピー，スキャン，デジタル化等の無断複製は著作権法上での例外を除き禁じられています．本書を代行業者等の第三者に依頼してスキャンやデジタル化することはたとえ個人や家庭内の利用でも著作権法違反です．

JCLS　〈(株)日本著作出版権管理システム委託出版部〉
複写される場合は，その都度事前に(株)日本著作出版権管理システム（電話03-5244-5088，FAX03-5244-5089）の許諾を得てください．

Printed in Japan
ISBN4-06-153723-7